海洋微塑料

李道季 著

科学出版社

北京

内 容 简 介

微塑料是粒径小于 5mm 的塑料颗粒或碎片，不仅会被各种海洋生物摄食，可能导致对海洋生物的有害影响，还可能对海洋生态系统的健康构成潜在威胁。自 1972 年科学家首次报道海洋塑料污染以来，海洋塑料污染逐渐成为全球关注的焦点。特别是 1997 年北太平洋大垃圾带的发现，揭示了塑料在海洋中的聚集效应。尽管目前缺乏明确证据证明环境浓度下的微塑料对海洋生物具有直接毒性，但它们的普遍存在及潜在的生态风险引起了科学界和国际社会的深切关注。

微塑料的监测和研究方法尚未完全统一，既突显出人们对其组成、来源、分布、迁移和生态效应的认识局限，也呼吁人们加强国际合作、制定标准化监测方法和全球性管理策略。因此，本书将全面探讨海洋微塑料的多维度影响，提升公众对此严重环境问题的认识，并呼吁全球合作，促进有效的管理策略以应对这一跨国环境挑战。

图书在版编目（CIP）数据

海洋微塑料 / 李道季著. — 北京：科学出版社，2025. 6.
ISBN 978-7-03-082670-1

Ⅰ．X705；X55

中国国家版本馆 CIP 数据核字第 20254TU224 号

责任编辑：朱 瑾 白 雪 / 责任校对：郑金红
责任印制：赵 博 / 封面设计：无极书装

科学出版社 出版
北京东黄城根北街 16 号
邮政编码：100717
http://www.sciencep.com
北京市金木堂数码科技有限公司印刷
科学出版社发行 各地新华书店经销

*

2025 年 6 月第 一 版　开本：787×1092　1/16
2025 年 10 月第二次印刷　印张：11 1/4
字数：267 000
定价：150.00 元
（如有印装质量问题，我社负责调换）

李道季 >>>> 简介

  我国微塑料研究的开拓者，国家重点研发计划"海洋微塑料监测和生态环境效应评估技术研究"首席科学家，第三届联合国海洋大会（UNOC3）ONE OCEAN 科学大会国际科学委员会委员，联合国环境规划署海洋垃圾和微塑料问题科学咨询委员会委员、联合国环境规划署海洋垃圾和微塑料不限成员名额特设专家组成员。现任上海市人民政府参事，华东师范大学教授（二级）、博士生导师，九三学社中央资源环境专委会副主任，教育部科学技术委员会委员，上海市海洋湖沼学会理事长，联合国海洋科学促进可持续发展十年（UN Ocean Decade）"遏制亚洲河流塑料垃圾向海洋排放"（UN22）首席科学家，享受国务院特殊津贴专家。还担任联合国教科文组织政府间海洋学委员会（UNESCO-IOC）区域海洋塑料垃圾与微塑料培训与研究中心主任，联合国海洋环境保护科学问题联合专家组（GESAMP）WG38 和 WG40 工作组成员，全球海洋垃圾综合观测系统（IMDOS）科学指导委员会委员兼区域观测系统工作组联合主席，中国环境科学学会海洋生态安全专业委员会副主任和中国环境科学学会海洋环境保护专业委员会副主任，以及国际著名海洋环境研究期刊 *Marine Pollution Bulletin* 副主编和期刊 *Water Emerging Contaminants & Nanoplastics* 主编等。主要从事海洋科学、河口海岸生态与环境、流域和近海生态系统对人类活动及气候变化的响应等研究。2017~2022 年，作为中国政府代表团成员参加了第四、第五届联合国环境大会和联合国环境规划署关于海洋垃圾和微塑料的系列国际会议及环境外交磋商，并作出了重要贡献。近年来连续入选爱思唯尔"中国高被引学者"、科睿唯安"全球高被引科学家"，入选全球前 2%顶尖科学家"终身科学影响力"榜。2024 年获联合国教科文组织政府间海洋学委员会西太分委会（UNESCO-IOC/WESTPAC）杰出科学家奖。

前　言

　　自古以来，我们对材料的探索和使用就已经开始塑造我们的生活方式和发展轨迹，人类与材料的故事一直在编织着文明的进程。自人类文明的曙光初现，我们便开始利用周遭的天然资源——石头、木头、金属，以及各种天然纤维，来制造工具、搭建避难所，甚至编织衣物。这些材料奠定了人类早期社会的基础，代表了最初的自然适应与环境改造。随着科学的进步和技术的发展，人类开始创造新的材料来满足不断增长的需求，塑料便是其中最具变革性的发明之一。相较于天然材料，塑料以其轻便、耐用、易于大规模生产的特性，很快成为全球工业和日常生活中不可或缺的一部分。塑料的诞生无疑是人类使用材料历史上的一个里程碑。塑料改变了产品制造方式，广泛应用于包装、交通、医疗和科技等多个领域。然而，随着塑料使用量的急剧增加，我们也逐渐意识到了塑料污染带来的严重问题。塑料不像大多数天然材料那样容易分解，它们在环境中的积累对生态系统造成了巨大压力。

　　塑料污染问题的核心不仅在于废物的产生量，更重要的是废物的管理和去向。据统计，截至2017年，在全球累积生产的92亿吨塑料中，仅7亿吨被回收利用（<10%），高达53亿吨未能得到妥善处理。尤其令人担忧的是，塑料降解后形成的微小颗粒——微塑料。这些粒径小于5mm的颗粒不仅在陆地上广泛分布，还通过河流和雨水的携带，汇聚到海洋中，成为影响海洋生态系统健康的一大因素。

　　海洋微塑料污染是一个全球性的环境问题，其风险和生态影响广泛且深远。没有任何海洋区域能够免受其影响，从繁忙的沿海水域到遥远的极地海域，再到深不可测的深海环境，微塑料的存在已经成为一个不争的事实。通过河流和大气的输送，微塑料不断地从陆地进入海洋。据估计，每年有超过1000万t的塑料垃圾从陆地进入海洋生态系统，到2025年年底，海洋环境中将积聚约2.5亿吨塑料垃圾，因此海洋环境也被公认为是塑料污染的"汇"。微塑料在海洋中的广泛分布和持续积累对海洋生态系统构成了巨大威胁。这些微小的塑料颗粒不仅可以被海洋生物摄入，还可能通过食物链传递，影响更高等级的捕食者，包括人类。海洋生物如鱼类、甲壳动物甚至是鲸类和海鸟，都有摄入微塑料的风险。这不仅影响它们的生长和繁殖，还可能致使它们体内积累有害物质。微塑料还能释放有害化学物质到海水中，如重金属和有机污染物，这些化学物质可能在生物体内积累，通过食物链进一步放大其影响。此外，微塑料上的微生物附着，也可能对海洋生态系统的健康产生影响，包括潜在的病原传播与微生物群落结构变化。

　　海洋微塑料污染因其复杂的来源、难降解性和生物附着性，成为影响海洋生态系统健康的重要因素。不仅如此，海洋微塑料在水圈、土壤圈、大气圈、生物圈和岩石圈的迁移输运形式复杂多样，如今难以用单一的系统解释和预测，因此全球海洋微塑料研究面临诸多挑战与不确定性。因此，本书旨在以科学视角系统探讨海洋微塑料问题，囊括了微塑料的监测与研究方法、微塑料的来源与输送、微塑料与生态系统的相互作用及微塑料的环境影响等多个方面。本书通过系统性分析与论述，为读者提供了一个全面深入的视角，旨在加深人们对微塑料研究领域的理解，并为解决海洋微塑料污染问题提供科学依据和方案。

尽管本书在探索海洋微塑料污染问题时力求全面与深入，但由于该领域的复杂性及其研究的不断发展，书中可能存在一些未尽之处。我们欢迎读者提出宝贵的意见和建议，以促进未来的研究和改进。本书的撰写得益于众多学者的前期研究和支持，在此，向所有为微塑料研究作出贡献的科技工作者表示诚挚的感谢！

李道季

2024 年 12 月

目　　录

第1章　绪论 ··· 1
　　参考文献 ·· 3
第2章　海洋塑料和微塑料的全球分布概述 ·· 5
　　2.1　全球海洋微塑料的扩散模式 ·· 6
　　2.2　全球海洋微塑料的分布 ··· 7
　　2.3　全球海洋微塑料的存量 ··· 11
　　2.4　问题与展望 ·· 11
　　参考文献 ·· 12
第3章　海洋微塑料监测和研究方法 ·· 17
　　3.1　传统微塑料监测方法 ·· 17
　　3.2　遥感技术在海洋塑料和微塑料监测上应用的可能性 ···························· 18
　　3.3　当前已出版的相关研究指南 ··· 19
　　3.4　全球监测单位和机构清单 ·· 22
　　参考文献 ·· 24
第4章　河流微塑料及其入海通量 ··· 25
　　4.1　河流微塑料的来源 ··· 25
　　4.2　全球河流微塑料丰度 ·· 28
　　4.3　全球微塑料入海通量计算 ·· 31
　　4.4　中国河流微塑料的入海通量 ··· 32
　　4.5　问题与展望 ·· 35
　　参考文献 ·· 36
第5章　微塑料通过大气向海洋的输送 ·· 39
　　5.1　大气微塑料监测 ··· 40
　　5.2　陆源微塑料通过大气向海洋的输送 ··· 43
　　5.3　微塑料跨海-气界面转移 ·· 44
　　5.4　海洋大气微塑料采样平台 ·· 45
　　5.5　大气微塑料分析方法 ·· 46
　　5.6　问题与展望 ·· 47
　　参考文献 ·· 48
第6章　微塑料在近海和大洋表层的输运 ··· 50
　　6.1　实测对不同海洋环境微塑料浓度的认识 ·· 50

6.2 海洋微塑料输运的影响因素 ··· 53
6.3 海洋微塑料输运的模拟方法 ··· 55
6.4 近海微塑料的输运 ··· 56
6.5 大洋微塑料的输运 ··· 59
6.6 问题与展望 ··· 60
参考文献 ··· 61

第7章 输运到极地区域的海洋微塑料 ·· 64
7.1 极地环境 ·· 64
7.2 极地微塑料采样分析方法 ··· 65
7.3 北极海域各环境介质中微塑料的分布特征 ··· 67
7.4 南极海域各环境介质中微塑料的赋存特征 ··· 68
7.5 海洋微塑料在极地生物体内的富集、迁移和转化 ······························· 69
7.6 极地微塑料的输运及其影响因素 ·· 70
7.7 极地微塑料监测 ··· 71
7.8 问题与展望 ··· 71
参考文献 ··· 72

第8章 深海水体和海底沉积物中的微塑料 ·· 74
8.1 深海水体中微塑料的输运 ··· 74
8.2 深海水体中微塑料的分布 ··· 75
8.3 深海水体中微塑料的研究方法 ·· 78
8.4 深海沉积物中微塑料的输运 ··· 79
8.5 深海沉积物中微塑料的分布 ··· 81
8.6 深海沉积物中微塑料的研究方法 ·· 83
8.7 问题与展望 ··· 85
参考文献 ··· 86

第9章 海洋微塑料在食物网中的传递 ·· 88
9.1 不同营养级生物体对微塑料的摄入 ··· 88
9.2 微塑料的营养级传递与生物效应 ·· 91
9.3 问题与展望 ··· 95
参考文献 ··· 96

第10章 海洋生物误食微塑料的机制 ··· 100
10.1 生物不同进化阶段的摄食行为 ·· 100
10.2 生物摄入微塑料机制的假设与挑战 ··· 101
10.3 无脊椎动物的误食模式 ·· 103
10.4 脊椎动物的误食模式 ·· 104

10.5　问题与展望 ·· 105
　　参考文献 ··· 106
第 11 章　附着在海洋微塑料上的微生物 ·· 109
　　11.1　微生物和微塑料相互作用 ·· 109
　　11.2　生物被膜与微塑料降解 ·· 111
　　11.3　微塑料与致病菌 ·· 113
　　11.4　微塑料与细菌迁徙 ·· 114
　　11.5　微塑料与细菌耐药性 ··· 115
　　11.6　问题与展望 ·· 116
　　参考文献 ··· 116
第 12 章　海洋微塑料的毒理学效应 ·· 119
　　12.1　微塑料所含有害物质 ··· 120
　　12.2　微塑料吸附/解吸的有害物质 ··· 121
　　12.3　微塑料的生态毒理学实验 ·· 123
　　12.4　问题与展望 ·· 124
　　参考文献 ··· 125
第 13 章　海洋微塑料的生态环境风险评估 ·· 130
　　13.1　微塑料对生态环境的潜在风险 ··· 130
　　13.2　海洋微塑料对人体健康的潜在风险 ·· 131
　　13.3　微塑料生态风险指示生物的争论 ··· 132
　　13.4　微塑料生态环境风险评估方法 ··· 133
　　13.5　海洋微塑料生态环境风险评估框架 ·· 135
　　13.6　问题与展望 ·· 136
　　参考文献 ··· 137
第 14 章　海洋微塑料的光降解机制 ·· 140
　　14.1　物理和化学特征对光降解的影响 ··· 140
　　14.2　问题与展望 ·· 144
　　参考文献 ··· 144
第 15 章　微纳塑料的研究 ·· 147
　　15.1　纳米塑料的定义 ·· 147
　　15.2　纳米塑料的来源和归趋 ·· 149
　　15.3　纳米塑料的鉴定方法 ··· 149
　　15.4　纳米塑料潜在的危害 ··· 149
　　15.5　问题与展望 ·· 151
　　参考文献 ··· 152

第 16 章　人体微纳塑料研究现状及存在的主要问题 ·· 155
 16.1　人体各部位微纳塑料特征 ·· 157
 16.2　人体微纳塑料研究方法存在的问题 ·· 161
 16.3　动物模型实验研究微纳塑料进入组织的局限 ·································· 163
 16.4　问题与展望 ·· 163
 参考文献 ·· 166
 附录　相关术语中英文对照表 ·· 169

第1章

绪　论

早期对于塑料污染的研究并没有"微塑料"这个概念，仅仅是将所有塑料视为整体污染。早在 1972 年，美国科学家就先后在 *Science* 上报道了美国新英格兰近海及马尾藻海中的塑料分布[1, 2]。1988 年美国科学家向美国国家海洋和大气管理局（NOAA）报告了北太平洋海域环流区域首次注意到漂浮有相对较高的塑料垃圾含量[3]，但这并未引起广泛关注。直到 1997 年美国查理斯·摩尔船长在北太平洋海域发现了大量塑料垃圾，即著名的北太平洋垃圾环流带，该区域塑料垃圾的平均含量为 334 271 个/km^2，在重量上是该区域浮游动物的 6 倍[4]，该问题才再次引起关注，但并没有特意关注小型的海洋塑料垃圾。

而微塑料粒径的定义直到 2008 年在美国华盛顿大学举办的第一届"国际海洋微塑料分布、影响及归趋研讨会"上才被讨论。考虑到其生物可利用性，微塑料粒径的上限阈值被定义为 5mm，这一大小的塑料可能较容易被海洋浮游生物摄食，但并不能对海洋生物产生类似由大塑料引起的缠绕等物理危害[5]。到目前为止，对微塑料的粒径范围定义学术界仍然存在一定的争议。

微塑料是塑料的一种，仅因其尺寸较小而获得特定名称，其核心本质与其他塑料无异。然而，微塑料的粒径 5mm 以下定义缺乏科学依据，主要是基于人类肉眼可以辨识的范围进行划分，是一种人为界定，未能提供充分的科学意义上的支持。此外，微塑料的定义本身也较为模糊：形状可能是圆形、长方形、片状或线状等，而不同形状的塑料在环境中的效应又存在显著差异。微塑料并不是具有一组特定物理化学性质的单一实体，而是一系列大小、形状和密度各异的颗粒的连续体，这些颗粒极大地影响着整个微塑料在环境中的暴露和效应。除了大小和形状的差异外，颗粒可能具有不同的组成（聚合物和添加剂）和表面特性，这些也会影响颗粒的暴露和毒性。因此，过于宽泛的定义会使微塑料的研究复杂化，其科学性也常受质疑。

关于微塑料的研究起初源于海洋生物学家使用浮游动物网进行海洋生物调查[6]。这种调查网的孔径为 330μm，通过多年累积的样品分析，人们逐渐意识到微塑料的存在。此类定义的形成更多出于实用考量，而非基于严格的科学标准。在海洋微塑料的监测方面，相比过去主要采用 330μm 较大孔径的 Manta 拖网采样，采用更小孔径（0.45～10μm）的滤膜采样后发现，水体中的微塑料主要由大量塑料纤维组成，而微塑料颗粒在海洋中的浓度水平相比塑料纤维而言非常低，占 0～5%，浓度在 0.2～0.6 个/m^3。

然而，当前的研究者经常根据这种人为划定的标准进行实验，并尝试得出关于微塑料毒性及环境影响的结论。这种研究方法科学性不足，存在较多问题，尤其是过于依赖实验室中的单一模型和实验材料进行验证，与真实环境中的微塑料暴露情况相去甚远。

海洋微塑料不像大塑料垃圾那样对海洋生物有明显而直接的有害影响。研究发现，它们虽然被浮游动物、底栖生物、鱼类、鸟类等摄食或误食，但微塑料毒理学研究却一直没有得出令人信服的实验证据，证明它们在环境浓度水平上和组成上对海洋生物产生了有害影响。实验研究过程中，研究者往往简单地使用商用单一材料塑料球或碎片喂养鱼类等模式生物，并观察其毒性效应。然而，这些实验并未考虑到环境中的实际微塑料浓度、组成和分布情况。例如，在真实的海洋环境中，每立方米水中可能仅有极少数量的微塑料，其浓度远低于实验中人为设定的数值。因此，实验得出的结论可能缺乏环境相关性。更为严重的是，微塑料在环境中的组成复杂，塑料种类及添加剂众多，实验室结果难以推广至真实环境，难以归纳出具有广泛适用性的生态规律。

在现实中，环境中的大部分微塑料来源于纺织品的塑料纤维，这与传统的塑料污染并不完全相同。然而，许多实验研究仍旧使用颗粒状或片状塑料作为模型材料，忽视了纤维状塑料的存在量及其可能的影响。已有的大量毒理学实验大都没有使用环境中大量存在的纤维状微塑料，而是使用环境浓度非常低的颗粒状微塑料，并且其使用量远远高于环境浓度水平，却以此模拟包括纤维状微塑料在内的整体微塑料浓度水平。这类实验得出的结论并不能反映环境中微塑料毒性水平，往往不被接受，因不具实际科学意义。由此，当前关于微塑料毒性及其环境效应的研究多存在方法学上的问题，需要更加审慎地模拟和评估真实环境中的微塑料暴露情况。

海洋塑料垃圾和微塑料之所以会引起国际上的高度关注，主要因为它是全球性海洋环境问题，跨国界（海洋）污染，并且输入海洋的塑料垃圾量在持续增长。许多塑料垃圾在海洋环境中可能对海洋生物产生各类物理危害，对海洋生态系统产生一定的有害影响；小型海洋塑料垃圾（即微塑料）可能存在与大型海洋塑料垃圾同等程度的风险。并且国际上尚未形成全球层面的应对和消减海洋塑料垃圾且具有法律约束力的合力行动，各国对消减入海塑料垃圾量的目标制定还没有得到落实，各国海洋塑料垃圾防控和治理的政策制定及执行进度不一，且缺少有效的国际监管，并可能会涉及不同国家间的责任分摊及经济利益等潜在问题。

虽然经过数年的研究，人们已经积累了很多有关海洋微塑料的新知识，但仍然对这些塑料废物进入海洋的全生命周期过程，特别是微塑料的入海通量、输运过程、热点和生态风险等认知不够深入、全面，并且对海洋塑料和微塑料在输运过程中如何通过物理、生物和化学的过程发生改变尚未了解，对塑料垃圾和微塑料在海洋环境中的相互作用及最终归趋的认识还比较缺乏。上述诸多问题多源于海洋微塑料监测、毒理学、生态风险研究方法的缺陷及已有的错误研究结果，导致人们产生了一些对海洋微塑料研究科学认知的误区，并在一定程度上制约着未来干预和消减海洋塑料垃圾与微塑料的全球管控措施、政策和策略的制定。

由于微塑料材质组成繁多，大小不一，形状、色彩各异，所含添加剂种类不同，而且对所采样品的分析方法各异，其研究结果可对比性差等，使得对此类非单一的塑料类群的研究困难重重。全球海洋微塑料监测数据的可对比性在很大程度上依赖采样方法的标准化，而目前全球范围内还没有公认的和普遍使用的标准采样方法。因此，国际上一直致力于在研究的方法学和监测、评估标准方面的统一。但到目前为止，尚未形成全球一致的全面的监测分析方法。

Zettler 等[7]通过研究北大西洋塑料垃圾,首次揭示了在塑料垃圾上存在由异养生物(捕食者)、自养生物和共生生物组成的生物群落,并将塑料基质和附着其上的生物群落的组合命名为"塑料圈"(plastisphere)。"塑料圈"也可以被认为是大量存在于地球表面的人造塑料垃圾,其广泛分布于各种陆地环境、海洋环境及生物体中。"塑料圈"概念的提出使人们认识到塑料污染对海洋生态系统的影响更加严峻和复杂。其影响主要包括外源生物物种和群落的传播与扩散,有害化学物质的吸附与释放,能量供应(塑料自身所含碳源)及作为中转媒介在海洋生物和塑料圈之间传递能量,以及海洋生物摄食后潜在的物理、化学及生物危害等。比较研究北大西洋和北太平洋的塑料生物圈生物群落结构表明,塑料生物圈具有各自的生物地理特性,塑料基质生物群落的不同会给所在的生态系统带来不同的影响,同时需要相应的管理政策去应对海洋塑料污染。但是,迄今国内外对海洋"塑料圈"的认识还很不够,特别是对"塑料圈"中微塑料的相关研究。因此,研究海洋微塑料时空分布特征,附着生物群落组成结构、扩散迁移及潜在生态学效应,评估海洋微塑料的生态风险,对认识微塑料对海洋生态系统的影响程度及其管理控制具有重要的科学意义。

近年来,有观点认为微塑料可以在生物体内乃至人体内累积,对此有必要澄清一些科学认知上的误区。微塑料在生物体内长期累积的可能性较低,因为它通常通过消化道排出,停留时间短,难以在体内形成累积效应,仅在极少数情况下可能引发生理堵塞等问题。此外,"进入体内"的定义需加以明确,消化道等器官与外界连通的区域并不等于真正进入人体组织,只有进入血液或肌肉等组织内部才视为进入体内。人体有天然排异机制,会对外来异物产生排斥反应,这也进一步限制了微塑料深入渗透进入人体组织。关于微塑料的研究方法需要严格把控,声称在生物组织中发现微塑料的研究应排除外部输入的污染,确保实验排除肠道、胃等区域,以得出科学可信的结论。整体消化分析不能充分说明微塑料在体内的分布。此外,并非所有塑料都具有毒性,且塑料在体内的短暂停留时间难以降解并释放有害物质,对其危害的评估需要基于科学实验和合理推理,而非过度解读。因此,解决塑料污染问题的方向应是推动塑料循环经济,避免被不科学的、夸大的危害误导。政策制定应基于真实的科学认知和有效措施,以减少不必要的经济负担和误解。

总而言之,微塑料的研究涉及复杂的化学成分、多种物理形状及其环境效应。对其生态风险的评估需要更全面、更科学的方法,而不仅是简单的实验结论。对微塑料的定义、来源及毒理学效应的研究仍然需要进一步完善,以避免不准确或不科学的结论误导公共政策和环保措施。

参 考 文 献

[1] Carpenter E J, Smith Jr K. Plastics on the Sargasso Sea surface [J]. Science, 1972, 175(4027): 1240-1241.

[2] Carpenter E J, Anderson S J, Harvey G R, et al. Polystyrene spherules in coastal waters [J]. Science, 1972, 178(4062): 749-750.

[3] Day R H, Shaw D G, Ignell S E. Quantitative distribution and characteristics of neustonic plastic in the North Pacific Ocean [R]. Final Report to US Department of Commerce, National Marine Fisheries Service, Auke Bay Laboratory Auke Bay, AK, 1988: 247-266.

[4] Moore C J, Moore S L, Leecaster M K, et al. A comparison of plastic and plankton in the North Pacific central gyre [J]. Marine Pollution Bulletin, 2001, 42(12): 1297-1300.

[5] Arthur C, Baker J E, Bamford H A. Proceedings of the International Research Workshop on the Occurrence, Effects, and Fate of Microplastic Marine Debris[C]. Tacoma: University of Washington Tacoma, September 9-11, 2009.

[6] Song Y K, Hong S H, Jang M, et al. Large accumulation of micro-sized synthetic polymer particles in the sea surface microlayer [J]. Environmental Science & Technology, 2014, 48(16): 9014-9021.

[7] Zettler E R, Mincer T J, Amaral-Zettler L A. Life in the "plastisphere": microbial communities on plastic marine debris [J]. Environmental Science & Technology, 2013, 47(13): 7137-7146.

第 2 章

海洋塑料和微塑料的全球分布概述

海洋塑料垃圾不仅广泛分布于河口、近岸海域和大洋环流带等表层水体,在人迹罕至的极地海冰和深渊区也检出较高含量,在全球范围内也广泛分布于海洋水体、沉积物及各类海洋生物体中[1-4]。Watt 等[5]在 2021 年表示随着环境破坏程度的不断加剧,经济损失估计可达 1.5 万亿美元,海洋塑料污染带来的挑战需要放在政治和社会讨论的前列。在了解微塑料对海洋生物产生的物理化学影响及评估其风险之前,了解微塑料在海洋中的分布和存量显得尤为重要。本章概述了微塑料在海洋中的分布特征,包括使用模型估算海洋微塑料存量。

2019 年,全球塑料产量接近 368 万 t,其中欧洲的塑料产量达到了 57.9 万 t[6]。微塑料根据来源可被分为初级微塑料和次级微塑料[7]。初级微塑料是为工业目的而制造的小颗粒,包括用于塑料生产的树脂颗粒,用于化妆品、牙膏和喷砂磨料的微珠,用于纺织涂料的微粉末,以及药物输送介质等;次级微塑料是来自任何使用中的有机合成聚合物产品和环境中的垃圾碎片,包括固体塑料碎片、织物和绳子上的微纤维、脱落的涂层和轮胎磨损碎片[8]。海洋中的塑料可能主要源于废物管理不当、路面径流和废水管道,发展生物循环经济和开发再生塑料产品是潜在的预防途径(图 2-1)[5]。Chenillat 等[9]在 2021 年利用全球海洋环流模型中提供的流场进行拉格朗日质点追踪,结果表明沿海岸排放的漂浮塑料污染中大约 1/3 最终进入开阔的海洋、2/3 进入海滩。

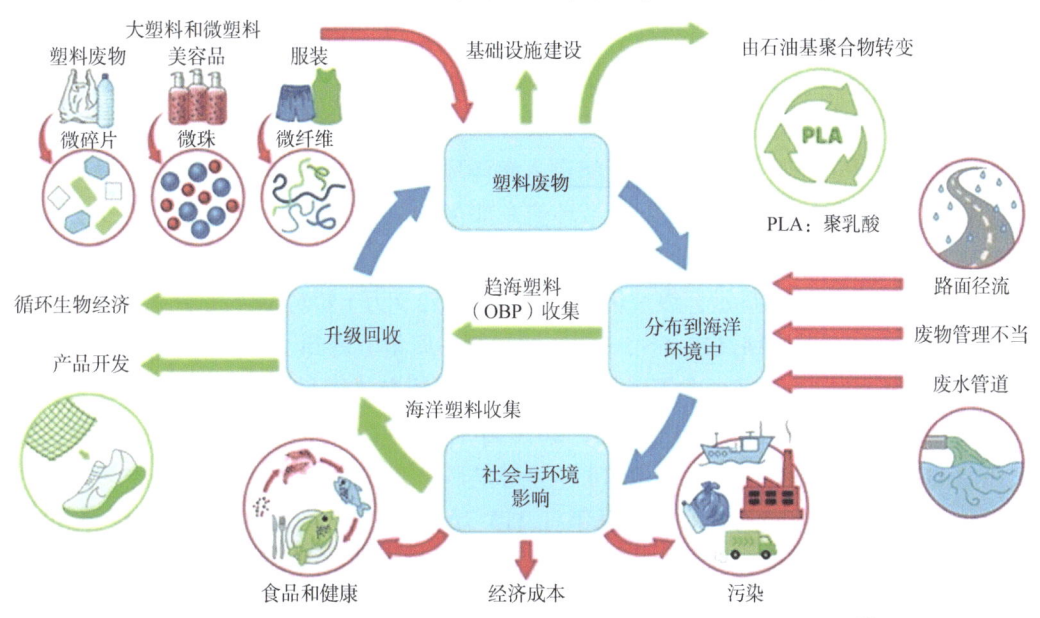

图 2-1 海洋塑料废物的生命周期、生态影响和潜在缓解途径的概述[5]

2.1　全球海洋微塑料的扩散模式

关于海洋微塑料的全球扩散模式研究，目前国际上公认的科学严谨的方法是基于物理模型进行研究，而不是简单地依赖于普通扩散模型。普通扩散模型常以一个支点为高浓度假设，来模拟微塑料的全球扩散分布，这种方法存在诸多不足，需要加以批判和澄清。必须明确指出，这种模型不能准确描述塑料在海洋中的实际动态过程。

微塑料在海洋环境中的存在于20世纪70年代被首次揭示之后[10]，从20世纪80年代到21世纪初，有关微塑料污染的报道时有发表。而从2015年开始，有关微塑料污染的报道呈指数式增长[11]。目前已发现塑料垃圾存在于各类海洋环境中，从沿海到大洋[12]，从海洋表层到挑战者深渊[4]，甚至极地海冰[13]。自20世纪70年代初以来，北半球副热带环流，特别是北大西洋，一直有关于漂浮塑料颗粒的报道。到目前为止，世界上有关海洋塑料和微塑料的研究已经有很多。塑料碎片在海洋中的分布取决于各种机制，包括风、洋流、海岸线等因素[12]。Eriksen等[14]在2014年发现，各种尺寸的塑料在所有海域中均存在，并汇聚于亚热带洋流的聚积区，包括南半球的洋流区，即便该地区的人口密度远低于北半球。塑料污染受主导风向和表面洋流的推动在全球海洋中移动。北半球的长期表面传输导致塑料垃圾在海洋盆地中心聚积，南半球海域也存在类似的模式。甚至，南半球海域的塑料总量与北半球海域的数量相近，尽管北半球的输入量显著高于南半球。这可能意味着塑料污染在不同海流之间，甚至在半球间的迁移能力比预想更强，导致通过海洋洋流的运输而进行重新分配。此外，南半球可能还存在未被充分计入的塑料污染来源，如从孟加拉湾经过赤道南下的洋流。近年对海表面微塑料的直接测量及模型研究，都证实了所有5个聚集带的存在并指明了具体位置[15]。

有报道认为，全球有7000~35 000 t塑料漂浮在大洋中，全球海洋中约有25万t塑料[1]。这些塑料中大约60%的塑料密度低于海水密度[16]，当这些塑料进入海洋环境后，漂浮的塑料可能会被海表洋流和风运输，被海岸线重新捕获，在太阳、温度变化、海浪和海洋生物的作用下分解成更小的碎片，或者因生物附着而失去浮力下沉；这些漂浮塑料中的一部分通过海流和风输运到近海进入海洋环流，形成已知世界大洋六大涡旋塑料垃圾聚集区[15]。其中，北太平洋亚热带环流东部存在一个著名的大太平洋垃圾带，该地区相对较高浓度的塑料垃圾被归因于黑潮延伸体携带的大量亚洲塑料及太平洋频繁的渔业活动[17]。研究结果显示，该垃圾带有4.5万~12.9万t塑料漂浮在160万km^{2}的区域内，比之前报道的数字高出4~16倍。微塑料在质量上占到了8%，数量上占在该区域漂浮的1.8万~3.6万亿个中塑料的94%，且有呈指数式增长的态势[17]。

据Jambeck等[18]在2015年估计，2010年有$4.8×10^6$~$12.7×10^6$ t塑料垃圾从192个国家的陆源垃圾进入海洋，占2010年全球塑料产量的1.8%~4.7%。西方学者通过模型估算全球通过河流入海的塑料每年有115万~241万t，入海塑料垃圾最多的20条河流中位于中国的河流占6条[19]。2018年，Bai等[20]基于物质流模型估算2020年中国入海塑料垃圾量仅为25.7万~35.3万t。Weiss等[21]在2021年基于对微塑料（海洋和河流采样均依赖于同等技术)最新数据的深入统计再分析，证明目前的河流通量评估被高估了 2~3 个数量级。河口附近往往人口密集，并且有来自河流的大量塑料垃圾入海，是塑料垃圾污染的热点区域。近海受到人类活动的剧烈影响，渔业及水产养殖、航运、污水处理厂等是沿海塑料垃圾入海的源头。深海及深渊带的采样难度较大，目前仅有少数国家具备深海采样技术。我国研究者在世界最深处马里亚纳海沟中发现了塑料及微塑料的存在，证明塑料污染已经覆盖全海深[4,22]。极地虽然人类活动较少，但极地海域的塑料污染情况几乎和近海一样严重，说明微塑料随着洋流等作用迁移至两极地区并在极地积累[3,23]。此外微塑料可由大气传输至极地，使得极地成为微塑料的汇[24]。

塑料和微塑料在海洋中的分布受多种因素的影响。塑料和微塑料在海洋中的分布与洋流、海水的垂直水平混合作用，表层风场，生物附着及塑料和微塑料的自身特征密切相关，尤其是海洋环流是影响塑料和微塑料分布的主要因素，然而与人类生活区距离的远近没有直接关系[25]。Kukulka 等[26]在 2012 年揭示了海洋混合风力对微塑料分布的影响，传统的表层测量低估了海洋塑料浓度。此外，Kukulka 等[27]在 2016 年还揭示了海洋表层温度的升高会导致海洋表层微塑料浓度增加，海洋表层温度的降低会相应导致海洋表层微塑料浓度减少。气候模式对微塑料在海洋中的分布也有重要影响，特别是年际和年代际气候变化对微塑料在海洋中的分布格局有很大影响。气候变化带来的洋流场的变化会影响微塑料的运动、堆积和滞留，改变其原有的分布格局[28]。有研究认为，大洋中层的鱼类在垂直迁移捕食浮游动物的过程中，将表层微塑料带到深海中[29]。塑料在海洋环境中的归宿和输运仍是需要进一步研究的领域[30]。

2.2 全球海洋微塑料的分布

根据目前的研究，塑料已经被发现存在于太平洋、大西洋、印度洋和极地海域。微塑料在大洋 5 个副热带环流的辐合带丰度最高[1]。目前已经有很多关于太平洋微塑料的研究，如表 2-1 所示。在 2013 年，塑料和微塑料在南太平洋亚热带环流区域的丰度为 26 898 个/km²，重量为 70.96g/km²[31]。然而在 2016 年，南太平洋的微塑料丰度为 35 000 个/km²，比北太平洋的微塑料丰度（160 000 个/km²）低一个数量级[32]。美国西海岸的北太平洋环流中心是太平洋备受关注的一个微塑料和塑料热点区域。这个环流可能包含了最广为人知的塑料堆积区域，被称为大太平洋垃圾带[33,34]。其实，Moore 等[35]早在 2001 年，在北太平洋环流中心表层就发现了大量塑料碎片，丰度为 334 271 个/km²，重量为 5114g/km²。紧接着在 2007 年，Pichel 等[36]通过航空观测在北太平洋热带辐合带发现了大量漂浮垃圾，其中包括废弃的渔网。Lebreton 等[17]在 2018 年的研究结果表明，与周围水域相比，太平洋垃圾带内的海洋塑料污染呈指数级增长，且增长速度更快。

表 2-1 海洋中的塑料丰度和分布

位置	区域	水体	丰度	单位	塑料类型	参考文献
波罗的海	波罗的海	表层水	1.3±0.8	个/hm²	大塑料	[37]

续表

位置	区域	水体	丰度	单位	塑料类型	参考文献
大西洋	北海	表层水	1.6±0.4	个/hm^2	大塑料	[37]
	英吉利海峡东	表层水	1.2±0.1	个/hm^2	大塑料	[37]
	塞纳湾	表层水	1.7±0.1	个/hm^2	大塑料	[37]
	凯尔特海	表层水	5.3±2.5	个/hm^2	大塑料	[37]
	爱尔兰沿岸	表层水	2.5	个/m^3	微塑料和大塑料	[2]
	葡萄牙沿岸	地表水和水层深度范围为25m的水体	0.02~0.04	个/m^3	微塑料	[38]
	里昂湾	表层水	1.4±0.2	个/hm^2	大塑料	[37]
	赤道大西洋	次表层水	1	个/m^3	微塑料	[39]
	北大西洋亚热带环流	表层水	50 000	个/km^2	微塑料（25~1000μm）	[40]
	北大西洋亚热带环流	表层水	1 630 000	个/km^2	微塑料（1~5mm）	[40]
	大西洋	次表层水	13~501	个/m^3	微塑料	[41]
	大西洋	次表层水	1.15±1.45	个/m^3	微塑料	[42]
地中海	科西嘉岛东部	表层水	2.3±0.7	个/hm^2	−	[37]
	亚得里亚海	表层水	3.8±2.5	个/hm^2	大塑料	[37]
	希腊海湾	海底水体	0.7~4.4	个/hm^2	−	[43]
太平洋	北太平洋环流中心	表层水	334 271	个/km^2	微塑料和大塑料	[35]
	澳大利亚周围水域	表层水	4 256.4	个/km^2	微塑料和大塑料	[44]
	东京湾	表层水	1.9~3.4	个/hm^2	−	[45]
	北太平洋环流中心	表层水	0.02	个/m^3	微塑料和大塑料	[46]
	南太平洋亚热带环流	表层水	26 898	个/km^2	微塑料和大塑料	[31]
	东北太平洋	表层水	8~9 180	个/m^3	微塑料	[47]
	韩国济州岛	表层水	16 000	个/m^3	微塑料	[48]
	太平洋垃圾带	表层水	0.679	个/m^2	微塑料	[17]
	北太平洋	表层水	0.16	个/m^2	微塑料	[32]
	南太平洋	表层水	0.035	个/m^2	微塑料	[32]
印度洋	孟加拉湾	表层水	2.045	个/m^2	微塑料	[49]
	东印度洋	表层水	0.160	个/m^2	微塑料	[49]
	孟加拉湾	表层水	0.016 1±0.047 1	个/m^2	微塑料	[50]
极地	北冰洋	表层水	0.028	个/m^2	微塑料	[2]
	北冰洋	海冰下层水	0~18	个/m^3	微塑料	[23]
	北极中心	海冰	2.4×10^6±1.0×10^6	个/m^3	微塑料	[3]
	北极中心	海冰	2~17	个/L	微塑料	[23]
	格陵兰岛东北部	次表层水	2.4±0.8	个/m^3	微塑料和大塑料	[51]
	北极中心	次表层水	0~7.5	个/m^3	微塑料	[52]
	北极中心	表层水	0.34	个/m^3	微塑料	[53]
	北极中心	次表层水	2.68±2.95	个/m^3	微塑料	[53]

注："−"表示数据缺失

到目前为止，关于印度洋塑料和微塑料的大规模报道比较少。Li 等[49]报道了微塑料在东印度洋的丰度变化较大，从 10 000 个/km^2 到 4 530 000 个/km^2，平均丰度为 160 000 个/km^2±170 000 个/km^2，高于北冰洋（28 000 个/km^2）[2]、南大洋（20 000 个/km^2）[54]，同样也低于太平洋垃圾带。2021 年测得的孟加拉湾表层微塑料丰度（2 045 000 个/km^2）高于 2018 年测得的丰度[（16 107±47 077.63）个/km^2][49, 50]。

塑料和微塑料在大西洋的研究比印度洋多，且广泛。微塑料在大西洋次表层水的丰度范围为 1~501 个/m^3[39, 41, 42, 55]，变化范围较大。微塑料在北大西洋亚热带环流表层水的平均丰度为 1 630 000 个/km^2[40]。与南太平洋相似，在北大西洋环流的副热带（北纬 22°和 88°）出现了最高塑料浓度，这标志着一个大规模的辐合带的存在[56, 57]。Law 等[56]在 2010 年发现尽管塑料的生产和垃圾的产生在过去的十几年内迅速增加，但塑料浓度在北大西洋亚热带环流最高积累区域没有观察到变化趋势，但塑料污染物平均尺寸趋于小型化，而且微塑料的数量确实在持续增加[12]。

有关极地海域塑料和微塑料的研究也不是很多，基本是关于北极的研究，而且都是在最近几年进行的。目前已经有研究揭示了北冰洋和南冰洋的海冰、表层水以及海冰下层水的微塑料浓度特别高[2, 3, 23]。Peeken 等[3]在 2018 年研究表明海冰微塑料聚合物组成不均匀，根据海冰的生长区域和漂移路径，在不同的海冰层中可以观察到独特的微塑料分布模式。北极资源的不断开发可能会导致北极海冰中微塑料的负荷增加。微塑料在北极弗拉姆海峡海冰的最高浓度为（1.2±1.4）×10^7 个/m^3[3]，在格陵兰东北部次表层水的微塑料浓度为（2.4±0.8）个/m^3[51]，在北极中心表层水的微塑料浓度为 0.34 个/m^3[53]，在北极中心海冰下层水的微塑料浓度为 0~17 个/L[23]。随着全球变暖，这些冰封的微塑料可能被释放进入海洋中[13]。Hänninen 等[58]在 2021 年的研究揭示了北冰洋的微塑料丰度比波罗的海的微塑料丰度高。有研究数据强调北极地区正在成为塑料污染的热点，这迫切需要采取预防措施[51]。

聚乙烯（PE）、聚丙烯（PP）和聚酯（PES）是表层海水中最常见的聚合物，主要以纤维和碎片的形式存在（图 2-2）[59]。PE 和 PP 的丰度在太平洋（28%、22%）、大西洋（48%、20%）和印度洋（37%、30%）较高；其中碎片丰度最高，占比为 36%~52%，其次是纤维（图 2-2A~C）。在北冰洋，PES 占总量的 29%，聚对苯二甲酸乙二醇酯（PET）占 18%，其中 67%为纤维形态（图 2-2D）。南大洋中 PE、PES 和聚苯乙烯（PS）各占 14%，其中 56%为碎片（图 2-2E）。此外，太平洋、大西洋和印度洋的南北两侧均以 PE 丰度最高；而大西洋中纤维素最少，太平洋和印度洋中聚酰胺（PA）最少。总体来看，聚合物类型和形态的丰度排序：

聚合物：PE＞PP＞PET＞PES＞其他；

形态：碎片＞纤维＞薄膜＞其他（图 2-2F）。

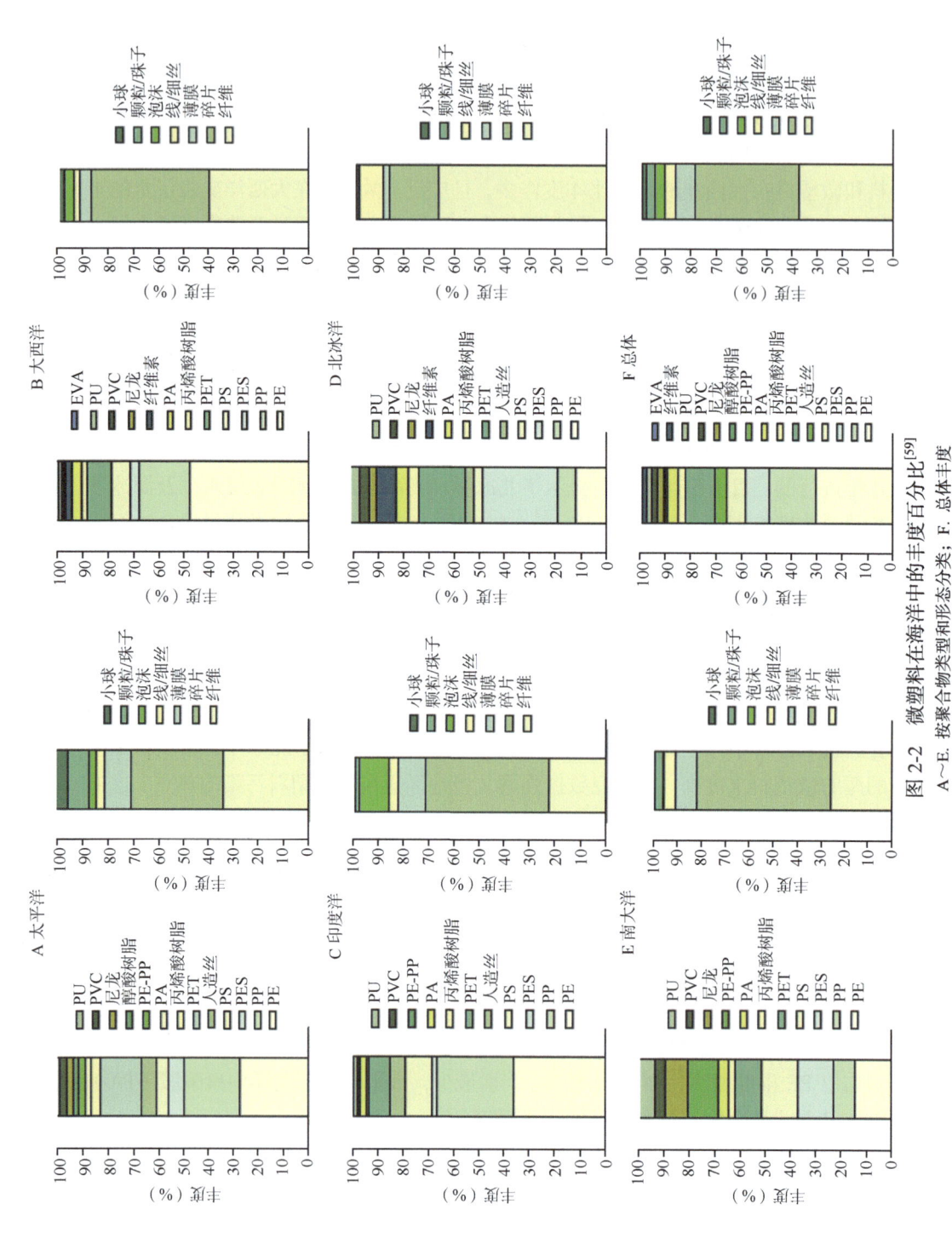

图 2-2 微塑料在海洋中的丰度百分比[59]

A~E. 按聚合物类型和形态分类；F. 总体丰度

PE: 聚乙烯；PP: 聚丙烯；PES: 聚酯；PET: 聚对苯二甲酸乙二醇酯；PS: 聚苯乙烯；PVC: 聚氯乙烯；EVA: 乙烯-醋酸乙烯共聚物；PA: 聚酰胺；PU: 聚氨酯

2.3 全球海洋微塑料的存量

有关塑料和微塑料在海洋中的存量已经有多个研究利用调查数据和模型相结合的方法进行估算。Cózar 等[1]在 2014 年综合了世界各地收集的数据，对大洋表层水域的塑料污染程度进行了一阶近似计算，估算在大西洋、太平洋和印度洋的漂浮塑料（0.2～100mm）垃圾介于 7000～35 000t。Eriksen 等[14]在 2014 年利用由数据校准的漂浮物扩散海洋学模型，并校正风力驱动的垂直混合，估计至少有 5.25 万亿个塑料颗粒，重 268 940t。2015 年，van Sebille 等[60]使用目前为止收集到的最大的微塑料测量数据集，评估了全球微塑料数量和质量估计的置信度。通过采用一个严格的统计框架来标准化一个全球海洋塑料碎片数据集，这些海洋塑料碎片是通过表面拖网浮游生物网测量的，并将其与三种不同的海洋环流模型相结合，从而对观测结果进行空间插值。估计结果显示，2014 年海洋微塑料的累积数量为 15 万亿～51 万亿个，重量为 9.3 万～23.6 万 t。基于 Eriksen 等[14]和 van Sebille 等[60]的全球海洋塑料碎片的估算结果，显然全球海洋中的微塑料存量小于海洋中的塑料碎片的存量。

随着塑料产量、塑料使用量及塑料产品的增加，尤其是发展中经济体持续的工业化和城镇化，再加上低效和粗放的废物管理及处理方法，潜在地增加了海洋中塑料的存量。目前，已经有一些研究显示海洋微塑料的量在持续增加。Moore 等[35]、Yamashita 和 Tanimura[61]研究发现北太平洋漂浮塑料污染物总量分别较 20 世纪 70 年代和 80 年代高 1～2 个数量级。此外，Yamashita 和 Tanimura[61]研究发现北太平洋亚热带塑料的平均质量大于 70 年代（300g/km^2）和 80 年代（535g/km^2），表明北太平洋的微塑料浓度自 70 年代以来在持续增加。

实验室研究表明，海洋生物在摄入微塑料后可能受到危害。然而，如果不量化当前和未来海洋环境中的微塑料数量，这些实验研究可能会因采用不现实的微塑料密度或稀疏度而受到质疑。Isobe 等[32]于 2019 年结合数值模型和从南极至日本的经向跨洋调查，展示了 1957 年至 2066 年太平洋表层微塑料丰度的长期变化趋势。海洋塑料污染，特别是在北太平洋，仍然是一个需要持续关注的问题，而由于在上层海洋中的去除过程中漂浮微塑料被视为非保守性物质，其数值模型结果表明，在 3 年时间尺度的去除机制作用下，到 2030 年（2060 年），亚热带聚合区附近的漂浮微塑料重量浓度预计比当前水平增加约两倍。

2.4 问题与展望

由于采样方法的不统一，如网衣孔径、采样装置，数据之间的比较及进一步的风险评估显得比较困难。目前，对于海洋塑料污染的调查研究大部分关注的是粒径大于 0.33mm 的塑料，对于粒径小于 0.33mm 的塑料缺乏研究，当然也缺少对于粒径小于 0.33mm 塑料采样方法的制定。目前，由于采样方法的困难性，海洋还缺少对于极地、印度洋及海洋水层的研究。从全球尺度上，海洋塑料垃圾的实际测量质量仅为模型估计值的 1%[1, 60]，大量的海洋塑料垃圾不知去向，造成此问题的具体原因有待进一步研究。我们对微塑料在海洋中的物理和化学行为，包括降解的时间尺度、最终沉降量及与海洋生物的交互作用所产生的进一步影响知之甚少。目前，已经有研究揭示微塑料会进行光降解[62]，但是有关微塑料光降解对海洋微塑料存量的影响及降解产物对海洋生物的影响还未知。

国际上应研究制定一套标准的微塑料和塑料采样、分析和鉴定方法，尤其是研究出针对粒径小于 0.33mm 的微塑料的采样和分析技术，加强对于纳米微塑料的研究和认识。对进入海洋的源头，如河流输运和海岸倾倒，进行塑料和微塑料通量的量化。此外，也要对塑料和微塑料进入海洋的潜在源头进行探索，如最近研究显示大气传输可能是海洋微塑料的重要来源。因此，亟须建立一套塑料和微塑料对海洋生态系统的风险评估方法，最终为减缓海洋塑料和微塑料污染奠定基础。

在全球尺度的海洋塑料分布研究中，应认识到塑料不仅存在于海面表层，事实上，只有少部分密度较低的塑料能够漂浮在海面上，而大部分塑料由于密度大于海水，倾向于沉入更深的海洋中。因此，全球范围内的塑料输运是一个立体的、多维度的过程，而非简单的表层扩散。Kuriyama 等[45]的研究指出，某些塑料会沉降至海底，甚至可能到达极深海域。

李道季团队曾利用深潜器对菲律宾海盆的 4000 米深处进行观测，发现底层水流中存在大量有机碎屑，照射灯光下显得异常明显，这些物质的流速较快，使塑料无法稳定沉积，跟随底层水流持续运动，难以确定其最终的去向。这一现象表明，底层水流在塑料输运过程中的作用不可忽视。

因此，很多试图描述海洋微塑料全球分布的研究存在动力学模型不完善的问题，仅使用简单的扩散模型来解释复杂的输运过程并不科学，容易导致数据不准确。遗憾的是，这类模型有时还被联合国等组织所引用。为了更准确地阐述并更科学地理解塑料的全球分布，研究者应结合物理海洋学方法，系统探讨其输运机制，并批判性地指出传统模型的局限性与不准确性。这对于推动更科学的微塑料分布研究和政策制定至关重要。

参 考 文 献

[1] Cózar A, Echevarría F, González-Gordillo J I, et al. Plastic debris in the open ocean [J]. Proceedings of the National Academy of Sciences, 2014, 111(28): 10239-10244.

[2] Lusher A L, Burke A, O'Connor I, et al. Microplastic pollution in the Northeast Atlantic Ocean: validated and opportunistic sampling [J]. Marine Pollution Bulletin, 2014, 88(1-2): 325-333.

[3] Peeken I, Primpke S, Beyer B, et al. Arctic sea ice is an important temporal sink and means of transport for microplastic [J]. Nature Communications, 2018, 9(1): 1505.

[4] Peng G, Bellerby R, Zhang F, et al. The ocean's ultimate trashcan: Hadal trenches as major depositories for plastic pollution [J]. Water Research, 2020, 168: 115121.

[5] Watt E, Picard M, Maldonado B, et al. Ocean plastics: environmental implications and potential routes for mitigation–a perspective [J]. RSC Advances, 2021, 11(35): 21447-21462.

[6] Leal Filho W, Saari U, Fedoruk M, et al. An overview of the problems posed by plastic products and the role of extended producer responsibility in Europe [J]. Journal of Cleaner Production, 2019, 214: 550-558.

[7] Anderson A, Andrady A, Arthur C, et al. Sources, fate and effects of microplastics in the environment: a global assessment [R]. GESAMP Reports & Studies Series, 2015, (90): 96.

[8] Shim W J, Hong S H, Eo S. Marine microplastics: abundance, distribution, and composition [M]//Zeng E Y. Microplastic contamination in aquatic environments. Elsevier, 2018: 1-26.

[9] Chenillat F, Huck T, Maes C, et al. Fate of floating plastic debris released along the coasts in a global ocean model [J]. Marine Pollution Bulletin, 2021, 165: 112116.

[10] Carpenter E J, Smith Jr K. Plastics on the Sargasso Sea surface [J]. Science, 1972, 175(4027): 1240-1241.

[11] Hale R C, Seeley M E, La Guardia M J, et al. A global perspective on microplastics [J]. Journal of Geophysical Research: Oceans, 2020, 125(1): e2018JC014719.

[12] Barnes D K, Galgani F, Thompson R C, et al. Accumulation and fragmentation of plastic debris in global environments [J]. Philosophical Transactions of the Royal Society B: Biological Sciences, 2009, 364(1526): 1985-1998.

[13] Obbard R W, Sadri S, Wong Y Q, et al. Global warming releases microplastic legacy frozen in Arctic Sea ice [J]. Earth's Future, 2014, 2(6): 315-320.

[14] Eriksen M, Lebreton L C, Carson H S, et al. Plastic pollution in the world's oceans: more than 5 trillion plastic pieces weighing over 250,000 tons afloat at sea [J]. PLoS One, 2014, 9(12): e111913.

[15] Maximenko N, Hafner J, Niiler P. Pathways of marine debris derived from trajectories of Lagrangian drifters [J]. Marine Pollution Bulletin, 2012, 65(1-3): 51-62.

[16] Andrady A L. Microplastics in the marine environment [J]. Marine Pollution Bulletin, 2011, 62(8): 1596-1605.

[17] Lebreton L, Slat B, Ferrari F, et al. Evidence that the Great Pacific Garbage Patch is rapidly accumulating plastic [J]. Scientific Reports, 2018, 8(1): 1-15.

[18] Jambeck J R, Geyer R, Wilcox C, et al. Plastic waste inputs from land into the ocean [J]. Science, 2015, 347(6223): 768-771.

[19] Lebreton L C, Van Der Zwet J, Damsteeg J-W, et al. River plastic emissions to the world's oceans [J]. Nature Communications, 2017, 8(1): 15611.

[20] Bai M, Zhu L, An L, et al. Estimation and prediction of plastic waste annual input into the sea from China [J]. Acta Oceanologica Sinica, 2018, 37: 26-39.

[21] Weiss L, Ludwig W, Heussner S, et al. The missing ocean plastic sink: gone with the rivers [J]. Science, 2021, 373(6550): 107-111.

[22] Li D, Liu K, Li C, et al. Profiling the vertical transport of microplastics in the West Pacific Ocean and the East Indian Ocean with a novel in situ filtration technique [J]. Environmental Science & Technology, 2020, 54(20): 12979-12988.

[23] Kanhai L D K, Gardfeldt K, Krumpen T, et al. Microplastics in sea ice and seawater beneath ice floes from the Arctic Ocean [J]. Scientific Reports, 2020, 10(1): 5004.

[24] Bergmann M, Mützel S, Primpke S, et al. White and wonderful? Microplastics prevail in snow from the Alps to the Arctic [J]. Science Advances, 2019, 5(8): eaax1157.

[25] Lusher A. Microplastics in the marine environment: distribution, interactions and effects [J]. Marine Anthropogenic Litter, 2015: 245-307.

[26] Kukulka T, Proskurowski G, Morét-Ferguson S, et al. The effect of wind mixing on the vertical distribution of buoyant plastic debris [J]. Geophysical Research Letters, 2012, 39(7): L07601.

[27] Kukulka T, Law K L, Proskurowski G. Evidence for the influence of surface heat fluxes on turbulent mixing of microplastic marine debris [J]. Journal of Physical Oceanography, 2016, 46(3): 809-815.

[28] Howell E A, Bograd S J, Morishige C, et al. On North Pacific circulation and associated marine debris concentration [J]. Marine Pollution Bulletin, 2012, 65(1-3): 16-22.

[29] Sun X, Liang J, Zhu M, et al. Microplastics in seawater and zooplankton from the Yellow Sea [J]. Environmental Pollution, 2018, 242: 585-595.

[30] Galgani F, Brien A, Weis J, et al. Are litter, plastic and microplastic quantities increasing in the ocean? [J]. Microplast Nanoplast, 2021, DOI: 10.1186/s43591-020-00002-8.

[31] Eriksen M, Maximenko N, Thiel M, et al. Plastic pollution in the South Pacific subtropical gyre [J]. Marine Pollution Bulletin, 2013, 68(1-2): 71-76.

[32] Isobe A, Iwasaki S, Uchida K, et al. Abundance of non-conservative microplastics in the upper ocean from 1957 to 2066 [J]. Nature Communications, 2019, 10(1): 417.

[33] Kaiser J. The dirt on ocean garbage patches [J]. Science, 2010, 328(5985):1506.

[34] van Sebille E, England M H, Froyland G. Origin, dynamics and evolution of ocean garbage patches from observed surface drifters [J]. Environmental Research Letters, 2012, 7(4): 044040.

[35] Moore C J, Moore S L, Leecaster M K, et al. A comparison of plastic and plankton in the North Pacific central gyre [J]. Marine Pollution Bulletin, 2001, 42(12): 1297-1300.

[36] Pichel W G, Churnside J H, Veenstra T S, et al. Marine debris collects within the North Pacific subtropical convergence zone [J]. Marine Pollution Bulletin, 2007, 54(8): 1207-1211.

[37] Galgani F, Leaute J, Moguedet P, et al. Litter on the sea floor along European coasts [J]. Marine Pollution Bulletin, 2000, 40(6): 516-527.

[38] Frias J P, Otero V, Sobral P. Evidence of microplastics in samples of zooplankton from Portuguese coastal waters [J]. Marine Environmental Research, 2014, 95: 89-95.

[39] do Sul J A I, Costa M F, Barletta M, et al. Pelagic microplastics around an archipelago of the Equatorial Atlantic [J]. Marine Pollution Bulletin, 2013, 75(1-2): 305-309.

[40] Poulain M, Mercier M J, Brach L, et al. Small microplastics as a main contributor to plastic mass balance in the North Atlantic subtropical gyre [J]. Environmental Science & Technology, 2018, 53(3): 1157-1164.

[41] Enders K, Lenz R, Stedmon C A, et al. Abundance, size and polymer composition of marine microplastics≥10μm in the Atlantic Ocean and their modelled vertical distribution [J]. Marine Pollution Bulletin, 2015, 100(1): 70-81.

[42] La Daana K K, Officer R, Lyashevska O, et al. Microplastic abundance, distribution and composition along a latitudinal gradient in the Atlantic Ocean [J]. Marine Pollution Bulletin, 2017, 115(1-2): 307-314.

[43] Koutsodendris A, Papatheodorou G, Kougiourouki O, et al. Benthic marine litter in four Gulfs in Greece, Eastern Mediterranean; abundance, composition and source identification [J]. Estuarine, Coastal and Shelf Science, 2008, 77(3): 501-512.

[44] Reisser J, Shaw J, Wilcox C, et al. Marine plastic pollution in waters around Australia: characteristics, concentrations, and pathways [J]. PLoS One, 2013, 8(11): e80466.

[45] Kuriyama Y, Tokai T, Tabata K, et al. Distribution and composition of litter on seabed of Tokyo Bay and its age analysis [J]. Nippon Suisan Gakkaishi, 2003, 69(5): 770-781.

[46] Carson H S, Nerheim M S, Carroll K A, et al. The plastic-associated microorganisms of the North Pacific Gyre [J]. Marine Pollution Bulletin, 2013, 75(1-2): 126-132.

[47] Desforges J-P W, Galbraith M, Dangerfield N, et al. Widespread distribution of microplastics in subsurface seawater in the NE Pacific Ocean [J]. Marine Pollution Bulletin, 2014, 79(1-2): 94-99.

[48] Song Y K, Hong S H, Jang M, et al. Large accumulation of micro-sized synthetic polymer particles in the sea surface microlayer [J]. Environmental Science & Technology, 2014, 48(16): 9014-9021.

[49] Li C, Wang X, Liu K, et al. Pelagic microplastics in surface water of the Eastern Indian Ocean during monsoon transition period: abundance, distribution, and characteristics [J]. Science of the Total Environment, 2021, 755: 142629.

[50] Eriksen M, Liboiron M, Kiessling T, et al. Microplastic sampling with the AVANI trawl compared to two neuston trawls in the Bay of Bengal and South Pacific [J]. Environmental Pollution, 2018, 232: 430-439.

[51] Morgana S, Ghigliotti L, Estévez-Calvar N, et al. Microplastics in the Arctic: a case study with sub-surface water and fish samples off Northeast Greenland [J]. Environmental Pollution, 2018, 242: 1078-1086.

[52] La Daana K K, Gårdfeldt K, Lyashevska O, et al. Microplastics in sub-surface waters of the Arctic Central Basin [J]. Marine Pollution Bulletin, 2018, 130: 8-18.

[53] Lusher A L, Tirelli V, O'Connor I, et al. Microplastics in Arctic polar waters: the first reported values of particles in surface and sub-surface samples [J]. Scientific Reports, 2015, 5(1): 14947.

[54] Rochman C M, Kurobe T, Flores I, et al. Early warning signs of endocrine disruption in adult fish from the ingestion of polyethylene with and without sorbed chemical pollutants from the marine environment [J]. Science of the Total Environment, 2014, 493: 656-661.

[55] do Sul J A I, Costa M F. The present and future of microplastic pollution in the marine environment [J]. Environmental Pollution, 2014, 185: 352-364.

[56] Law K L, Morét-Ferguson S, Maximenko N A, et al. Plastic accumulation in the North Atlantic subtropical gyre [J]. Science, 2010, 329(5996): 1185-1188.

[57] Morét-Ferguson S, Law K L, Proskurowski G, et al. The size, mass, and composition of plastic debris in the western North Atlantic Ocean [J]. Marine Pollution Bulletin, 2010, 60(10): 1873-1878.

[58] Hänninen J, Weckström M, Pawłowska J, et al. Plastic debris composition and concentration in the Arctic Ocean, the North Sea and the Baltic Sea [J]. Marine Pollution Bulletin, 2021, 165: 112150.

[59] Kakade A, Mi J, Long R. Microplastics in the world oceans and strategies for their control [J]. Reviews of Environmental Contamination and Toxicology, 2024, 262(1): 20.

[60] van Sebille E, Wilcox C, Lebreton L, et al. A global inventory of small floating plastic debris [J]. Environmental Research Letters, 2015, 10(12): 124006.

[61] Yamashita R, Tanimura A. Floating plastic in the Kuroshio current area, western North Pacific Ocean [J]. Marine Pollution Bulletin, 2007, 54(4): 485-488.

[62] Wang X, Zheng H, Zhao J, et al. Photodegradation elevated the toxicity of polystyrene microplastics to grouper (*Epinephelus moara*) through disrupting hepatic lipid homeostasis [J]. Environmental Science & Technology, 2020, 54(10): 6202-6212.

第 3 章

海洋微塑料监测和研究方法

海洋微塑料已成为新兴污染物,并逐渐演变为全球环境威胁。因此,深入调查和全面评估海洋微塑料污染状况显得尤为迫切和必要。随着海洋生态系统中污染水平的不断增加,用于评估这场危机范围的监测数据依然不足。当前,海洋微塑料的分析通常需要通过拖网、泵抽等方法进行样品采集,然后将样品转移至船上或实验室后进行鉴定,这一分析流程复杂且耗时。高昂的采样成本、大量的人力需求及有限的时间和空间覆盖范围,导致监测数据不足。这种不足限制了我们对海洋生态系统中塑料颗粒数量、持久性及它们对海洋生态系统影响的真正了解。随着来自卫星传感器的免费大规模地理空间数据的日益可用,潜在的塑料监测变为可能。这为减少野外工作、降低成本和缩短采样时间提供了一种解决方案。

3.1 传统微塑料监测方法

表层水体中塑料监测常采用拖网、水泵及温盐深仪(CTD)采水的采样方式。拖网的常用网具为 Manta 拖网等浮游生物网,其可过滤较大体积的海水样品。海底拖网可进行海底塑料垃圾调查,但对底栖环境破坏性较大。用水泵可采集大体积水样,除利用科考船水泵采集表层水样外,利用浮游生物泵可采集千米级深水样品。CTD 采水器也可采集一定水深的海水样品,但采集样品量有限,数据代表性不足(表 3-1)。

表 3-1 各类海洋表层及水层塑料垃圾和微塑料的监测方法的优缺点

方法	优点	限制性
网拖 (Manta 拖网等 浮游生物网)	·船只适用性强 ·使用流量计估算体积	·使用取决于天气 ·需要尽量减少采样船和拖缆带来的污染 ·仅当流量计且框架完全浸入水中时,才能估算过滤后的水量 ·必须限制拖曳速度和时间以免堵塞或采样体积不足 ·对小于网孔尺寸的塑料丰度估算不足
巨型网	·能采集大型和中型的塑料垃圾	·只能网采一定水深的样品,使用取决于天气
CTD 采水	·可采集一定水深的海水样品	·采集样品量有限,数据不能代表真实塑料垃圾和微塑料含量
大体积采水	·采样体积已知	·可以处理海洋表层有限的体积,将其认定为最小的垃圾含量 ·在甲板上二次过滤可能会使样品暴露于污染中
微塑料收集泵	·采样体积已知 ·多水层采样	·仅限于采集表层水体微塑料,无法采集大塑料

续表

方法	优点	限制性
目检	·成本低廉，仅需要双筒望远镜（但理想情况下还需要高质量的数码单反相机和远摄镜头）	·仅限于船只附近的水域（通常最长距离为50m） ·难以发现深色物品和水下的塑料，更容易发现白色和浮力物品
摄影和航测	覆盖面积大，适合大型垃圾监测	·租赁费用高昂，摄影器材昂贵 ·仅限于宏观和巨型塑料 ·难以发现深色和水下塑料

沉积物海滩监测需用样方框采集一定量的表层沉积物样品。通常采集表层5cm以浅的沉积物样品。对于水下沉积物常常使用采泥器采集海底表层的沉积物样品。通过打钻孔法采集的柱状样品可以用于分析不同深度微塑料的丰度，还可用于分析微塑料沉积的时间变化特征，并用于测定年代。

生物体中的微塑料常常通过野外采集、市场购买或实验室培养获得。鱼类常常通过出海进行拖网的方法获得，也有部分经济鱼类、贝类可以在市场购买。鸟类可以通过收集上岸的死亡鸟类或收集救助站的死亡鸟类而获得。小型无脊椎生物如贝类、沙蚕、蜗牛等可直接在野外进行采集。

海底垃圾的监测方法：在较深（约≥10m）的水域中，底拖网是一种有效的大规模评估和监测海底垃圾的方法，并且可以控制网孔的大小和开口及拖网的宽度。另一种特别有效且具有成本效益的方法是将海底塑料垃圾作为常规鱼类种群评估的一部分进行的拖网调查。水下（底栖）鱼类种群的渔业监测计划在较大的区域范围内运作，使用统一的协议提供渔业数据，为开发一致的海底塑料垃圾监测方法提供了方便。使用拖网进行海底监测在很大程度上限于光滑的海床，不适用于需要特殊设备的陡峭斜坡或岩石底部。使用遥控潜水器（ROV）可以进行大陆坡不平坦的地形和深海底的垃圾调查。在低速执行的调查过程中，图像（高分辨率）通常用摄像机记录。

3.2 遥感技术在海洋塑料和微塑料监测上应用的可能性

目前遥感技术在海洋塑料垃圾和微塑料上的应用不确定因素众多，具有很大的局限性，这主要是因为海洋上漂浮的大塑料和微塑料密度太低，且大小不一，零星分布，而且种类繁多，颜色多样。即使在大洋五大涡旋海域的塑料垃圾高密度区域，到目前为止，遥感技术也没有被很好地研究应用。目前只有有限的相关研究。例如，有研究对从环境中大量收集得来的各种塑料垃圾及微塑料进行了350~2500nm反射光谱分析，认为干燥塑料和微塑料在931nm、1215nm、1417nm和1732nm处存在显著的吸收峰，但实际环境中在这些波长上也存在其他物质吸收，所以不能确定是否为塑料垃圾，而且对于潮湿状态的微塑料，吸收强度明显减弱。而在现实水体中，水面漂浮的塑料垃圾量太少，更不用说微塑料，其在表层海水分布密度更低，大小和密度远远不在遥感技术分辨率的监测之内。因此，基本上不可能实现海洋环境中微塑料的定量和定性分析。

另外，Goddijn-Murphy 等[1]基于日光反射在海面和漂浮的塑料垃圾上的特征开发了一种大型海洋塑料垃圾观测算法，其综合考虑了塑料垃圾的颜色、透明度、反射度及形状。然而，该方法是基于海洋中塑料垃圾二维平铺且静止于海面上，而且要在有一定大小和密度等的理想状态下，因此难以监测到状态发生变化的海洋塑料垃圾和特定形状的塑料垃圾（渔网）。

综上所述，遥感技术在海洋塑料垃圾监测方面的研究和应用仍然处于初级阶段，而要实现对海洋微塑料的监测几乎是不可能。

3.3 当前已出版的相关研究指南

欧盟于 2013 年发表的 *Riverine Litter Monitoring-Options and Recommendations* 对水体、沉积物、生物体等方面的塑料、微塑料监测方法进行了概述，其中涵盖的方面较为齐全，但内容太过笼统，缺少具体的实验操作步骤及实验数据支撑，该指南阅读较为困难，可操作性差；NOAA 于 2015 年发表的 *Laboratory Methods for the Analysis of Microplastics in the Marine Environment: Recommendations for quantifying synthetic particles in Waters and sediment* 对水体、海滩沉积物、海床沉积物中微塑料的检测方法进行了详细的介绍，该指南中的方法经过较为充分的实验验证，指南中图表丰富，阅读直观，但是涵盖的方面较少；联合国海洋环境保护科学问题联合专家组（GESMAP）于 2019 年发表的 *Guidelines for the Monitoring and Assessment of Plastic Litter in the Ocean* 总结了水体、沉积物、海岸线、生物体中塑料的监测方法；日本于 2019 年发表的 *Guidelines for Harmonizing Ocean Surface Microplastic Monitoring Methods* 提供了表层水中微塑料的检测方法，该指南内容翔实，经过当地较为广泛的实验验证，具有充足的实验数据支撑，但是其只有表层水中微塑料的监测方法（表 3-2）。我国也在 2016 年建立了海洋微塑料监测技术方法，并应用。

表 3-2 已出版指南的比较

发表机构/国家	出版物名称	微塑料监测方法	出版时间	可操作性	优点	缺点
NOAA	*Laboratory Methods for the Analysis of Microplastics in the Marine Environment: Recommendations for quantifying synthetic particles in Waters and sediments*	水体 沙滩 海床	2015	高	图表丰富，实验流程图直观	内容少
欧盟	*Riverine Litter Monitoring-Options and Recommendations*	塑料垃圾/微塑料垃圾（海滩/水体/沉积物/生物体）	2013	低	内容全面	缺少具体操作流程，内容笼统；图表少，文字烦琐难阅读
GESMAP	*Guidelines for the Monitoring and Assessment of Plastic Litter in the Ocean*	水体 海岸线 海床 生物体	2019	中	内容较全面，图表丰富直观	方法比较浅显，不够详细

续表

发表机构/国家	出版物名称	微塑料监测方法	出版时间	可操作性	优点	缺点
日本	Guidelines for Harmonizing Ocean Surface Microplastic Monitoring Methods	表层海水中的微塑料	2019	高	方法翔实具体；图表丰富，实验流程图直观	内容只涵盖了表层水体的监测方法

然而，地理特征、采样规模、采样频率、采样技术、报告数据及其准确性均在不断发生变化。这些先前研究的重点是比较已发表的文章或侧重于分析技术，很少注意取样和样品的制备。由于采样和研究能力的差异，在海洋环境中对塑料进行定量的通用指南不切实际。但是，随着更多采样技术和分析方法的改进，某些现有准则可能会过时。

例如，在2019年的日本大阪G20峰会上，海洋塑料污染被列为优先考虑的问题之一，会上通过了《G20海洋塑料垃圾行动实施框架》。2019年5月，日本环境省发布了第一版《统一海洋表面微塑料监测方法指南》，该指南基于通过示范项目的比较研究及由国内外专家组成的国际专家会议的讨论进行的采样和分析方法。11月7日，日本环境省修订了该指南，以提高海洋表面微塑料监测数据的可比性。新版本将费雷特直径（d_F）中最大值的定义，修订为限制物体垂直于该方向的两个平行平面之间的距离。还修订了基础数据项的定义和类别，将定义修改为基础数据项是识别微塑料丰度的最低要求，包括采样时间和地点，以及微塑料密度，可以以颗粒数密度/体积（个/m³）、颗粒数密度/面积（个/km²）、质量密度/体积（g/m³）和质量密度/面积（g/km²）4个单位中的任何一个显示，并将基础数据项分为FA和FB两种类别。

《统一海洋表面微塑料监测方法指南》是基于对所有现有文献、实验结果（来自原位实验和实验室）、指南、手册和有关微塑料专家意见的详细分析而编制的，目的是为西太平洋地区的研究人员提供可行的微塑料采样和分析指南，以便更准确地评估该区域微塑料污染水平，并提高数据的可比性。该指南旨在比较正在使用的不同监测和分析技术，并提出一种有效且可靠的分步方法来测量海洋环境中微塑料的分布和丰度。该指南涵盖了采样过程（位置、工具、频率、数量等）和实验室分析（预处理、消解、密度分离、报告单位、鉴别仪器等）的许多方面。本研究建议对西太平洋地区的微塑料进行采样和分析，因为该地区的容量和地理特征与欧洲或美国的指南相比有所不同。

除了在尺寸和形状上定义微塑料外，《统一海洋表面微塑料监测方法指南》还全面建议统一对沉积物、水层和生物体中的微塑料进行采样、处理、提取和分析的方法。在不同的水层和各种沉积环境中都检测到了微塑料，因为附着在漂浮微塑料上的生物会改变密度并导致其沉降。方法学上的差异是导致微塑料分布和浓度水平差异的重要因素。

目前，迫切需要经过验证且标准化的采样方法来确定水层（尤其是深海）中的微塑料污染，这对于理解深海海洋环境中的微塑料的生物地球化学循环至关重要。建立准确的微塑料污染数据集所需的样品量仍然未知。考虑到有限的样品量，被测微塑料的高平均丰度和差异值得怀疑，即在海洋环境中微塑料监测方法与监测结果的可靠定量之间仍然存在很大的差距。在这些准则中，建议使用Manta拖网来监测表层水中的微塑料，因为该方法可以精确过滤水的体积。Manta 拖网的两翼有利于漂浮,并且可以借助附着在网口的数字流量计在一定深度处测量准确的过滤水量。足够的样品量是一个关键因素,大量过滤水对于获得实际数量的微塑料至关重要。样品量在评估海洋污染中起着至关重要的作用,并且对于量化深海水中实际的微塑料污染至关重要。

假设在深海水层中收集微塑料的最有效采样工具是配备有 CTD 的浮游生物泵,该原位过滤技术的设计可以从水层的各个层中准确地采集微塑料。CTD 可以立即记录环境参数,并且该采样工具附有 60μm 的网眼袋可以确保有效捕获微塑料。网眼袋的尺寸很重要,因为最近的研究表明大多数微塑料的粒径>60μm。研究表明,小样本量很容易导致对塑料含量的高估,因此建议使用至少 $8m^3$ 的水体作为样本,以获得可靠的数据。对于采样深度,建议>1000m,负载 1~2t。该技术的优势在于它能够就地采集大量水,并且易于部署和回收。

海底沉积物中的微塑料污染需要引起注意。西太平洋地区微塑料研究计划已为海滩沉积物中的微塑料取样和分析制定了明确的指导原则,即使用干净的金属设备,包括方形取样框、铁锹、吊线和金属容器,从水深 100m 的沉积物顶部 5cm 处采集目标海滩的横断面。由于生物污染,海洋垃圾也以不同的密度广泛分布在海底,这使得海底成为微塑料的主要汇。从海底进行沉积物取样对于提高人们目前对微塑料的理解至关重要。因此,提出了在潮下带、大陆架、深海、深海平原及海沟中采集水下沉积物样品的潜在方法。先前的准则并未提供针对这些环境的详细采样方法。采样期间应记录深度、海况、位置和使用的仪器。可以在浅水和边缘海中使用抓斗式采样器或取芯器,而在深海中应使用深潜水技术,包括 ROV 和着陆器,从海床、海底、深海平原和海沟中采集沉积物样品。抽样数量应基于研究目的。为了计算丰度,应采集 3 个重复的海底沉积物样品,并测量样品的体积和面积。在收集海底沉积物之后,应从每个采样点采集顶层样品并将其存储在金属容器中以进行进一步分析。如果有能力,建议研究人员对水下沉积物进行监测,特别是在深海地区。

研究人员在不同的海洋生物中已检测到形状和大小各异的微塑料,包括浮游生物、浮游幼虫及许多重要的经济物种及其饵料生物。微塑料已经渗入整个食物网,并可能影响每个营养级的生物。鱼类在海洋食物网中占有重要地位,这可能导致微塑料从浮游动物转移到更高营养级的生物体内。双壳动物曾被认为是微塑料的潜在指示生物。但是,本研究认为双壳动物由于拒食各种大小的微塑料而成为海洋环境中微塑料污染的错误生物指示剂,并建议为此目的探索其他海洋物种。目前,生物样本量大小的选择范围从几到几百个。为了满足模型估计及物质资源、财务资源和时间的基本要求,建议以最小样本量为 30 个生物体来调查微塑料摄入。野生生物样品的采集为研究人员提供了解生物群与环境中塑料相互作用的机会。

根据研究目的,可以使用各种生物收集方法。建议进行拖网捕捞,因为尽管它相对昂贵,但与从海鲜市场购买的生物体样品相比,它有助于收集更可靠的数据。《统一海洋表面微塑料监测方法指南》中已解决了拖网网孔尺寸、拖网时间、采样深度和采样位置的统一和标准化问题。底部拖网的尺寸差异有助于捕获不同生命阶段的鱼。不同的生活史阶段导致遇到不同尺寸微塑料的可能性存在一定差异。因此,建议将处于不同生活史阶段的同一种鱼类分为两组进行研究。收集的样品应包裹在铝箔中，并保存在-20℃的超净实验室中，直至进行检查，不建议添加固定剂，如福尔马林和乙醇，会引起二次污染。

有研究描述了从非生物和生物样品中提取微塑料的几种不同方法，其中消解法最常见[2]。为了对微塑料进行定量，必须将有机物消解掉，留下塑料。消解方法主要分为酸消解、碱液消解、氧化剂消解和酶消解[3]。特别建议分析鱼的整个消化道（GIT），使用10%的KOH溶液消解鱼的GIT，使用30%的H_2O_2消解其他生物样品。密度分离可以分离各种密度的塑料，这对于提取微塑料也是必不可少的。要从样品中提取微塑料，应将较重的溶液添加到样品中，以使密度较小的塑料颗粒漂浮。对于水和沉积物样品，建议使用NaCl溶液（1.2g/cm^3），对于生物样品，建议使用NaI溶液（1.8g/cm^3）。沉积物中微量塑料的丰度可以按体积（表层沉积物）或重量（潮汐和潮间带沉积物的每立方米个数和每千克个数）计算。

微塑料成分鉴定是判断微塑料来源和途径的关键。建议使用傅里叶变换红外光谱（FTIR）来鉴定聚合物。样品中报告的大多数纤维不会从原始塑料中降解，而是从纺织品中提取。在此，建议对制成的纤维另行讨论。就未来的方向而言，在这些指南和其他指南中，没有建议对海底沉积物进行采样的理想频率，因为与海滩沉积物相比，西太平洋地区的勘探量要少得多。

使用通用、可靠的方法对海洋微塑料的监测至关重要。由于缺乏全球通用的采样和分析方法，所以无法比较结果。因此，建议对这些准则进行实际应用，并认为它们在全球范围内的应用将迈向获取可比数据的一步。使用通用方法是微塑料监测的趋势，也是影响评估的因素和制定政策的前提。

3.4　全球监测单位和机构清单

全球海洋塑料垃圾和微塑料监测单位较多，大多出于研究目的成立。目前，长期关注及监测海洋塑料垃圾和微塑料的主要单位如下：

华东师范大学河口海岸全国重点实验室/海洋塑料研究中心（State Key Laboratory of Estuarine and Coastal Research/Plastic Marine Debris Research Center, East China Normal University）

国家海洋环境监测中心、自然资源部东海环境监测中心/南海环境监测中心（National Marine Environmental Monitoring Center, East China Sea Environmental Monitoring Center/South China Sea Environmental Monitoring Center, Ministry of Natural Resources）

意大利国家研究委员会（CNR）海洋生物资源和生物技术研究所（IRBIM）（Italian National Research Council, Institute of Marine Biological Resources and Biotechnologies）

联合国环境规划署地中海行动计划（MAP）、地中海海洋污染评估和控制方案（Mediterranean Action Plan, Programme for the Assessment and Control of Marine Pollution in the Mediterranean）

希腊海洋研究中心（HCMR），内陆水域生物资源研究所（Hellenic Centre for Marine Research (HCMR), Institute Biological Resources Inland Waters, Greece）

黑山大学、黑山海洋生物研究所（University of Montenegro, Institute of marine biology, Montenegro）

意大利巴里奥尔多莫罗大学生物学系（Department of Biology, University of Bari 'Aldo Moro', Italy）

西班牙穆尔西亚埃斯帕诺尔海洋研究所（IEO）（Centro Oceanográfico de Murcia, Instituto Español de Oceanografía, Murcia, Spain）克罗地亚海洋与渔业研究所（Institute of Oceanography and Fisheries, Croatia）

马耳他渔业资源股渔业和水产养殖司环境、可持续发展和气候变化部（Ministry for the Environment, Sustainable Development and Climate Change, Department of Fisheries and Aquaculture, Fisheries Resource Unit, Malta）

塞浦路斯尼科西亚渔业和海洋研究部渔业资源司（Fisheries Resources Division, Department of Fisheries and Marine Research, Nicosia, Cyprus）

美国加利福尼亚州洛杉矶五大涡旋研究所（Five Gyres Institute, Los Angeles, California, United States of America）

Dumpark 数据科学，新西兰惠灵顿（Dumpark Data Science, Wellington, New Zealand）

夏威夷大学希洛分校海洋科学系（Marine Science Department, University of Hawaii at Hilo, Hilo, Hawaii, United States of America）

美国华盛顿鱼类和野生动物部（Washington Department of Fish and Wildlife, Olympia, Washington, United States of America）

智利科金博北卡托利卡大学西恩西亚分校（Facultad Ciencias del Mar, Universidad Católica del Norte, Coquimbo, Chile）

智利千禧年核心生态与海洋岛屿可持续管理（ESMOI）（Millennium Nucleus Ecology and Sustainable Management of Oceanic Island, Coquimbo, Chile）

英国伦敦帝国理工学院格兰瑟姆物理学院（Grantham Institute & Department of Physics, Imperial College London, London, UK）

澳大利亚悉尼新南威尔士大学气候变化研究中心气候系统科学卓越中心（ARC Centre of Excellence for Climate System Science, Climate Change Research Centre, University of New South Wales, Sydney, Australia）

澳大利亚 CSIRO 海洋与大气旗舰（CSIRO Oceans and Atmosphere Flagship, Hobart, Tasmania, Australia）

美国加州大学圣巴巴拉分校地理与地球研究所（Department of Geography and Earth Research Institute, University of California, Santa Barbara, CA, USA）

法国矿产开发研究所（IFREMER）（Institut Français de Recherche pour l'Exploitation de la Mer, Bastia, France）

美国马萨诸塞州伍兹霍尔海洋教育协会（Sea Education Association, Woods Hole, Massachusetts, USA）

参 考 文 献

[1] Goddijn-Murphy L, Peters S, van Sebille E, et al. Concept for a hyperspectral remote sensing algorithm for floating marine macro plastics [J]. Marine Pollution Bulletin, 2018, 126: 255-262.

[2] Ivleva N P. Chemical analysis of microplastics and nanoplastics: challenges, advanced methods, and perspectives [J]. Chemical Reviews, 2021, 121(19): 11886-11936.

[3] Prata J C, da Costa J P, Duarte A C, et al. Methods for sampling and detection of microplastics in water and sediment: a critical review [J]. TrAC Trends in Analytical Chemistry, 2019, 110: 150-159.

第 4 章

河流微塑料及其入海通量

塑料废物管理不善导致微塑料广泛分布。目前微塑料已渗透到全世界的海洋环境中，受物理作用（如风、海洋环流和河流输运等）可以长距离输运，目前在远离陆地的小岛、极地、北极海冰及蒙古高原的高山湖泊中都发现有微塑料。海洋被视为微塑料的主要汇，而河流又是塑料废物进入海洋的主要途径。研究估计，超过 1000 条河流每年排放 80 万～270 万 t 的污染物，占全球年排放量的 80%，其中城市小型河流污染最严重。河流流域是河口塑料的主要来源，河口塑料的输送和堆积受年际水流变化的影响。陆源微塑料通过河流流域通聚，是其向海洋迁移的重要通道。第一次关于河流中微塑料的研究是在加利福尼亚河进行的，其报道的微塑料平均浓度为 30～109 个/m³。生活垃圾和工业垃圾可以通过河流直接进入海洋环境，其中塑料占绝大部分。

在淡水环境中，尤其是河流中，塑料垃圾的移动和分布特征与海水环境存在显著差异。河口为淡水和盐水的汇合处，水密度的变化会影响塑料垃圾的运移特性。河口分层和潮汐水动力作用对塑料垃圾的发生及运移特性有很大影响。此外，水坝、桥梁、人工支流等人工设施和河岸植被、河流弯曲等自然条件都会影响河流的流量，导致塑料垃圾的堆积。

4.1 河流微塑料的来源

由于微塑料具有尺寸小、易破碎的特性，确定其确切的来源是相当紧迫的，因为聚合物可能来自多个产品，并可能有广泛的来源（图 4-1）。对于海洋微塑料而言，陆基微塑料主要由风和河流提供动力进行运输。一些研究表明，雨水也是一个重要的输出通道。河流微塑料主要来源于陆地塑料的降解破碎，个人日化产品（牙膏、洁面乳、磨砂膏、沐浴露等含有细小颗粒的化妆品等）中添加的原始微塑料颗粒，主要是合成的直径小于 5mm 的颗粒或微珠，以满足特殊需要，如去角质或毛孔清洁。Gouin 等[1]报道，美国每年排放约 263t 聚乙烯颗粒，这些颗粒主要来自个人护理产品。他们估计，美国人平均每天产生 2.4mg 微塑料。此外，纺织纤维，特别是合成纤维，也是纤维状微塑料污染的重要来源。牙刷和吹风机中的纤维状微塑料也可以通过工业或家庭废水系统进入海洋环境。

同样，衣物中的合成纤维会产生微塑料，这些微塑料可以被冲入河流或污水处理厂。Browne 等[2]发现，在洗衣服和整理衣服的过程中，衣服上的塑料纤维会脱落，从而产生大量的塑料纤维。根据试验和测量，单次洗涤的污水中纤维量可达到 100 个/L。污水中

图 4-1 微塑料的主要来源

的微塑料将与污水处理厂的排放出水一起进入河流。加工、塑形和储存运输过程中也会有微塑料颗粒的泄漏。人类的工业生产在微塑料的来源中也起着重要的作用。van der Wal 等[3]表明工业生产在河流小型漂浮垃圾的形成中起着重要的作用。在钦江口，由于使用塑料钓鱼线和聚苯乙烯材质的木筏，水产养殖活动成为微塑料的主要来源。Abbasi 等[4]发现城市街道灰尘中有大量的微型橡胶，被雨冲洗后会进入河流，最后流入海洋环境。

目前，全球有一半人口生活在距离海岸线 50 英里①以内的区域，而塑料常通过河流运输、污水处理厂排放、大气沉降、陆地径流及直接丢弃等途径进入海洋环境。

4.1.1 污水处理厂

工业、住宅、农业、旅游区等不同来源的污水都通过下水道排放，进入同一目的地，即城市污水处理厂（WWTP），其将不同来源的微塑料聚集在一起，进行集中处理。由于没有额外的微塑料去除处理过程，污水处理厂变成了将微塑料从人类环境转移到自然环境的重要渠道。污水处理厂排放的污水是一个潜在的重要点源。排放出水中微塑料的含量与污水处理系统的进水类型、位置、规模、污水处理等级和服务区类型有关。

来自合成纤维衣物的微塑料比大塑料碎片的破碎和个人护理产品中的微塑料多。对污水处理系统的出水和下游水中微塑料的几项研究发现，纤维状微塑料多于非纤维状微塑料。据报道，美国 17 个污水处理厂的污水中微塑料平均为 0.05 个/L，每个污水处理厂每天排放超过 400 万个微塑料，且随着其所覆盖的人口密度的增加而增加。虽然污水处理厂的微塑料去除率高达 98.41%，但每天仍有 6500 万个微塑料随污水进入淡水系统。此外，在污水处理厂的处理过程中，有 98%的微塑料会被保留在污泥中。在爱尔兰的一项研究中，污水处理厂污泥中的微塑料为 4196~15 385 个/kg 干重，在德国的一项研究

---

① 1 英里=1.609 344km

中为 1000~24 000 个/kg 干重。污水处理厂污泥的处理方法主要有厌氧消化（产生甲烷）、好氧发酵（堆肥）、深度脱水后填埋、修复重建严重受损土地（如矿场、林场、垃圾填埋场等）、干焚烧。污泥中存在的微塑料并没有额外的处理阶段，这将导致微塑料进入土壤并长期滞留在土地中。塑料纤维在自然环境中可以保存 15 年以上，如果发生强降雨，可以通过地表径流运输。受风、雨的影响，纤维状或非纤维状的微塑料均有可能进入淡水和海水系统。

4.1.2 大气沉降

大气微塑料多以纤维的形式存在。大气中微塑料的来源主要是合成纤维和道路灰尘，包括轮胎和道路涂层。从衣服上断裂的纤维和颠簸扬起的道路灰尘飘浮在空气中，有可能随着降雨返回土地。合成材料广泛应用于服装制造，包括聚酯、尼龙、聚丙烯腈。在巴黎城市中进行的研究发现，大多数大气中的微塑料是纤维状的。另一项有关中国东莞市区微塑料的研究发现，纤维状微塑料占比最高。洗涤是环境中纤维状微塑料的另一个来源。据估计，一次洗涤过程可以产生 1900 个纤维。轻质的纤维状微塑料可以在室内和室外空气中飘浮，在风力和气流的影响下长途迁移。在轮胎生产过程中，纤维状微塑料通过轮胎磨损、切割、研磨过程产生，飘浮在空气中，可被称为"城市灰尘"。飘浮的微塑料将以雨中携带的湿沉降物或吸附粉尘的干沉降物的形式返回陆地和水系统，增加重量从而落到地面。

4.1.3 径流

来自农业、旅游、工业和居民区的径流可能会把垃圾携入河流。Doyle 等[5]认为，大城市的城市径流是冬季南加州水域塑料浓度高的主要原因。轮胎和道路磨损是合成聚合物一个重要的来源。Siegfried 等[6]研究发现轮胎和道路磨损中的合成聚合物是欧洲河流中微塑料污染的最大来源，占微塑料总输入量的 42%，其次是含有微塑料、合成聚合物及来自家庭粉尘中的塑料纤维的磨损塑料基纺织品。微珠在个人护理产品中只占微塑料输出总量的一小部分。

河流中的微塑料部分可以随着洪水和用水返回陆地。陆地上的微塑料可以被陆地径流冲进河流，最后流入海洋环境。埋在地下的微塑料可能会随地下径流进入淡水环境。Horton 等[7]研究发现，农业土壤环境中微塑料的含量远远高于北美洲和欧洲的地表水环境。

农用塑料薄膜在农田中应用广泛，而且由于价格低廉，回收率很低。残留的农业塑料薄膜由于生物、物理及化学作用（如风作用和光降解）而老化和破碎，从而成为次生微塑料。Jiao 等[8]研究发现，地膜衍生微塑料贡献了海南省南渡江等 5 条主要外流河上游农田土壤和河流沉积物中检测到的大部分微塑料，其丰度达到 38 个/kg±11 个/kg 至 82 个/kg±15 个/kg，甚至占河口沉积物中微塑料总量的 9.0%~13.7%。借助偏最小二乘路径模型，上游农田被确定为河流地膜衍生微塑料的主要来源，对河流沉积物中 94.7%和河口沉积物中 85.0%的地膜衍生微塑料有贡献。该研究首次证实地膜衍生微塑料是河口沉积物中微塑料的一个不可忽视的组成部分,并强调了在农业高度密集的流域加强微塑料污染管理的紧迫性。

4.1.4 直接丢弃

人类活动包括水产养殖、沿海和河滨旅游、渔业、娱乐及商业海洋船只都有可能产生直接丢弃的塑料垃圾。从而对海洋环境和生物构成威胁,其形式为塑料碎片和次生微塑料。Derraik[9]研究发现,旅游和娱乐活动会导致大量的塑料被直接丢弃到海滩和沿海水域。渔网是最常见的海洋塑料之一,对海洋生物构成威胁,其缠绕形式被称为"幽灵渔具"。船舶也是海洋塑料的重要来源。据调查,全球商业海洋渔船在20世纪70年代倾倒了超过23 000t的塑料包装,这可能造成生物意外吞食和海洋生物窒息的风险。1988年,《国际防止船舶造成污染公约》即《MARPOL 73/78》的附件五"专门针对防止船舶垃圾污染的规定"正式生效,旨在禁止海洋船舶在海上直接弃置塑料废物。然而,由于环境教育不足及执法监督不力,海洋船舶对海洋塑料废物的排放问题依然没有得到有效遏制。Derraik[9]估计,20世纪90年代初有650万t塑料流入海洋。除了故意丢弃外,来自陆地和海上运输船舶的意外泄漏也是海洋及河滨塑料和微塑料的重要来源。像树脂颗粒这样的初级微塑料不仅出现在有塑料生产工厂的城市,也出现在当地没有塑料生产工厂的海洋中部岛屿。

4.2 全球河流微塑料丰度

4.2.1 河流中微塑料的特征

塑料通常有以下几种类型:聚乙烯(PE)、低密度聚乙烯(LDPE)和高密度聚乙烯(HDPE)、聚丙烯(PP)、聚苯乙烯(PS),其他类型有如聚酰胺(PA)、聚酯、聚烯烃(PO)和其他增塑剂。PE和PP在常用的一次性塑料制品中所占比例最大,这两种材质较易破碎为碎片,多于纤维状微塑料。可以看出,研究区微塑料的来源主要是大塑料制品的破碎。

塑料的密度决定了其在水中的赋存深度。此外,生物降解性、抗氧化性和表面特征也是影响其行为的重要因素。研究表明,在所研究的河流中,PE和PP占比最多,通常是低密度的塑料。Yan等[10]对珠江地区研究结果显示,该地微塑料类型以聚酰胺和玻璃纸为主。在我国香港水域,PS泡沫是数量最多的微塑料类型。研究人员对越南西贡河的研究表明,PO和PS占比最大,而PS泡沫食品盒废料占比非常大。在荷兰,PO和发泡聚苯乙烯(EPS)也占相当大的比例(欧洲平均为12%、东南亚平均为10%)。

一般来说,纤维是河流中微塑料的主要形态。而在一些河流微塑料研究中,碎片状微塑料占了绝大多数。对珠江微塑料通量的研究显示,碎片状微塑料明显比线状微塑料和颗粒状微塑料数量要多。此外,微塑料的主导形态在旱季和雨季也存在差异,如纤维状微塑料在旱季最多,而碎片状微塑料在雨季最多。

4.2.2 空间和季节变化

人类活动会导致微塑料的空间变异，靠近人口密集地区的站点检测到高密度的微塑料，而远离市中心的站点检测到的微塑料的丰度最低。

亚洲（尤其是中国和东南亚国家）及欧洲部分地区的河流中微塑料浓度最高，美洲部分地区也存在严重污染。较发达和人口密集区域由于工业化和废物管理不完善，成为微塑料污染的"热点"，而其他如非洲国家、澳大利亚等地的微塑料丰度相对较低。这表明微塑料污染已成为全球河流中的突出环境问题，尤其需要在污染较严重的地区加强管理和治理。具体而言，在韩国城市沿海地区的微塑料丰度是农村地区的 2 倍左右（平均微塑料丰度分别为 1051 个/m³ 和 560 个/m³），这表明河流和沿海区域的人口与平均微塑料丰度之间存在很强的相关性。此外，城市污水可能是珠江微塑料的主要来源。城市支流淡水中可能含有微塑料。浮游生物网的微塑料丰度由上游向下游逐渐增加，在河口处达到最高。对野生尖鳍鲌中微塑料的研究发现，生活在受人类活动影响更大的河流中的鱼体内有更多的微塑料。van Emmerik 等[11]在西贡河守添大桥（Thu Thiem Bridge）进行了人工视觉和静态拖网取样相结合的研究，在桥柱附近观察到高浓度的塑料碎片，这可能是由桥柱导致的涡流造成了塑料碎片堆积。数字只是简单地显示了抽样位置和全球微塑料的数量。然而，微塑料的丰度因取样方法和使用筛目大小的不同而有很大差异。

风暴、强降雨等自然气候是微塑料空间积累的影响因素。微塑料具有塑料的浮力、持久赋存等特性，在水流和水动力过程中易于广泛分散。Li 等[12]发现台风和强降雨的风力作用会加速微塑料从陆地向水生环境的迁移过程。在长江口的研究表明，台风是水环境中微塑料积累的影响因素之一。Moore 等[13]研究表明，一场大风暴后，加利福尼亚州海岸附近的海水表层塑料碎片从 10 个/m³ 增加到 60 个/m³。类似地，在南加州沿海水域的一项研究也发现，在台风和暴雨事件发生后，沿海地区的微塑料颗粒从小于 1 个/m³ 增加到 18 个/m³。

6 月和 8 月微塑料浓度相对较高。河流中微塑料丰度在丰水期明显低于枯水期，这可能是由降水的稀释作用所致。然而台风对闽江口水体中的悬浮塑料没有明显影响。雨季（丰度中位数为 2.657 个/m³、0.227mg/m³）与旱季（丰度中位数为 0.183 个/m³、0.023mg/m³）之间存在显著性差异。70%～80%的微塑料向海输运发生在雨季，而且有 92%的微塑料是由水层携带。

4.2.3 环境介质中的丰度

微塑料已经成为海洋环境中普遍存在的污染物。据预测，将有 2.5 亿 t 的塑料堆积在海洋中。据估计，多瑙河每年向黑海运送 1553t 塑料碎片，运输速度为 7.5mg/(m³·s)。也有大量的微塑料停留在沉积物中。研究表明，在长江流域所有被调查的 18 个湖泊中，地表水中的微塑料丰度比沉积物中的微塑料丰度低约 2 个数量级[14]。Imhof 等[15]证明，淡水沉积物不仅可以截留微塑料，还可以作为海洋塑料的来源。通过对安大略湖和亨伯河沉积物中微塑料的特征进行比较，得出微塑料可以通过亨伯河进入安大略湖的结论。

Xiong 等[16]研究发现长江中下游 15 个站点微塑料的丰度范围为 $1.95×10^5$～$9.00×10^5$ 个/km^2，平均为 $4.92×10^5$ 个/km^2。长江口微塑料的平均密度为 4137.3 个/m^3±2461.5 个/m^3，范围在 500～10 200 个/m^3。东海微塑料平均密度为 0.167 个/m^3±0.138 个/m^3。经实地调查，长江和东海的微塑料总平均浓度分别为 157.2 个/m^3±75.8 个/m^3 和 112.8 个/m^3±51.1 个/m^3。根据一项在珠江流域进行的研究，微塑料在河水、河床和河口沉积物中的丰度分别为 0.57 个/L±0.71 个/L、685 个/kg±342 个/kg 干重、258 个/kg±133 个/kg 干重。而在珠江流域的广州市区段和珠江口，微塑料的平均丰度分别为 19 860 个/m^3 和 8902 个/m^3。在珠江地区的另一项研究中，所有水样中均检测到微塑料，其丰度为 379～7924 个/m^3，平均为 2724 个/m^3。Zhao 等[17]对中国椒江、瓯江和闽江的地表水采样发现，三个城市河口的微塑料浓度分别为 955.56 个/m^3、680 个/m^3 和 1170.83 个/m^3。通过对珠江口影响下的香港水域进行调查，发现总体平均微塑料密度按数量计算为 3.973 个/m^3±1.177 个/m^3，按重量计算为 3.973mg/m^3±1.177mg/m^3。而较大的塑料碎片密度分别为 0.653 个/m^3 和 78.104mg/m^3，约是微塑料的 1/6。利用 75μm 浮游生物网采集的样品中微塑料丰度为 0.1～5.6 个/m^3，而利用 300μm 浮游生物网采集的样品中微塑料丰度为 0.1～4.6 个/m^3。中国上海 7 个小尺度河口的微塑料浓度范围为 13.53 个/L±4.6 个/L 至 44.93 个/L±9.41 个/L，对应的丰度均值为 27.84 个/L±11.81 个/L[18]。Jiang 等[19]在中国黄海南部进行了调查，发现 1 月、4 月和 8 月的微塑料总数量分别为 9808 个、6890 个和 6748 个，平均丰度为 6.5 个/L±2.1 个/L、4.9 个/L±2.1 个/L 和 4.5 个/L±1.8 个/L。Robin 等[20]发现印度西南沿海水域平均微塑料丰度为 1.25 个/m^3±0.88 个/m^3。韩国洛东江水体中微塑料的平均丰度为 293～4760 个/m^3，沉积物中平均为 1971 个/kg 干重（顶部 2cm 内为 37 311 个/m^2）[21]。

微塑料很容易被鱼类和水生动物误食，因为微塑料的大小与浮游生物相似。到目前为止，微塑料已经在许多水生生物中被发现，包括浮游动物、纤毛虫、海参、珊瑚、端足类、软体动物、贻贝和鱼类，一旦被摄入，有一些物种可以迅速排泄或消化，而其余的微塑料将被保留、积累和转移到更高的营养水平。Sanchez 等[22]从法国 11 条受农业和工业区影响程度不同的河流中采集野生尖鳍鮈，结果显示，11%～26%的尖鳍鮈以不同的方式摄取微塑料。Mathalon 和 Hill[23]比较了养殖贻贝和从哈利法克斯港采集的野生贻贝的微塑料浓度，发现养殖贻贝体内的微塑料比野生贻贝的多，这可能是因为贻贝养殖业使用了大量的聚丙烯线来固定贻贝。同时，在哈利法克斯港采集的多毛纲动物中微塑料的丰度主要由沉积物组成（20～80 个/10g），这说明采样区多毛纲动物具有相对稳定的微塑料摄食和析出条件。

微塑料可通过生物体的生物淤积进入淡水和海水，并在沉积物中累积。在海洋环境中，塑料表面容易形成生物膜，吸引鱼类和无脊椎动物附着，从而加快了下沉速度。海洋沉积物被认为有很大的可能性积累微塑料，并有长期生存的可能性。Thompson[24]在英国普利茅斯采集了 30 个沉积样品，在其中 23 个样品中发现了微塑料，共发现 9 种微塑料，包括纤维和碎片，这些碎片通常是来源于合成纤维、包装袋和绳索。Browne 等[2]在英国塔玛河的 30 个沉积物样本中鉴定出 952 种微塑料。Helm[25]对安大略湖、伊利湖和进入安大略湖的城市出口沉积物进行采样，发现有 9000～670 万个/km^2，其中碎片数量最多。

对美国圣劳伦斯河的研究表明,在河流沉积物中发现微塑料,其平均值和中位数分别为 52 个/m² 和 13 832 个/m²±13 677 个/m²[26]。在加拿大哈利法克斯港的沉积物样本中,微塑料的含量为 20~80 个/10g 沉积物,其中一个取样区域受到潮汐作用,其余为受保护的海滩[23]。比利时的一项研究表明,在一个港口的海岸沉积物中,微塑料含量最大可达 390 个/kg 干重[27]。Leslie 等[28]的研究显示,瓦登海和莱茵河河口的微塑料浓度分别为 770 个/kg 干重和 3300 个/kg 干重。但不同的采样方法会影响河流中微塑料的数量,所以需要在相同的采样方法下进行定量比较。

4.3 全球微塑料入海通量计算

计算微塑料和塑料碎片的河流通量常见的方法是建立一个结合现场采样调查数据的模型。据 Moore 等[13]估计,美国洛杉矶的两条河流在三天内能将 20 亿个微塑料转移到加利福尼亚州沿海水域。Zhao 等[29]在长江口和东海三个季节的表层水(水深 30cm)中采集到了微塑料,该研究采用 0.000 033g 作为每个微塑料的平均重量,即 $\text{Mass}_{\text{micro}}$,加上 C_i,即现场采样获得的微塑料的平均浓度来计算 Load_{CE}(塑料年通量):

$$\text{Load}_{\text{CE}} = \sum_{i=1}^{4} \left(C_i \times \text{Mass}_{\text{micro}} \times \text{Discharge}_i \times \text{Discharge}_{\text{ratio}-i} \times 3 \div 10^6 \right)$$

式中,Load_{CE} 代表微塑料年入海通量(t/a);C_i 代表微塑料丰度(个/m³);Discharge_i 代表河口月平均径流量(m³/月);$\text{Discharge}_{\text{ratio}-i}$ 代表河口表层 30cm 水流量比例。

根据微塑料丰度(粒级范围 60~5000mm)估计,长江每年由表层水(水深 30cm)输送到东海的微塑料有 16 万亿~20 万亿个(重达 537.6~905.9t),这表明在以前的研究中,微塑料的通量被高估了。

韩国洛东江在下游站点被划分为两个垂直部分:表面(从表面到 0.2m)和底层(从 0.2m 到底部),计算其流量。月度表层(次表层)通量=月度表层(次表层)水流量×每个季节表层(次表层)微塑料的数量。据估算,洛东江 2017 年一年四季共通过表层和次表层输送 5.4 万亿个微塑料,重达 53.3t[21]。Lechner 等[30]用固定的漂网在多瑙河进行了为期两年的调查。该研究将平均塑料浓度和反映多瑙河流域下游人口增加的一个系数相乘后,估算出多瑙河流入黑海的塑料通量,为每天 4.2t。

Mai 等[31]使用 Manta 拖网(网目孔径 330μm)在珠江流域的表层水中采集微塑料,研究发现微塑料浓度为 0.005~0.7 个/m³(0.004~1.28mg/m³)。河流中微塑料的输入量($F_{i,j}$)通过将微塑料浓度($C_{i,j}$)与河流流量($Q_{i,j}$)相乘来计算:

$$F_{i,j} = C_{i,j} \times Q_{i,j} \times 10^9$$

该报道估计珠江的微塑料年运输量为 3900 亿 t,重 66t,转化为塑料碎片的重量时,具有低、中和高三个估算值,分别为 2400t、2900t 和 3800t。与全球 22 条河流表层水中微塑料浓度的比较发现,珠江的微塑料污染处于中下游水平。

Mai 等[32]发表在 *Environmental Science & Technology* 上题为 *Global riverine plastic outflows* 的研究以人类发展指数(HDI)为主要预测指标,建立了一个稳健的模型,并

通过现有的实地数据对模型得出的河流塑料流出量进行了校准和验证。这一研究虽然在某种程度上涉及河流微塑料输运问题，但其方法和结论尚需商榷。以中国河流为例，广东和北方河流的入海塑料种类存在显著差异。这种区域性差异表明，仅凭全球人类发展指数来推算河流入海塑料量的方法是存在问题的。人类发展指数无法全面反映一个地区的河流特性及塑料污染程度。例如，在广东地区，河流的类型和环境特点决定了塑料污染的情况与其他地区有较大不同。具体而言，长江的情况便是一个很好的例子。即便长江沿岸有人口聚集，但很少有人会故意大费周折走至河畔将垃圾直接丢入河流。此外，长江流域还有梯级水库、坝等结构，进一步影响了塑料的输运过程。塑料污染可能主要来源于船只抛弃物或者极少数的上游居民。通过实际的材料分析可以发现，不同区域和国家的塑料污染状况是多样的，单凭简单的人类发展指数等指标来推测其污染情况是片面的。因此，对于相关研究，我们应当持谨慎态度，特别是针对那些试图用单一指标来描述全球塑料污染分布的研究。在科学会议和讨论中，强调这一点尤为重要，以避免误导性的结论对环境政策和治理产生负面影响。

Wang 等[33]利用生命周期评价模型，估算 2015 年中国内陆初级微塑料的排放量，为 737 290t，预计进入水环境的微塑料为 122 882t。另一项在钱塘江进行的研究通过将河流表层微塑料的平均质量乘以水流量来计算河流通量，计算得出每年有 2831t 微塑料由钱塘江流入杭州湾[34]。Siegfried 等[6]对河流中的微塑料通量进行了建模。该模型有三个输入因素，分别是连接污水系统的人口密度、人均排放微塑料量、污水处理效率。据计算，在 2000 年有 14 400t 吨的微塑料从点源进入北海、波罗的海、黑海、地中海和欧洲河流流域，最后流入大西洋。而且这一数字每个海域所有不同。输运到地中海的微塑料通量为 5600t，到黑海的为 4100t，到大西洋的欧洲部分的为 2700t，到北海的为 1100t，到波罗的海的为 900t。van Emmerik 等[11]结合河流径流量和塑料输运量，采用外推法计算了长时间尺度上的塑料通量。2018 年 3 月，西贡河塑料通量日均排放量为 0.2~0.3t/天，月平均排放量为 5.6~10.3t/月，年平均排放量为 $7.5×10^3$~$13.7×10^3$t/年。这些结果可达现有对西贡河研究结果的数倍。因此，为了获得更精确的河流塑料通量模型，必须与水动力模拟相结合。

4.4　中国河流微塑料的入海通量

中国陆源排放海洋塑料垃圾的问题引起世界关注，主要是因为以下三篇在国际期刊上发表的论文。目前国际上已有多篇科学文章对海洋塑料垃圾的赋存量、输送量进行了探讨，其中引起广泛关注的是 Jambeck 等[35] 2015 年在 *Science* 发表的论文 *Plastic waste inputs from land into the ocean*，其估测 2010 年全球有 480 万~1270 万 t 的塑料垃圾进入海洋。该研究是基于海岸线 50km 范围内的人口计算的各国排放入海洋的塑料垃圾量，结果显示 2010 年中国产生了超过 500 万 t 的未合理管制的塑料垃圾，进而造成 132 万~353 万 t 的海洋塑料垃圾。实际上，目前国际上许多国家海洋塑料研究方面的专家对这个结果存疑，因为该文章依据模型，根据固体废弃物、人口和经济状况等，对全球 192

个国家向海洋排放塑料垃圾进行估算，严重高估了中国入海塑料垃圾量，其依据错误的模型和假设，把中国列为世界上最大的海洋塑料垃圾生产国，该结果误导了全世界。

另外，2017年Lebreton等[36]发表在 *Nature Communications* 上的论文，利用模型估算了全球前20条输送到海洋塑料垃圾最多的河流，我国本土河流占7条。其估测长江和珠江年度总计会输送43.6万t的塑料和微塑料垃圾，长江以每年输运31万~48万t的数量，成为全球输运塑料垃圾量最大的河流。

另一篇估算河流输送塑料垃圾量的文章由 Schmidt 等[37]在 2017 年发表在 *Environmental Science & Technology* 上，该研究估算了全球塑料垃圾通量最大的前10条河流，其中我国河流有4条，长江输送量为每年15万~154万t，输送量也为全球最高。

在对各国排放塑料垃圾量没有进行具体实测的情况下，仅凭文献调研得到的数据结合模型进行估算，结果是不可信的。以上三篇论文的结果从科学角度而言，都是有漏洞的，估算值缺乏科学性，是不准确且严重高估的。

以上三篇模型文章的主要问题在于：

（1）三个研究均基于研究区域的无管控垃圾量来推测研究区域的入海塑料垃圾含量。然而这些无管控垃圾的塑料含量及塑料垃圾转化为海洋塑料垃圾的比例在不同地区和国家都会不同，这主要与管理政策、消费习惯等相关。

（2）塑料垃圾输入河流的量随季节的变化而不同，然而文中的模型仅仅简单地依据一年不同时段水体通量的比例来等同于不同季节河流中塑料垃圾比例。例如，长江口的塑料通量是根据2014年7月本研究课题组在长江口进行的一次微塑料采样得到的数据来进行推测，长江口水文条件在四季的变化十分复杂，数据引用量过小势必对塑料垃圾量的估算有较大的影响。

（3）模型计算数据引用的研究文献的采样方法十分繁杂。例如，长江河口的水样使用孔径为 32μm 的滤网来采集，而其他研究多是采用孔径 333μm 的拖网进行采样。Barrows 等[38]指出直接采集水样比拖网采样收集的微塑料浓度高三个数量级，引用长江口的数据会造成对其他区域的塑料垃圾和微塑料量的高估。

（4）模型将文献中大洋中微塑料和大塑料垃圾的比例类比于河流中的微塑料和大塑料的比例，依据该比例推算河流文献中缺少的大塑料垃圾或微塑料垃圾的量。大洋塑料垃圾的来源包括陆源和海源，直接借用大洋比例势必高估陆源垃圾的含量。

（5）模型中引用的文献数据大部分是一个时间点的小样本采样，数据很难代表该区域的塑料垃圾含量，因此模型推算结果有待后期校正，特别是需要依据系统、科学的采样方法，通过长期的监测结果进行校正。

针对以上三篇论文对中国入海塑料垃圾及河流入海塑料垃圾量的错误估算，以及造成的错误认知，李道季等从2016年起开展对此问题的专门研究并发表论文，通过实测数据和建立相关模型，得出科学可信的估算结果，在国际上明确指出了上述三篇文章的错误结论和观点，受到国际上的广泛关注。相关论文分别为 2018 年发表在 *Acta Oceanologica Sinica* 上的 *Estimation and prediction of plastic waste annual input into the sea from China*[39]，以及2019年发表在 *Water Research* 上的 *Analysis of suspended microplastics in the Changjiang Estuary: implications for riverine plastic load to the ocean*[40]。主要成果如下：

（1）建立中国年入海塑料垃圾量估算与预测模型，纠正了 Jambeck 等[35]对中国入海塑料量的高估

李道季等通过建立物质流模型，对中国塑料垃圾年度入海量进行了估算和预测，并对中国塑料垃圾入海量和塑料种类进行研究。模型建立的数据基础是中国塑料加工工业协会与国家统计局的统计的报告和数据。模型将塑料制品分为 5 种类型：塑料薄膜、泡沫塑料、塑料人造革和合成革、塑料日用品和其他类型的塑料。每一种塑料产品都有各自的生产与报废比例，当塑料制品报废后就成为废塑料。一部分废塑料将被回收，剩下的将变成塑料垃圾。在中国，大多数垃圾都会经过无害化处理，即堆肥、焚烧和填埋，而没有经过无害化处理的塑料垃圾被定义为管理不善的塑料垃圾。模型依据实测河流塑料垃圾量，确定了 26.80% 的塑料垃圾入海比例，估算 2011 年中国全国范围内有大约 54.73 万 t 的塑料垃圾会进入海洋。模型的全部数据源包括三种类型：官方的国家统计数据、相关报告和出版物数据、实地调查数据。例如，从国家统计局、海关总署得到塑料初级产出量、塑料制品进出口总额、塑料制品报废比例；从商务部、国家发展和改革委员会得到废塑料的回收量；从自然资源部发布的报告和该研究团队的实测调查数据得到进入海洋的塑料垃圾数量等。实地调查表明，中国塑料垃圾进入海洋主要通过四大途径：海水养殖、海滨旅游、入海河流、近海捕捞渔船。通过在温州和上海等地的实地调查及在相关论文中取得的系数建立的方程得出，2017 年海水养殖产生的入海塑料垃圾量为 67.07 万 t，滨海旅游为 1.2 万 t，入海河流为 15.91 万 t，近海捕捞渔船为 0.39 万 t。由此计算得出塑料垃圾进入海洋的比例为 31.80%。考虑到该结果是基于中国渔业发达的城市所得，因此，他们保守向下取值 5% 以获得较为准确的比例，即取 26.80% 作为塑料垃圾入海比例。上述结果还表明，中国入海塑料垃圾主要来源不是河流，而是沿海的渔业活动，包括沿海水产养殖、渔业船舶、渔业人口、海上运输等，而河流输入的塑料垃圾也主要来自水上渔业活动、水上运输等。为了预测我国塑料垃圾进入海洋的量，该研究团队模拟了两种情况：一是仅使用模型进行预测；二是在将政府对于塑料垃圾管控措施影响纳入考虑的情况下，基于模型对塑料垃圾入海量进行预测。2011 年我国进入海洋的塑料垃圾量为 55 万 t，到 2017 年年均增长 3 万 t。从 2017 年开始，无论是只考虑模型的情况一，还是考虑政府管控措施影响的情况二，都出现了快速下降。情况一和情况二的结果所表现的数量上的差异，显示出政府管控措施的影响。预计未来中国每年将消减 10 万 t 以上的塑料入海垃圾。随着我国生态文明建设各项措施的进一步实施，到 2020 年我国入海塑料垃圾量已比预期水平消减近 40 万 t。

该模型结果修正了西方学者对我国入海塑料量的高估，受到国内外关注；同时揭示了我国入海塑料垃圾的重要来源，对今后国家制定管控政策和法规、消减我国海洋塑料垃圾产生量具有重要意义。

（2）2017 年长江口及邻近海域连续三个季节的悬浮微塑料的监测结果，有力地回应了已有的"长江是全球输运塑料垃圾入海最多的河流"的错误观点

李道季等 2017 年在我国长江口及邻近海域进行了悬浮微塑料连续三个季度调查采样，最大限度地降低了不同月份微塑料浓度波动带来的干扰。这是针对国际上目前均基

于单季的实测数据进行的河流入海塑料垃圾量估算的研究。他们的研究结果表明，国际上这些模型极大地高估了塑料通过河流入海的通量。另外，在 2 月、5 月，河口内的水密度分层强度与微塑料浓度显著相关，说明潮汐作用显著影响微塑料含量。该研究团队在考虑季节性差异和潮汐状况影响的情况下，获得了更准确的塑料的河流入海通量。基于每个月的平均浓度和径流量，该研究团队模型的估算结果显示，每年有 16~20 兆个微塑料颗粒通过长江表层（30cm 水层）进入海洋，总重量为 814.6~1013.0t/a。而 Lebreton 等[36]计算的长江口表层 30cm 的微塑料年入海量为 1878.8~2909.1t/a，以及进一步估算出的长江每年输运 31 万~48 万 t 塑料垃圾，大大高估了长江入海微塑料垃圾量。而该研究团队进一步分析估算 2017 年我国长江每年输送塑料垃圾仅为 8 万 t 左右，其中大塑料垃圾有 5.8 万 t 左右、微塑料有 2.2 万 t 左右。长江口悬浮微塑料的污染程度在全球处于中等水平。这也有力地回击了 Schmidt 等[37]对长江入海输送量为每年 15 万~154 万 t 的高估。

中国是一个人口和塑料消费大国，产生的塑料垃圾量很大，但具体排放到海洋的量是多少，需要更加细致的研究，从而科学客观地掌握我国河流塑料入海通量。对国际上一些学者依据不正确的假设得出的错误结论，应及时应对，消除不良影响。

目前，李道季等为了进一步验证已有的研究结论，在 2019 年 7 月 10~21 日，已在长江口开展了多船的同步、大小全潮、多要素、全水深、多方法联合的长江入海大塑料和微塑料通量观测航次。这期间正值长江第一次洪峰经过，因此获得了大量宝贵样品和数据。该航次在长江口进行的各种体积、孔径的塑料垃圾和微塑料全面密集观测，可以说是国际上首次较全面的河流塑料垃圾通量研究，可以精确定量河流塑料垃圾和微塑料通量，并建立这些塑料间的浓度关系，同时在方法学方面进行验证，为河流通量观测方法学的确立和未来标准研究方法的制定奠定基础。

4.5 问题与展望

微塑料是一种普遍存在的污染物，目前在入海通量研究方面仍然存在一些研究上、方法上不统一的问题。采样方法的差异导致微塑料数据可比性较低。Manta 拖网作为一种广泛应用的水表面微塑料采样工具，其网孔大小在 250~330μm 范围内变化。Norén[41]研究发现，采用孔径 80μm 的网过滤得到的塑料纤维比采用孔径 450μm 的网过滤得到的塑料纤维高出 5 个数量级。考虑到网格大小与得到的微塑料的数量是负相关的，确定一个统一的方法来最小化差异是至关重要的。

如前所述，大小定义是微塑料通量研究中的另一个重要问题。微塑料的尺寸被定义为粒径小于 5mm 的颗粒，然而对于纳米塑料和中塑料没有进一步的尺寸分级系统。

在河流微塑料通量研究中，利用显微镜或光谱法确定微塑料的来源至关重要。确定微塑料在不同环境分区和地理区域的分布趋势，有助于了解微塑料进入淡水和海水环境的途径。作为微塑料从陆地环境转移到海洋环境的最重要途径之一，河流中微塑料的命运、行为和影响，以及微塑料的物理、化学变化和生物影响，仍然缺乏充分的信息。

为了减少微塑料对环境的影响，开发微塑料的收集和去除技术是十分必要的，亟须建立统一规范的河流微塑料流量抽样方法。河流塑料通量是一个复杂的问题，河流类型多样，为了减小观测误差，需要对不同河流塑料通量用特定的方法进行长期监测。取样和实验室处理的不同方法会降低不同研究之间的可比性，未来统一规范的方法有助于推进微塑料河流入海通量的研究。

参 考 文 献

[1] Gouin T, Roche N, Lohmann R, et al. A thermodynamic approach for assessing the environmental exposure of chemicals absorbed to microplastic [J]. Environmental Science & Technology, 2011, 45(4): 1466-1472.

[2] Browne M A, Crump P, Niven S J, et al. Accumulation of microplastic on shorelines worldwide: sources and sinks [J]. Environmental Science & Technology, 2011, 45(21): 9175-9179.

[3] van der Wal M, van der Meulen M, Tweehuijsen G, et al. SFRA0025: Identification and assessment of riverine input of (Marine) litter [R]. Report for Michail Papadoyannakis, DG Environment, United Kingdom, 2015, 186.

[4] Abbasi S, Keshavarzi B, Moore F, et al. Distribution and potential health impacts of microplastics and microrubbers in air and street dusts from Asaluyeh County, Iran [J]. Environmental Pollution, 2019, 244: 153-164.

[5] Doyle M J, Watson W, Bowlin N M, et al. Plastic particles in coastal pelagic ecosystems of the Northeast Pacific ocean [J]. Marine Environmental Research, 2011, 71(1): 41-52.

[6] Siegfried M, Koelmans A A, Besseling E, et al. Export of microplastics from land to sea. A modelling approach [J]. Water Research, 2017, 127: 249-257.

[7] Horton A A, Walton A, Spurgeon D J, et al. Microplastics in freshwater and terrestrial environments: evaluating the current understanding to identify the knowledge gaps and future research priorities [J]. Science of the Total Environment, 2017, 586: 127-141.

[8] Jiao M, Wang Y, Li T, et al. Riverine microplastics derived from mulch film in Hainan Island: Occurrence, source and fate [J]. Environmental Pollution, 2022, 312: 120093.

[9] Derraik J G. The pollution of the marine environment by plastic debris: a review [J]. Marine Pollution Bulletin, 2002, 44(9): 842-852.

[10] Yan M, Nie H, Xu K, et al. Microplastic abundance, distribution and composition in the Pearl River along Guangzhou city and Pearl River estuary, China [J]. Chemosphere, 2019, 217: 879-886.

[11] van Emmerik T, Kieu-Le T-C, Loozen M, et al. A methodology to characterize riverine macroplastic emission into the ocean [J]. Frontiers in Marine Science, 2018, 5: 372.

[12] Li C, Wang X, Zhu L, et al. Enhanced impacts evaluation of Typhoon Sinlaku (2020) on atmospheric microplastics in South China Sea during the East Asian Summer Monsoon [J]. Science of the Total Environment, 2022, 806: 150767.

[13] Moore C J, Lattin G L, Zellers A. Quantity and type of plastic debris flowing from two urban rivers to coastal waters and beaches of Southern California [J]. Revista de Gestão Costeira Integrada-Journal of

Integrated Coastal Zone Management, 2011, 11(1): 65-73.

[14] Li L, Geng S, Wu C, et al. Microplastics contamination in different trophic state lakes along the middle and lower reaches of Yangtze River Basin [J]. Environmental Pollution, 2019, 254: 112951.

[15] Imhof H K, Wieshue A C, Anger P M, et al. Variation in plastic abundance at different lake beach zones-A case study [J]. Science of the Total Environment, 2018, 613: 530-537.

[16] Xiong X, Wu C, Elser J J, et al. Occurrence and fate of microplastic debris in middle and lower reaches of the Yangtze River–from inland to the sea [J]. Science of the Total Environment, 2019, 659: 66-73.

[17] Zhao S, Zhu L, Li D. Microplastic in three urban estuaries, China [J]. Environmental Pollution, 2015, 206: 597-604.

[18] Zhang J, Zhang C, Deng Y, et al. Microplastics in the surface water of small-scale estuaries in Shanghai [J]. Marine Pollution Bulletin, 2019, 149: 110569.

[19] Jiang Y, Zhao Y, Wang X, et al. Characterization of microplastics in the surface seawater of the South Yellow Sea as affected by season [J]. Science of the Total Environment, 2020, 724: 138375.

[20] Robin R, Karthik R, Purvaja R, et al. Holistic assessment of microplastics in various coastal environmental matrices, southwest coast of India [J]. Science of the Total Environment, 2020, 703: 134947.

[21] Eo S, Hong S H, Song Y K, et al. Spatiotemporal distribution and annual load of microplastics in the Nakdong River, Republic of Korea [J]. Water Research, 2019, 160: 228-237.

[22] Sanchez W, Bender C, Porcher J-M. Wild gudgeons (*Gobio gobio*) from French rivers are contaminated by microplastics: preliminary study and first evidence [J]. Environmental Research, 2014, 128: 98-100.

[23] Mathalon A, Hill P. Microplastic fibers in the intertidal ecosystem surrounding Halifax Harbor, Nova Scotia [J]. Marine Pollution Bulletin, 2014, 81(1): 69-79.

[24] Thompson R C, Olsen Y, Mitchell R P, et al. Lost at sea: where is all the plastic? [J]. Science, 2004, 304(5672): 838.

[25] Helm P A. Occurrence, sources, transport, and fate of microplastics in the Great Lakes–St. Lawrence River Basin [J]. Contaminants of the Great Lakes, 2020: 15-47.

[26] Anderson J C, Park B J, Palace V P. Microplastics in aquatic environments: implications for Canadian ecosystems [J]. Environmental Pollution, 2016, 218: 269-280.

[27] Claessens M, De Meester S, Van Landuyt L, et al. Occurrence and distribution of microplastics in marine sediments along the Belgian coast [J]. Marine Pollution Bulletin, 2011, 62(10): 2199-2204.

[28] Leslie H, Brandsma S, Van Velzen M, et al. Microplastics en route: field measurements in the Dutch river delta and Amsterdam canals, wastewater treatment plants, North Sea sediments and biota [J]. Environment International, 2017, 101: 133-142.

[29] Zhao S, Zhu L, Wang T, et al. Suspended microplastics in the surface water of the Yangtze Estuary System, China: first observations on occurrence, distribution [J]. Marine Pollution Bulletin, 2014, 86(1-2): 562-568.

[30] Lechner A, Keckeis H, Lumesberger-Loisl F, et al. The Danube so colourful: a potpourri of plastic litter outnumbers fish larvae in Europe's second largest river [J]. Environmental Pollution, 2014, 188: 177-181.

[31] Mai L, You S-N, He H, et al. Riverine microplastic pollution in the Pearl River Delta, China: are modeled estimates accurate? [J]. Environmental Science & Technology, 2019, 53(20): 11810-11817.

[32] Mai L, Sun X-F, Xia L-L, et al. Global riverine plastic outflows [J]. Environmental Science & Technology, 2020, 54(16): 10049-10056.

[33] Wang T, Li B, Zou X, et al. Emission of primary microplastics in Chinese mainland: invisible but not negligible [J]. Water Research, 2019, 162: 214-224.

[34] Zhao W, Huang W, Yin M, et al. Tributary inflows enhance the microplastic load in the estuary: a case from the Qiantang River [J]. Marine Pollution Bulletin, 2020, 156: 111152.

[35] Jambeck J R, Geyer R, Wilcox C, et al. Plastic waste inputs from land into the ocean [J]. Science, 2015, 347(6223): 768-771.

[36] Lebreton L C, Van Der Zwet J, Damsteeg J-W, et al. River plastic emissions to the world's oceans [J]. Nature Communications, 2017, 8(1): 15611.

[37] Schmidt C, Krauth T, Wagner S. Export of plastic debris by rivers into the sea [J]. Environmental Science & Technology, 2017, 51(21): 12246-12253.

[38] Barrows A P, Christiansen K S, Bode E T, et al. A watershed-scale, citizen science approach to quantifying microplastic concentration in a mixed land-use river [J]. Water Research, 2018, 147: 382-392.

[39] Bai M, Zhu L, An L, et al. Estimation and prediction of plastic waste annual input into the sea from China [J]. Acta Oceanol Sin, 2018, 37(11): 26-39.

[40] Zhao S, Wang T, Zhu L, et al. Analysis of suspended microplastics in the Changjiang Estuary: implications for riverine plastic load to the ocean [J]. Water Research, 2019, 161: 560-569.

[41] Norén F. Small plastic particles in Coastal Swedish waters [R]. N Research, Report commissioned by KIMO Sweden, 2007.

第 5 章
微塑料通过大气向海洋的输送

迄今，对大气污染，如 PM$_{2.5}$ 和气溶胶的研究已有多年。这些研究表明，空气污染不再是一种社区或地方现象，而是一种区域性和全球性现象[1, 2]。空气污染已经导致数百万人死亡[3]。因此，大气污染的研究尤为重要。大气输运是一个非常快的过程，在几天到几周内将颗粒从点源或扩散源输送到偏远地区[4]。由于微塑料具有粒径小、密度低、表面积大等特点，表面常附着有害添加剂，且极易被风力携带并扩散至偏远地区（图 5-1）[5]。近年的研究已经表明，微塑料已经被发现存在于大城市大气中[6-10]、海洋上空[5, 11-13]、北极雪[14]和偏远山区沉积物中[15]。此外，全球大气运输模拟表明，在世界海洋中每年沉降了将近 14 万 t 的大气微塑料[16]。但是一旦微塑料进入大气中，大气中的微塑料将会被不同维度的风传输，从而导致大气微塑料分布的巨大变化。然而，关于大气微塑料的时空变化特征的研究很少。为了充分了解大陆大气微塑料排放量与传输之间的联系，采样方法是需要统一的，进而为将来的大气微塑料风险评估提供基准数据集。本章的主要目的是为了更好地理解和比较环境中的大气微塑料。

图 5-1　陆地微塑料通过大气向海洋的持续迁移[5]

5.1 大气微塑料监测

历史上,首次关于大气环境中微塑料的报道见于 2015 年在 *Environmental Chemistry* 发表的一篇论文,由 Dris 等[17]于法国巴黎市中心位置收集的总(干+湿)沉降样品中检出。该报道中利用自制的被动采集装置(漏斗和玻璃瓶)在楼顶收集了干湿两个季度的大气沉降样品,其沉降通量达到了 29~280 个/(m²·d)。但当时微塑料样品仅仅通过镜检方式检出,而未能鉴定其主要成分,因此所得通量极有可能被过高估算。

尽管与水环境中的微塑料研究相比,有关大气环境中微塑料的研究相对较少,但发展迅猛,且日益引起关注。随后在 2016~2020 年,有关大气微塑料监测、输运和潜在风险的研究在各地陆续展开。目前,在大气微塑料监测方面,从人口密集的城市到偏远山区,乃至远洋大气中均有不同丰度的微塑料被检出。如表 5-1 所示,中国(北京、烟台、沧州、连云港、上海、舟山、厦门、东莞、海口)[6, 10, 13, 18-22]、法国[8]及德国(汉堡)[23]、英国(伦敦)[24]、美国[25]等国家的各个城市,乃至保护区均有所报道[25],其沉降通量空间分布不均,但多局限于陆地低空大气监测。城市大气中悬浮大气微塑料的丰度可达到 5700 个/m³[18],并且研究表明大气微塑料丰度从人口稠密的城市地区到农村地区有降低的趋势[26]。海洋大气中微塑料丰度通常比城市大气低数个数量级[27]。海洋环境占地球表面的 70%以上,这突出了了解海洋大气微塑料污染特征的重要性。

表 5-1 全球大气微塑料丰度和物化特征

区域	丰度	聚合物类型	粒径(μm)	形状	颜色	文献来源
巴黎(室内)	1.0~60[a]	N/A	50~3250	纤维	N/A	[7]
巴黎(室外)	0.3~1.5[a]	N/A	50~1650	纤维	N/A	[7]
巴黎	29~280[b]	N/A	100~5000	纤维、碎片	N/A	[17]
阿萨卢耶	0.3~1.1[a]	—	—	纤维、薄膜、碎片、微珠	透明、橘黄色、粉红、蓝绿色、灰黑色	[28]
上海	0~4.18[a]	PET、PE、PAN、PAA、EVA、EP、ALK、RY	23.07~9554.88	纤维、碎片、微珠	黑色、蓝色、红色、透明、棕色、绿色、黄色、灰色	[10]
东莞	36±7[b]	PE、PP、PS	—	纤维、泡沫、碎片、薄膜	蓝色、黑色、红色、黄色、粉色、白色	[6]
巴黎	—	RY、PET、PU、PA	—	纤维	N/A	[8]
烟台	0~602[b]	PET、PE、PVC、PS	—	纤维、泡沫、碎片、薄膜	白色、黑色、红色、透明	[22]
比利牛斯山脉	365±69[b]	PET、PE、PP、PS	—	纤维、薄膜、碎片	N/A	[15]
巽他海峡	0[a]	N/A	N/A	N/A	N/A	[13]
广州	0.03~0.077[a]	PET、PP、PA、PEP	288.2~1117.62	纤维	黑色、白色、红色、黄色、棕色	[13]

续表

区域	丰度	聚合物类型	粒径（μm）	形状	颜色	文献来源
东印度洋	0~0.018[a]	PET、PP、PAN-AA、PHE	58.591~988.37	纤维、碎片	黄色、黑色、蓝色	[13]
南海	0~0.031[a]	PP、PET、PEVA	286.10~1861.78	纤维、碎片	黑色、红色	[13]
斯里兰卡	0[a]	N/A	N/A	N/A	N/A	[13]
西太平洋	0~1.37[a]	PET、EP、PS、PE、PVC、PR、ALK、RY、PMA、PA、PVA、PAN、PP	16.14~2086.69	纤维、碎片、颗粒	黑色、蓝色、棕色、绿色、灰色、橙色、粉色、紫色、红色、透明、白色、黄色	[10]

注：聚对苯二甲酸乙二醇酯（PET）、聚乙烯（PE）、聚乙烯基弹性聚合物（PEP）、聚丙烯腈（PAN）、聚(丙烯腈-丙烯酸)（PAN-AA）、聚乙烯-醋酸乙烯酯（PEVA）、聚酯树脂（PR）、聚甲基丙烯酸甲酯（PMA）、聚乙烯醇（PVA）、聚甲基丙烯酰胺（PAA）、乙烯-乙酸乙烯共聚物（EVA）、环氧树脂（EP）、醇酸树脂（ALK）、嫘紫（RY）、聚丙烯（PP）、聚苯乙烯（PS）、聚氨酯（PU）、聚酰胺（PA）、聚氯乙烯（PVC）和酚醛树脂（PHE）。N/A：未报道；a：个/m^3，b：个/(m^2·d)

诸多研究中，2019 年研究人员陆续报道了关于陆源微塑料中、长距离输运的可能性。例如，Allen 等[15]首次报道了在偏远山区的大气沉降样品中发现了微塑料的存在，并且基于混合单粒子拉格朗日综合轨迹模式（HYSPLIT）探讨了邻近村落对于山顶大气微塑料沉降的贡献。但对于这些微塑料的真正来源和迁移机制并未深入探讨。类似的还有对于欧洲和北极区域地面积雪中微塑料的研究，科学家们推测陆源微塑料可经大气环流向极地输运。例如，Bergmann 等[14]首次在欧洲和极地区域积雪中发现了大量的微塑料，其丰度可高达 1.54×10^5 个/L，推测陆源微塑料可由大气输运至极地区域。但是积雪样品直接采自地表附近，因此这些大量的微塑料也极有可能来自地表微塑料的污染或再悬浮。上述两个研究有着较大的局限性，仅仅通过基于陆地的观测来推断，缺乏直接证据。

大气输运是陆地微塑料到达海洋的另一个重要途径。李道季团队 2019 年首次调查了西太平洋悬浮大气微塑料的发生和分布，以验证微塑料通过大气介质的空间迁移过程。通过巡航过程中的连续采样研究了悬浮大气微塑料的空间分布、形态外观和化学成分[5]。悬浮大气微塑料的丰度范围为 0~1.37 个/m^3（图 5-2）。在沿海地区发现了高悬浮大气微塑料丰度（0.13 个/m^3±0.24 个/m^3），而在远洋海域检测到的含量较少（0.01 个/m^3±0.01 个/m^3）。白天收集的悬浮大气微塑料量（0.45 个/m^3±0.46 个/m^3）是夜间收集量（0.22 个/m^3±0.19 个/m^3）的 2 倍（图 5-2）。并且悬浮大气微塑料丰度从陆地到海洋呈现出较为明显的衰减梯度。该研究结果表明悬浮大气微塑料可能是海洋微塑料污染的另一个重要来源，尤其是对于较小尺寸的微塑料。通过大气环流，这些大气中的微塑料有可能被输送到极地地区。初步估计，每年将有 1.21t 陆源悬浮大气微塑料被输送到海洋环境中，从而导致进一步的意想不到的生态后果。同年，该研究团队又于 4 月对珠江口到南海再到东印度洋的 21 个站位进行了跨洋的大气微塑料污染调查（图 5-3）[13]，结果发现珠江口上空的大气微塑料丰度（4.2 个/100m^3±2.5 个/100m^3）显著高于东印度洋（0.4 个/100m^3±0.6 个/100m^3）。然而，南海大气微塑料的丰度（0.8 个/100m^3±1.3 个/100m^3）与珠江口和东印度洋并没有显著差异。海洋大气微塑料的形状以纤维状居多（图 5-3）。

后向轨迹模型分析表明，微塑料能够通过大气进行长距离传输，可达 1000 多千米外。此外，本研究表明热带辐合带可能是海洋大气微塑料南北输运的汇。

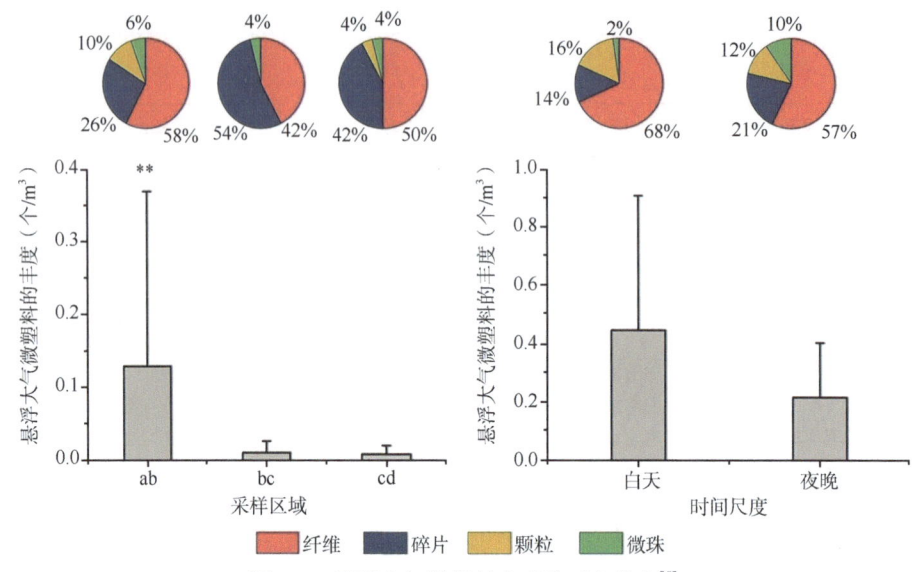

图 5-2 悬浮大气微塑料丰度的时空分布[5]

左图横坐标 ab、bc 和 cd 分别为长江口、东海和西太平洋监测断面

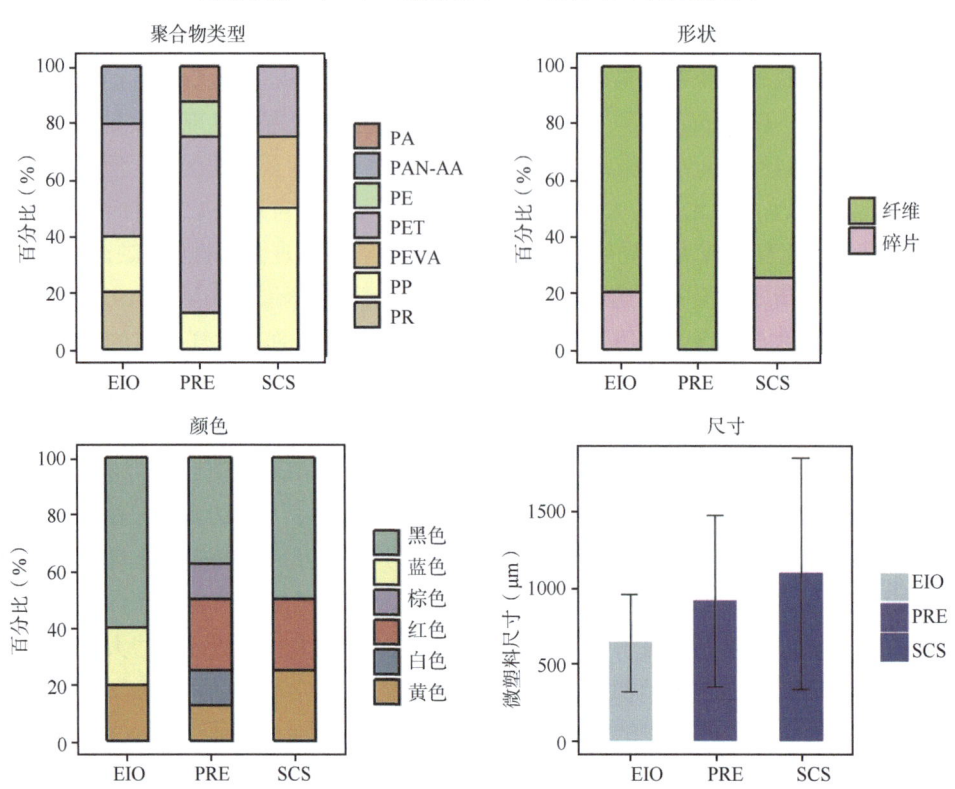

图 5-3 东印度洋（EIO）、珠江口（PRE）和南海（SCS）大气微塑料颗粒的聚合物类型、形状、颜色和尺寸

PA：聚酰胺；PAN-AA：聚(丙烯腈-丙烯酸)；PE：聚乙烯；PET：聚对苯二甲酸乙二醇酯；PEVA：聚乙烯-醋酸乙烯酯；PP：聚丙烯；PR：聚酯树脂[13]

5.2 陆源微塑料通过大气向海洋的输送

河流和沿海排放通常被认为是陆地塑料垃圾进入海洋的两条主要途径，并且已有研究对此进行了定量评估。然而，建模与观察到的塑料基础数据之间的差异表明，海洋中微塑料的污染可能还有其他来源。目前，李道季团队根据 2018~2019 年的 9 次航行数据，在亚太地区研究了大气微塑料从源到汇的传输[19]。该研究采集沉积的大气微塑料和悬浮的大气微塑料的范围分别为 23.04~67.54 个/（m²·d）和 0~1.37 个/（m²·d）。此外，结合空气动力学模型，首次估计 2018 年全球产生了 7.64~33.76t 纤维状大气微塑料，其中 15%~16%被输送到公海（图 5-4）。Allen 等[29]研究表明，微塑料有可能通过海浪从海洋环境释放到大气中，并推断在全球范围内海岸吹入的微塑料数量为 136 000t/a。Evangeliou 等[16]利用全球模型模拟推断了大气微塑料向海洋的输送量。目前，全球每年向海洋沉积的大气微塑料（轮胎磨损颗粒和刹车磨损颗粒）为 140 000t[16]，比全球河流向海洋排放的塑料垃圾量只低一个数量级[30, 31]。Brahney 等[32]利用现场观测的微塑料沉降数据，结合大气输运模型和最佳估计技术，检验了大气塑料最可能的来源的假设，结果表明美国西部 11%的大气微塑料来源于海洋。

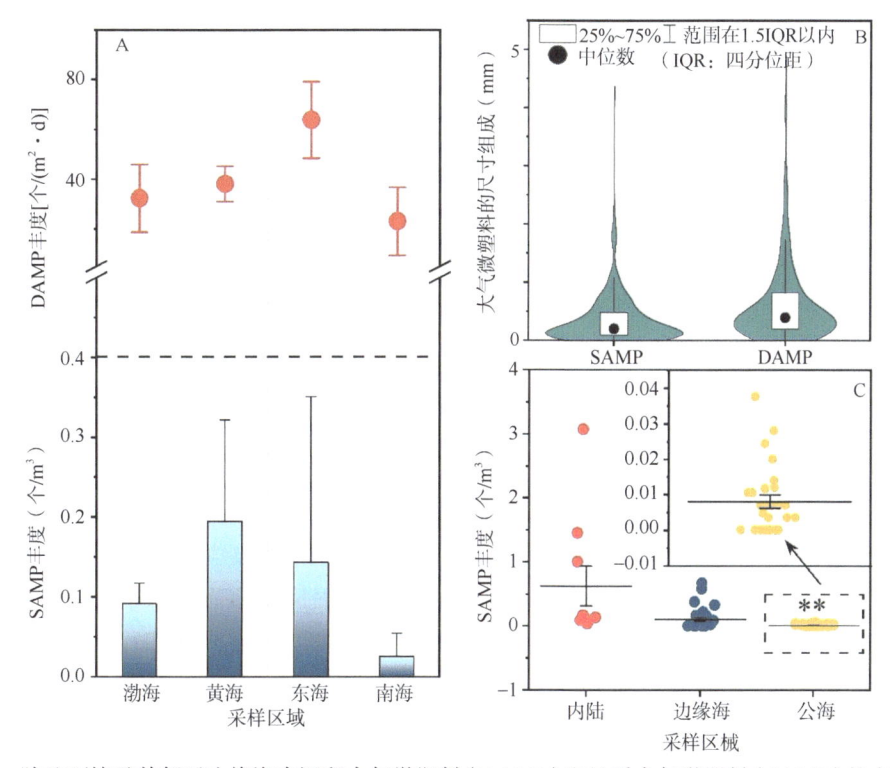

图 5-4 陆地环境及其邻近边缘海中沉积大气微塑料（DAMP）和悬浮大气微塑料（SAMP）的丰度（A）和尺寸组成（B），以及内陆地区、边缘海和远洋区（公海）之间 SAMP 的丰度比较（C）[16]

海洋空气中越来越多的可摄入塑料可能对海洋生态系统产生深远的影响。海洋生物容易受到与食物大小相似的微塑料的影响，并且摄入后具有潜在毒性。李道季团队还发现大气微塑料的大小与各种海洋物种摄取的微塑料大小范围相似，这意味着大气微塑料有较高的生物利用度（图 5-5）[19]。一旦进入水圈，来自大气沉积的可摄入微塑料将对海洋生物造成负面生态后果。未来大气微塑料的不断增加将增加海洋生态系统的退化风险。

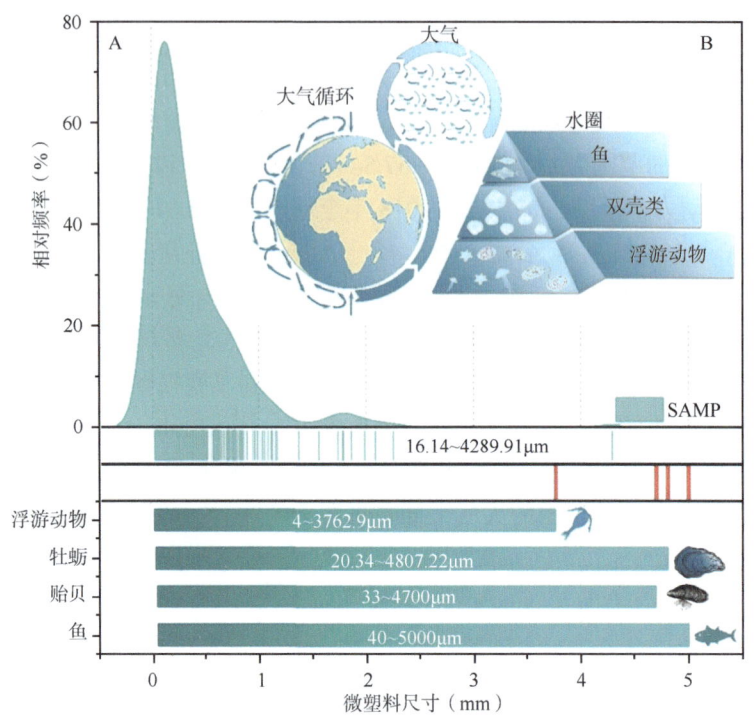

图 5-5　悬浮大气微塑料（SAMP）的粒径和密度分布及生物摄入微塑料粒径范围（A）及微塑料在大气环流中从陆地到水圈的迁移及其生态影响（B）[16]

红线代表各类海洋生物中检测到的最大微塑料粒径

5.3　微塑料跨海-气界面转移

目前的塑料污染研究普遍认为，一旦塑料进入海洋，它们会被永久保留在洋流、生物体或沉积物中，最终沉积在海底或被冲上沙滩。然而，Allen 等[29]最早提出一种不同的观点，即一些塑料颗粒可能会随海盐、细菌、病毒和藻类一起从海洋进入大气。这种现象可能通过气泡爆裂喷射和波浪作用发生，如强风或海洋状态紊乱引起的情况。作者在法国大西洋沿岸的海洋边界层空气样本中首次检测到微塑料颗粒（通过显微拉曼分析），在向岸（平均 2.9 个微塑料/m³）和离岸（平均 9.6 个微塑料/m³）风期间均检测出。值得注意的是，在采样过程中，由于海风的汇聚作用，采集的样本主要来自海洋喷雾，这增加了对可能从海洋释放的微塑料进行采样的能力。研究结果表明，微塑料可能通过海洋喷雾从海洋环境释放到大气中，估计全球每年有约 136 000t 的微塑料被吹向陆地。

自 2020 年首次报道微塑料跨海-气界面转移以来，人们对其排放通量估算进行了大量研究。然而，这些研究表明，海洋来源对全球大气中微塑料的估计贡献存在巨大差异，评估结果从占主导地位到可忽略不计不等，每年从 $7.7×10^4$ t 到 8.6 兆 t，从而给微塑料循环研究带来了相当大的困惑。在此，Yang 等[33]运用成熟的海-气界面微粒传输理论提供了一个视角，其计算了全球海-气界面微塑料排放通量的可能上限，旨在限制之前报道的通量中存在的争议。具体来说，100μm 以下的微塑料通量每年不能超过 0.01 兆 t，而 0.1μm 以下的纳米塑料通量每年不能超过 $3×10^7$ 兆 t。跨越这个知识鸿沟对于全面了解"塑料循环"中的海-气部分至关重要，并有助于管理未来的微塑料污染。

5.4 海洋大气微塑料采样平台

为了实现理解和量化大气微塑料来源、远距离输送机制、浓度分布、海洋与大气环境之间的交换过程及通量等研究目标，需要建立一系列研究平台。短期、长期或特定事件（如台风）的海洋大气环境监测，都需要临时或特定的研究平台。以往的大气微塑料采样平台，包括海上科考船、飞机、无人机、浮标、固定或临时采样塔（表 5-2）。然而这些采样平台各有利弊，可根据需要进行选择。未来也需要根据实验需求，开发新型采样平台。

表 5-2 大气微塑料不同类型采样平台的优缺点[27]

平台类型	优势	缺点
船舶	·可采集任意海上站位 ·可以有训练有素的人员	·时间短 ·非常脏乱的环境 ·能以一定的速度移动，从而产生空间范围内的样本标识
帆船	·可采集任意海上站位 ·可容纳训练有素的人员 ·适用于温和至中等天气条件 ·通过速度支持有效的空间采样 ·具有海洋/大气交换采样的潜力 ·成本非常低	·时间短到中等 ·容纳的人员少于船舶 ·有限的船上分析条件
岛屿/海岸遗址 [世界气象组织：全球大气观测计划（WMO/GAW）永久性场地]	·天气、季节和年度变化 ·训练有素的人员 ·辅助化学品/气象测量 ·多高程	·地理位置有限
岛屿/海岸遗址 [其他永久性地点]	·可能的天气、季节和年度变化 ·可能的辅助化学物质/气象测量	·有限的训练有素的人员 ·地理位置有限
岛屿/海岸遗址 [非常任地点]	·天气和可能的季节尺度变化 ·可能的支持性化学气象测量（在某些情况下）	·有限的未经训练的人员 ·地理位置有限
飞机	·可采集任意海上站位 ·训练有素的人员 ·多高程	·时间非常短 ·有限的采样间隔 ·非常昂贵

续表

平台类型	优势	缺点
无人机	·多高程 ·成本相对较低	·海上位置有限，除非从船上下水 ·时间非常短 ·有限的采样间隔 ·有限的电力可用性和有效载荷
系留或遥控气球	·全高度范围（地面至对流层） ·通常仅限于陆地释放，但可能从船舶释放	·由于费用、许可证等原因，访问受限 ·非连续采样 ·空间控制中的潜在约束 ·有限的采样设备和有效载荷（考虑多个高程采样时）
浮标	·天气、季节和年度变化 ·可能的广泛地理覆盖	·难以服务 ·可能有限的功率 ·海上浪花过多

5.5 大气微塑料分析方法

除大气微塑料监测研究外，该领域在采集分析方法学、输运模拟和潜在风险评估方面也取得了一定进展。例如，关于样本量对大气微塑料含量的精确定量的重要影响[34]、亚微米级塑料的光谱分析[35]、塑料纤维[19]和橡胶微粒输运全球模拟[16]及生态环境效应评估[10]。目前，关于大气微塑料研究所使用的方法，包括采样、预处理和鉴定，都不统一（图5-6）[36]。尽管当前出现了越来越多的关于各地大气微塑料干/湿沉降通量的报道，但是针对大气微塑料采集分析方法学的研究明显不足，大部分方法沿袭了空气总颗粒物的采集方法。然而，Liu等[34]则指出大气样品的量，即过滤空气的体积，对微塑料定量存在着重要的影响，并且呈现对数关系。随着过滤体积的增大，微塑料的丰度趋于稳定。这体现了一个重要的、经常被大部分研究所忽视的检出限的问题，并且建议过滤体积需至少为 $72m^3$ 以便精确定量大气微塑料丰度。而对于分析方法而言，目前研究大多采用傅里叶变换红外光谱分析对分离出的微塑料进行聚合物类型鉴别，对于小粒径，乃至亚微米级别塑料则采用拉曼光谱分析。

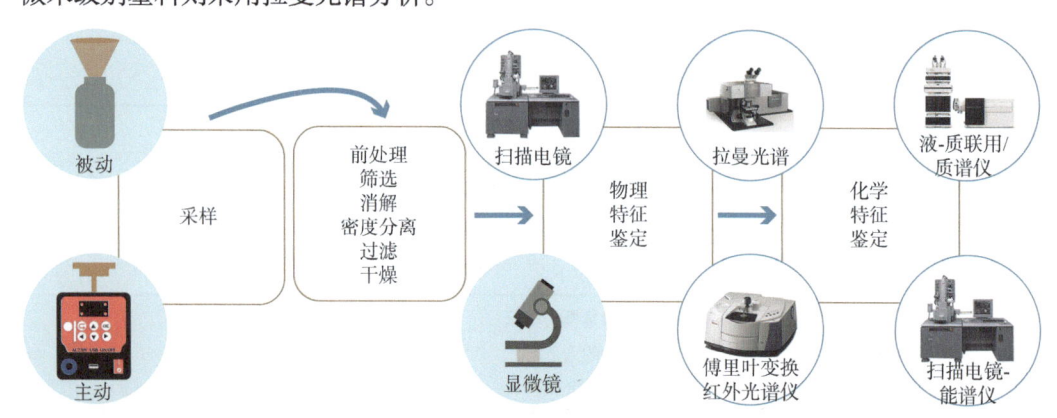

图5-6 大气微塑料的采样、前处理和鉴定方法示意图[36]

5.6　问题与展望

　　由于微塑料对人类和生态系统健康、海洋和大气过程的潜在影响，迫切需要扩大和协调全球范围内的微塑料研究工作，以了解其大气来源、远程传输、浓度分布及大气和海洋之间的交换过程和通量。较之水环境中的微塑料研究而言，大气微塑料研究刚刚起步，且存在诸多问题，主要可以分为以下 3 个方面：①可比较的标准化采集分析方法研究不足。当前尽管已有不少有关环境中大气微塑料时空分布的报道，但是由于不同研究之间样品采集的方法不一、检测技术水平的差异，使得观测到的微塑料丰度（粒径）差异巨大。此外，对于实验背景环境洁净程度的报道不足，绝大部分研究并未提及分析过程中如何减少或避免接触周围环境中悬浮的颗粒物。尤其是实验过程中难以避免的微纤维污染问题，如 Song 等[37]报道了在实验过程中发现了大量天然纤维（纤维素和玻璃纸）和少量合成纤维（聚对苯二甲酸乙二醇酯、聚丙烯腈和聚甲基丙烯酰胺），若未经成分鉴定极容易过高估计样品中微塑料的含量。②鲜有关于大气微塑料中、长距离输运模拟的报道。大气微塑料在输运过程中的环境行为，如沉降速率、附着物、光化学氧化等尚未有较多的数据支持，致使输运模拟难度较大。现有的模拟也仅仅是基于 $PM_{2.5}$ 或 PM_{10} 迁移，并没有实测数据的校正或验证。尤其是源强的不确定使得后续的模拟难度加大。③目前，有研究表明海洋微塑料会以海盐气溶胶的形式进入空气中，但是进入机制、通量都有待进一步研究。

　　后续该领域研究应聚焦于验证采集分析方法和输运的模拟，尤其是标准化的分析方法尤为重要。较之水环境中的微塑料，陆地环境中大气微塑料含量明显较低，与传统意义上细颗粒在成分和粒径方面具有较大的不同，因此如何获取精确的大气微塑料含量（空气动力学直径）是值得进一步探究的。此外，对于后续的输运模拟，首先应确定明确的排放清单对于不同来源的大气微塑料有着清晰的标注，并且对于大气微塑料的空气动力参数的获取也十分必要。

　　在大气微塑料研究领域，我们需要指出一个主要挑战。首先，进入大气的微塑料通常是微小颗粒，但这些微塑料在大气中会受到氧化作用和光降解的影响，逐渐分解为更小的颗粒。然而，我们对这一过程的具体机制及其在大气中发生的性质变化仍然知之甚少，存在明显的研究空白。此外，大气中微塑料的停留时间及其可能上升的高度同样是研究中的难点。有研究者曾提出利用飞机或气球在高空采集样本。然而，从事大气采样的科研人员使用过滤膜进行的空气采样中从未检测到塑料颗粒。这可能与采样方法有关，或者反映出微塑料在大气中的存在尚未被足够关注和重视。如果微塑料能上升到大气的更高层次，如平流层或对流层，那么它们的迁移路径和扩散行为将变得更加复杂难测。同时，在高空环境中，紫外辐射强度极高，这会迅速破坏微塑料的化学结构。因此，高空中微塑料的降解速率和存留时间也是我们需要深入探索的领域。这表明，当前我们对大气中微塑料的研究还存在许多未知之处，需要进一步的研究和数据支持。

参 考 文 献

[1] Akimoto H. Global air quality and pollution [J]. Science, 2003, 302(5651): 1716-1719.

[2] Prüss-Üstün A, Wolf J, Corvalán C, et al. Preventing disease through healthy environments: a global assessment of the burden of disease from environmental risks [M]. Geneva: World Health Organization, 2016.

[3] Zhang Q, Jiang X, Tong D, et al. Transboundary health impacts of transported global air pollution and international trade [J]. Nature, 2017, 543(7647): 705-709.

[4] Gagosian R B, Peltzer E T. The importance of atmospheric input of terrestrial organic material to deep sea sediments [J]. Organic Geochemistry, 1986, 10(4-6): 661-669.

[5] Liu K, Wu T, Wang X, et al. Consistent transport of terrestrial microplastics to the ocean through atmosphere [J]. Environmental Science & Technology, 2019, 53(18): 10612-10619.

[6] Cai L, Wang J, Peng J, et al. Characteristic of microplastics in the atmospheric fallout from Dongguan city, China: preliminary research and first evidence [J]. Environmental Science and Pollution Research, 2017, 24: 24928-24935.

[7] Dris R, Gasperi J, Mirande C, et al. A first overview of textile fibers, including microplastics, in indoor and outdoor environments [J]. Environmental Pollution, 2017, 221: 453-458.

[8] Dris R, Gasperi J, Saad M, et al. Synthetic fibers in atmospheric fallout: a source of microplastics in the environment? [J]. Marine Pollution Bulletin, 2016, 104(1-2): 290-293.

[9] Liao Z, Ji X, Ma Y, et al. Airborne microplastics in indoor and outdoor environments of a coastal city in Eastern China [J]. Journal of Hazardous Materials, 2021, 417: 126007.

[10] Liu K, Wang X, Fang T, et al. Source and potential risk assessment of suspended atmospheric microplastics in Shanghai [J]. Science of the Total Environment, 2019, 675: 462-471.

[11] Ding Y, Zou X, Wang C, et al. The abundance and characteristics of atmospheric microplastic deposition in the northwestern South China Sea in the fall [J]. Atmospheric Environment, 2021, 253: 118389.

[12] Trainic M, Flores J M, Pinkas I, et al. Airborne microplastic particles detected in the remote marine atmosphere [J]. Communications Earth & Environment, 2020, 1(1): 64.

[13] Wang X, Li C, Liu K, et al. Atmospheric microplastic over the South China Sea and East Indian Ocean: abundance, distribution and source [J]. Journal of Hazardous Materials, 2020, 389: 121846.

[14] Bergmann M, Mützel S, Primpke S, et al. White and wonderful? Microplastics prevail in snow from the Alps to the Arctic [J]. Science Advances, 2019, 5(8): eaax1157.

[15] Allen S, Allen D, Phoenix V R, et al. Atmospheric transport and deposition of microplastics in a remote mountain catchment [J]. Nature Geoscience, 2019, 12(5): 339-344.

[16] Evangeliou N, Grythe H, Klimont Z, et al. Atmospheric transport is a major pathway of microplastics to remote regions [J]. Nature Communications, 2020, 11(1): 3381.

[17] Dris R, Gasperi J, Rocher V, et al. Microplastic contamination in an urban area: a case study in Greater Paris [J]. Environmental Chemistry, 2015, 12(5): 592-599.

[18] Li Y, Shao L, Wang W, et al. Airborne fiber particles: types, size and concentration observed in Beijing [J]. Science of the Total Environment, 2020, 705: 135967.

[19] Liu K, Wang X, Song Z, et al. Global inventory of atmospheric fibrous microplastics input into the

ocean: an implication from the indoor origin [J]. Journal of Hazardous Materials, 2020, 400: 123223.

[20] 田媛, 涂晨, 周倩, 等. 环渤海海岸大气微塑料污染时空分布特征与表面形貌[J]. 环境科学学报, 2020, 40(4): 1401-1409.

[21] 周倩, 田崇国, 骆永明. 滨海城市大气环境中发现多种微塑料及其沉降通量差异[J]. 科学通报, 2017, 62(33): 3902-3909.

[22] Zhou M, Jiang W, Gao W, et al. Anthropogenic emission inventory of multiple air pollutants and their spatiotemporal variations in 2017 for the Shandong Province, China [J]. Environmental Pollution, 2021, 288: 117666.

[23] Klein M, Fischer E K. Microplastic abundance in atmospheric deposition within the Metropolitan area of Hamburg, Germany [J]. Science of the Total Environment, 2019, 685: 96-103.

[24] Wright S, Ulke J, Font A, et al. Atmospheric microplastic deposition in an urban environment and an evaluation of transport [J]. Environment International, 2020, 136: 105411.

[25] Brahney J, Hallerud M, Heim E, et al. Plastic rain in protected areas of the United States [J]. Science, 2020, 368(6496): 1257-1260.

[26] González-Pleiter M, Edo C, Aguilera Á, et al. Occurrence and transport of microplastics sampled within and above the planetary boundary layer [J]. Science of the Total Environment, 2021, 761: 143213.

[27] Allen D, Allen S, Abbasi S, et al. Microplastics and nanoplastics in the marine-atmosphere environment [J]. Nature Reviews Earth & Environment, 2022, 3(6): 393-405.

[28] Abbasi S, Keshavarzi B, Moore F, et al. Distribution and potential health impacts of microplastics and microrubbers in air and street dusts from Asaluyeh County, Iran [J]. Environmental Pollution, 2019, 244: 153-164.

[29] Allen S, Allen D, Moss K, et al. Examination of the ocean as a source for atmospheric microplastics [J]. PLoS One, 2020, 15(5): e0232746.

[30] Lebreton L C, Van Der Zwet J, Damsteeg J-W, et al. River plastic emissions to the world's oceans [J]. Nature Communications, 2017, 8(1): 15611.

[31] Schmidt C, Krauth T, Wagner S. Export of plastic debris by rivers into the sea [J]. Environmental Science & Technology, 2017, 51(21): 12246-12253.

[32] Brahney J, Mahowald N, Prank M, et al. Constraining the atmospheric limb of the plastic cycle [J]. Proceedings of the National Academy of Sciences, 2021, 118(16): e2020719118.

[33] Yang S, Lu X, Wang X. A Perspective on the Controversy over Global Emission Fluxes of Microplastics from Ocean into the Atmosphere [J]. Environmental Science & Technology, 2024, 58(28): 12304-12312.

[34] Liu K, Wang X, Wei N, et al. Accurate quantification and transport estimation of suspended atmospheric microplastics in megacities: implications for human health [J]. Environment International, 2019, 132: 105127.

[35] Xu G, Cheng H, Jones R, et al. Surface-enhanced Raman spectroscopy facilitates the detection of microplastics <1 μm in the environment [J]. Environmental Science & Technology, 2020, 54(24): 15594-15603.

[36] Luo X, Wang Z, Yang L, et al. A review of analytical methods and models used in atmospheric microplastic research [J]. Science of the Total Environment, 2022, 828: 154487.

[37] Song Z, Liu K, Wang X, et al. To what extent are we really free from airborne microplastics? [J]. Science of the Total Environment, 2021, 754: 142118.

第 6 章

微塑料在近海和大洋表层的输运

早在 20 世纪 70 年代，就已开展海洋微塑料污染的相关研究，但直到 Moore 等[1]报道其研究海域水体中微塑料颗粒的密度约 33 万个/km² 后，才引起全球政府、媒体及科研界的广泛关注。随着塑料垃圾产出的增加及大塑料的不断破碎[2]，海洋环境中的微塑料数量呈上升趋势。在全球尺度上，微塑料在水体中的分布和输运可以分为以下几种特征区域：五大环流垃圾带[3]、极地海冰中的微塑料[4]、深海中的微塑料[5]、湖泊中的微塑料[6]、河口中的微塑料[7]、近岸海域的微塑料和陆架中的微塑料[8]。研究发现，大洋上小于 4.75mm 的微塑料数量比预测的要少 90% 左右，可能的原因一是这些微塑料被微生物降解掉或降解到纳米级，二是已经被生物吞食，三是沉降到沉积物中等[9]。因此，了解微塑料在近海和大洋的输运机制等对解开有关的谜团至关重要。

6.1 实测对不同海洋环境微塑料浓度的认识

中国近海表层水体的实测调查结果表明，长江口和邻近东海海域表层水体中微塑料的平均丰度分别为 157.2 个/m³±75.8 个/m³ 和 112.8 个/m³±51.1 个/m³，在全球范围内属于中等偏低水平（图 6-1）。两个区域的微塑料丰度均存在显著的季节变化，季风、径流、海流等季节性因素可能对微塑料的输运和累积过程产生重要影响。调查还发现，尽管统计分析显示长江口与邻近海域表层水体之间的总体微塑料丰度差异并不显著，但在具体空间分布上存在明显不均。一些丰度较高的采样点主要集中在长江口外部区域，可能受到河口输送、潮汐动力、沿岸流及人类活动排放等多种因素的共同驱动。

李道季团队在珠江口虎门（HM）、蕉门（JM）、洪奇门（HQ）、横门（HE）、磨刀门（MD）、鸡啼门（JT）、虎跳门（HT）、崖门（YM）8 个入海河口开展了微塑料采样调查。结果发现微塑料丰度范围为 0.005~0.704 个/m³（0.004~1.28mg/m³）。8 个入海河口微塑料平均丰度差异较大，主要体现在东四门的微塑料丰度高于西四门的丰度（图 6-2）。

他们通过 2016~2022 年国家重点研发计划海洋微塑料项目对我国近海典型海域开展的不同季节共 142 次微塑料污染调查，获取了我国近海微塑料污染数据集。4 个海区表层水体中微塑料平均丰度为 0.35 个/m³±0.20 个/m³。整体上，黄海表层水体微塑料丰度最高，其次为渤海和东海，南海最低。

微塑料一旦进入海洋，小于海水密度（1.01~1.03g/cm³）的微塑料会漂浮于水体上层，最终被输送到各种海洋环境中。研究表明，微塑料存在于表层海水、沉积物、海滩，

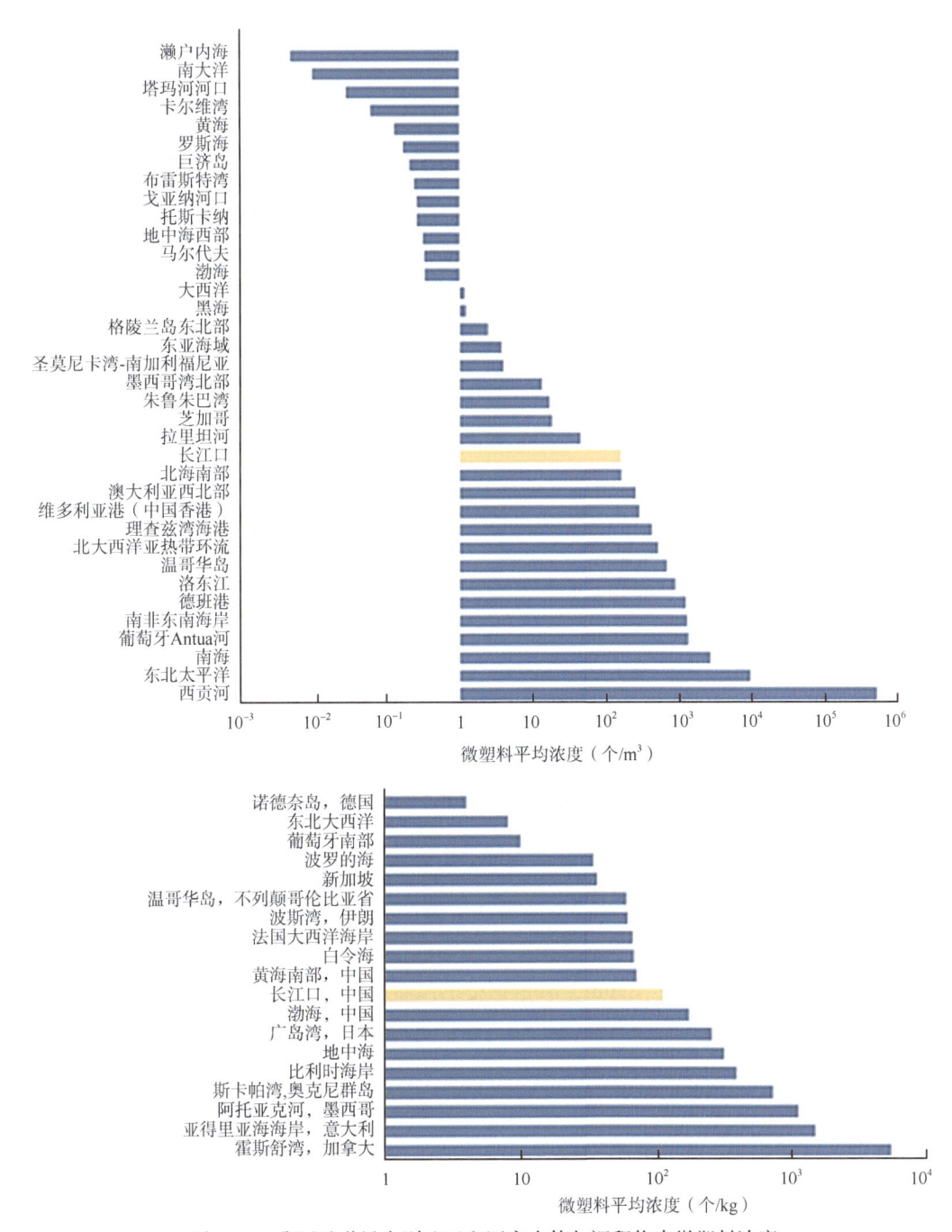

图 6-1 我国及世界个别地区和国家水体与沉积物中微塑料浓度

甚至出现在最偏远的极地和深海沉积物中[10]。目前已知的海洋微塑料污染的浓度和特征主要是来自海水表层水体的研究。在北太平洋[3]、北大西洋[11]和印度洋[12]大洋垃圾带，以及在南极地区发现的微塑料让我们意识到微塑料垃圾在海洋中普遍存在。Eriksen等[13]依据在 5 个亚热带环流带及澳大利亚沿岸、孟加拉湾和地中海的 24 个航次的采样，通过模型分析、数据矫正得出在全球海水表层水体中含有塑料 5.25×10^{12} 个，重 2.69×10^{5} t。

2019 年李道季团队研发了海洋大体积原位采样技术，有效弥补了传统小体积采样方

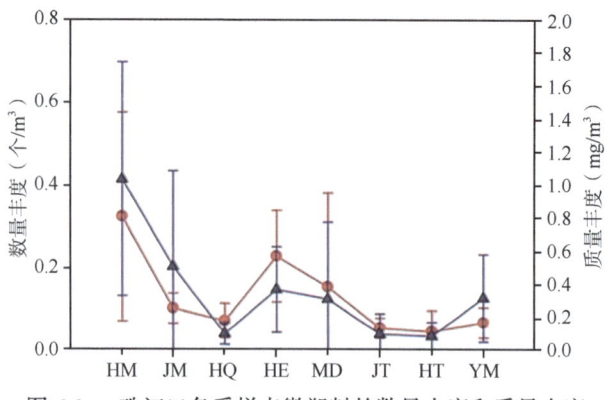

图 6-2　珠江口各采样点微塑料的数量丰度和质量丰度

法在深水层微塑料监测中的代表性不足，纠正了国际上因小体积采样导致的对深层海洋微塑料污染程度的偏差性认知。该研究团队利用此技术首次定量了西太平洋和东印度洋水层中微塑料浓度分布，结果表明，该方法与传统小体积采样方法相比，得出的水层微塑料丰度值至少低了 1~2 个数量级，这些数据首次证实了有限的采样体积不足以精确定量深水中微塑料的含量。微塑料粒径分布数据表明，其在水层中的横向输运及颗粒破碎过程有助于其由表层向深层沉降。基于该研究，该研究团队提出海洋微塑料从海洋表层往深海的可能输运模式，为亚太区域及全球海洋微塑料 3D 输运模型建立和数据采集提供了前提技术条件。

近海-超深渊带塑料垃圾和微塑料赋存特征及其来源的探明，证实了深海为海洋塑料重要的汇。基于底拖网对东海大陆架区域海底塑料垃圾的调查发现，整个调查区域的塑料垃圾密度为 375.44 个/km²（9.64kg/km²），结合多尺度超高分辨率海表温度数据提取舟山水域的上升流，数值模拟结果显示，在上升流活跃区域，海底塑料垃圾密度显著升高，上升流在垂直方向流动时，可能带动了海底塑料垃圾再浮悬和沉降。通过对地球上已知最深的几个区域，即位于马里亚纳海沟的挑战者深渊、位于太平洋的新不列颠海沟和玛索海沟（4900~10 890m）沉积物中的微塑料赋存特征的研究，发现微塑料依靠重力沉降的速度极慢，表明有其他机制（如食物链传递、生物作用及物理过程）在协助微塑料从海洋表层快速沉降过程中发挥作用，影响微塑料从海洋表面沉降到海底的一系列过程。因此，导致深渊海沟最终是大量塑料及微塑料的重要储存库及最终的汇，深渊海沟中塑料的积累可能对脆弱的深海生态系统产生影响（图 6-3）。

李道季团队于 2019 年 3 月 29 日至 6 月 6 日对东印度洋的 36 个站点进行了实地观测调查，使用网目孔径为 330μm 的 Manta 拖网进行表层水采样。这也是首次对东印度洋微塑料污染特征进行的全面调查（包括微塑料的丰度、分布及特征）[14]。数据显示，东印度洋中表层的微塑料污染，无论是在远洋还是在公海，都是世界上最高的海洋之一。东印度洋中表层微塑料的丰度为 0.01~4.53 个/m³，平均丰度为 0.34 个/m³。孟加拉湾微塑料的平均丰度为 2.04 个/m³，而公海中的微塑料平均丰度为 0.16 个/m³。这些结果也说明了海洋微塑料的分布具有空间异质性。由于其地理位置和季风气候，印度洋对相邻地区的微塑料分布有着显著的影响，尤其是南海，甚至通过马六甲海峡和巽他海峡影响太平洋。由于多尺度环流和陆基塑料垃圾的大量输入，孟加拉湾最有可能成为海洋垃圾的热点。

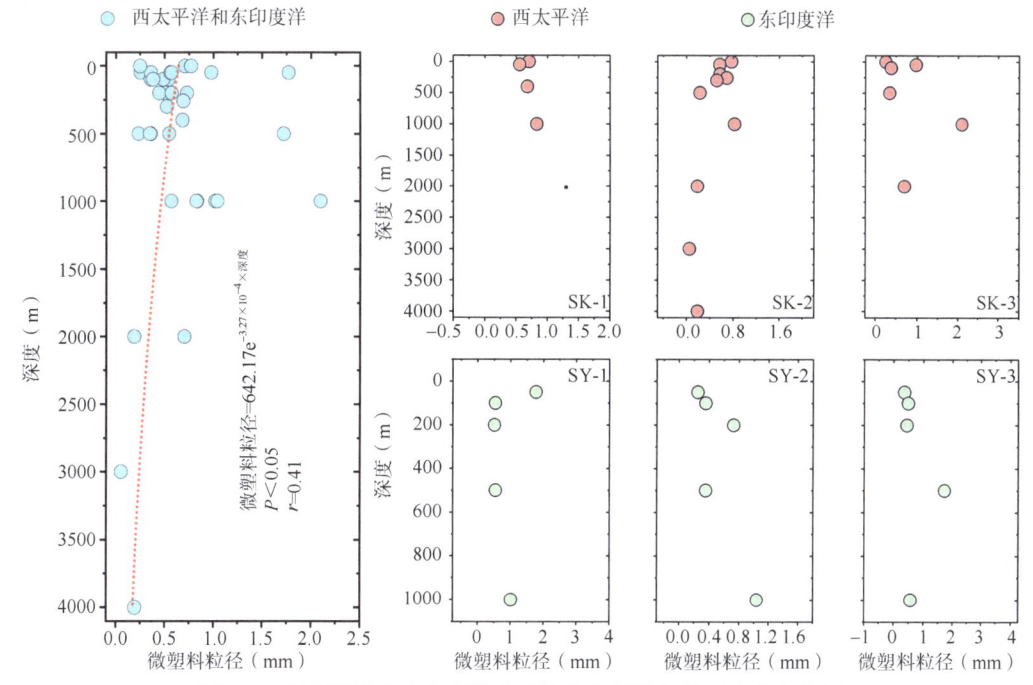

图 6-3　西太平洋和东印度洋典型站位水层微塑料垂向分布特征

SK-1、SK-2、SK-3、SY-1、SY-2 和 SY-3 为采样站位名称

塑料垃圾源源不断地进入海洋环境，在不同的海洋环境间迁移和沉积。从源到汇的输运过程将决定微塑料扩散的程度和范围，这既与其本身的物理化学性质有关，又受到海洋动力过程的影响。由于实地调查受限于时间、空间和成本等因素，无法获取在时空尺度上连续的微塑料数据，这极大地限制了对微塑料源汇问题的研究。因此，采用实测数据和环境数据相融合的数值模拟成为预测微塑料输运过程的有力工具。

6.2　海洋微塑料输运的影响因素

微塑料的输运过程受到自身性质（密度、大小、形状）和环境因素（风、流、生物）的共同影响。通常，密度较小的微塑料容易漂浮在表层海水中，甚至部分露出海面，这种漂浮型的塑料除受到水动力的作用外，还受风应力影响。密度与海水相近的微塑料，可长时间悬浮在海洋中的不同水层中，这类悬浮型微塑料可在水平流和垂直流的推动下进行迁移。除此之外，絮凝和生物（微生物和浮游生物）的附着作用（结垢和解垢）可以改变微塑料团的密度，其密度增大后会沉降到更深的水层甚至海底，密度减小则会上浮至较浅的水层。微塑料的形状和比表面积同时又影响微生物的结垢作用，从而影响输运过程[15]。例如，具有较高比表面积的微塑料（薄膜、纤维和泡沫）受生物附着的影响更大，因此比大塑料更容易下沉[16]。Fazey 和 Ryan[17]首次开展了关于漂浮海洋塑料的尺寸和厚度与生物沉降速率之间关系的野外实验研究。研究结果表明，生物附着使小尺寸塑料失去浮力的速率要快于大尺寸的塑料。样品体积（浮力）与达到 50% 下沉概率的时间之间存在直接关系，暴露时间从 17 天到 66 天不等。研究结果对改进全球漂浮塑料碎片分布和丰度的模型预测提供参考。

室内受控的水层沉降实验揭示了微塑料特性及环境条件对其沉降速率和行为的影响,从而为数值模拟表层微塑料搬运过程提供了必需的参数依据。研究表明,微塑料沉降速率受自身密度、形状和大小及流体密度的影响,密度和尺寸越小,形状越不规则,其下降速率越小。Chubarenko 等[15]研究了不同形态微塑料粒子(球状、纤维状和薄膜状)在水体中生物污损速率,并结合含有粒径、形状、粗糙度和密度影响的沉降速率公式,计算了不同性质微塑料颗粒的沉降速率及在生物污损影响下不同种类微塑料在透光层的滞留时间,研究结果显示,受生物污损影响,不同种类微塑料颗粒在水体中的滞留时间差异很大,纤维状聚乙烯类颗粒可在透光层中滞留 6~8 个月,低密度球状颗粒可在海表漂浮期长达 10 年,而高密度微塑料仅用 18h 就可以沉降至 250m 深的海底。

由风浪驱动的朗缪尔湍流混合是微塑料垂向输运的一种途径,这与海表热通量有关[18]。在理想昼夜加热循环模型下,日间海表升温会抑制微塑料颗粒下潜,夜间降温则有助于增加微塑料沉降通量[19]。同时,在风浪作用下,微塑料在水体中的分布范围会明显加深;若不考虑海浪作用,海洋水体中微塑料的浓度会被低估。

风场对海洋微塑料输运的影响体现在两方面:一方面风驱动的埃克曼流是表层环流的重要组成部分,另一方面风阻力对海表微塑料粒子的拖曳作用和风的混合引起垂向输送[20]。Chubarenko 等[15]计算了表层漂浮微塑料颗粒受风阻力的影响,发现对于可漂浮于海水表层的球状微塑料颗粒,风应力作用传输微塑料的速度远大于海流输送,速率相差 3 倍。Neumann 等[21]使用了可用于预报模拟和后报模拟的拉格朗日粒子追踪模型 PELETS-2D,研究了北海(North Sea)南部海域漂浮污染物的来源和分布情况,以及海表风应力对表层漂流粒子移动速度和传输范围的影响。

海浪对微塑料输运的影响表现为斯托克斯漂移可以造成微塑料颗粒沿海浪传播方向的净输送,同时海浪破碎引起的湍流混合改变了微塑料的垂向分布特征。Iwasaki 等[18]研究了由津轻海峡流入日本海的塑料粒子,在斯托克斯漂移和对马海流共同影响下大大减少了日本海中粒子的平均传播时间。

极端天气(如寒潮大风、台风、海啸等)通过强风浪混合作用,使表层微塑料向深层扩散,台风激发的海洋内波可影响底层沉积物,增强了微塑料的再悬浮。另外,风暴潮、海啸引起的海水冲刷将大量的陆地、海滩污染物输送到海洋中。Lebreton 和 Borrero[12]结合 HYCOM 海洋动力模型和拉格朗日粒子追踪模型 POL3DD 对 2011 年日本"3.11"地震和海啸产生的影响研究发现,东海岸大量漂浮垃圾被海流输送至北太平洋中东部区域,造成北太平洋副热带涡旋区塑料浓度异常增加,仅该次灾害期间排放的塑料污染物就超过了大西洋向太平洋输入总塑料污染物的 13 倍。

全球气候变暖对温度、盐度和环流具有重要的影响,导致冰融化速率的增加和冰川规模的降低。陆地冰川的淡水输入增加和海水的热膨胀导致全球海平面上升。最为突出的影响是两极冰川的融化,这将导致海冰中塑料和微塑料的重新释放,成为海洋微塑料的新的源,对全球海洋微塑料的输运具有全新的影响[12]。同时,海面温度的变化也可能影响降水的规模和模式,特别是热带风暴、气旋和龙卷风。全球变暖加剧了海洋表面的沿岸风应力,导致沿海上升流加速[12]。因此,全球气候变化通过改变环流、风场及冰盖释放过程,对微塑料输运产生深远影响。

综上所述,微塑料的输运过程受到诸多因素的影响(图 6-4),不同种类和不同环境中的微塑料可能具有不同的源汇、输运路径、持续时间。当前,微塑料的源汇问题因其高度复杂性及未知性而充满挑战,而深入理解输运过程是破解此难题的核心。因此,量化评估这些驱动因素的影响力,是提升海洋微塑料数值模拟的准确性和可靠性的关键所在。

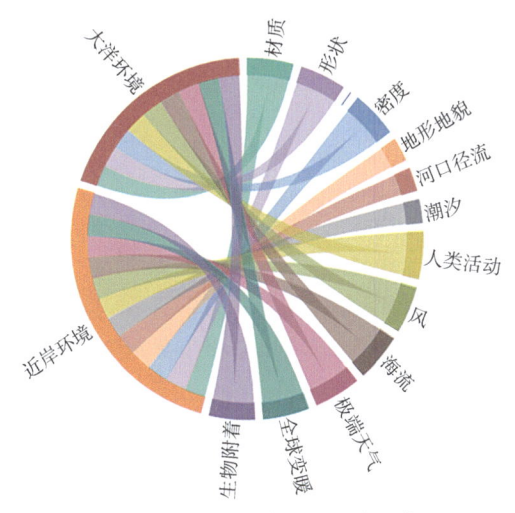

图 6-4 微塑料输运的影响因素

6.3 海洋微塑料输运的模拟方法

通过用于海洋微塑料研究的数值模拟,可以追溯微塑料来源、分析迁移途径和预测去向,在解决微塑料的源、输运和汇的问题上成为一个有利的、有效的工具和方法。水动力场作为粒子运动的主要环境,决定了模拟结果的有效性和准确性。海流是海洋环境中微塑料输运的重要驱动力。目前主要的流场构建方法有两类:一类是基于仪器测量获得的实测数据的流场构建,其中实测数据采用表层观测或反演数据;另一类采用海洋动力学模型构建三维流场,包含对实测数据的同化再分析。构建微塑料输运模型驱动场所需的大范围、长时间海洋流场的获取方法主要有反演计算表层流信息,或者将反演流场数据与动力模型结合计算流场信息。目前用于流场估算或反演的数据包括:漂流浮标位置轨迹、温盐等水文资料、卫星遥感资料和合成孔径雷达(synthetic aperture radar, SAR)等。这种间接反演或推算的流场数据既可以通过数据同化的方法直接引入海洋动力场中,也可以对比检验海洋动力模型计算流场的有效性和准确性。随着动力模型的不断演变、观测技术的不断完善和数据同化技术的引入,出现了大量基于动力学框架和数据同化技术的流场再分析数据。张晨等[19]根据 Hardesty 等[22]的研究概括了可用于构建粒子追踪模型驱动场的海洋再分析数据和动力学模型(表6-1)。

表 6-1　可获取的海洋再分析资料、动力学模型、粒子运动轨迹数据和追踪模型

数据库/数值模型	描述
BLUELink	由澳大利亚联邦科学与工业研究组织（CSIRO）提供的海况精确预报和分析模型
Connie2/Connie3	由 CSIRO 开发并共享的海水中粒子运动轨迹的可视化工具
ECCO1/ECCO2	由美国国家航空航天局（NASA）和麻省理工学院（MIT）建立的海洋环流与气候评估数据库
Global Drifter Program	由美国国家海洋和大气管理局（NOAA）提供的卫星追踪海表漂流浮标数据
GNOME	由 NOAA 提供的可控环境模型，用于模拟海洋中污染粒子的运动轨迹
HYCOM	由美国海军全球大气预报系统（NOGAP）驱动的混合坐标模型 HYCOM
NCOM	由美国海军海洋局（NAVOCEANO）提供的全球实时海洋数据（分辨率为 1/8），由海军近岸模型 NCOM 驱动
NEMO	欧洲海洋模型 NEMO
NLOM	由 NAVOCEANO 提供的全球实时海洋数据（分辨率为 1/32），由海军研究实验室分层全球海洋模型 NLOM 驱动
OSCAR	由 NOAA 提供的海表流场再分析实时数据
OSCURS	由 NOAA 提供的海洋流场模型
plasticadrift.org	由全球海表漂流浮标信息反演的表层漂浮碎屑运动轨迹数据
POL3DD	拉格朗日三维数值扩散模型
SCUD	由国际太平洋研究中心（IPRC）研发的表面海流诊断工具
SODA	由美国国家大气研究中心（NCAR）开发的简单海洋再分析数据库

在微塑料输运模拟中，粒子追踪模型将水体中的微塑料颗粒运动看成风和海流作用下发生的拉格朗日漂移，通过求解拉格朗日方程得到塑料颗粒的迁移轨迹和源、汇区域。同时，粒子追踪模型不考虑颗粒物间的相互作用，并假设颗粒物的运动速度和流速一致。具体表达形式如下：

$$dx/dt = U(x, y, t) + U'(x, y, t)$$
$$dy/dt = V(x, y, t) + V'(x, y, t)$$

式中，x 和 y 为粒子水平方向的坐标信息；U 和 V 为海流影响下的粒子平流速度；U' 和 V' 为湍流效应引起的随机速度；t 为时间。实测数据或同化再分析数据获得的驱动力，包括风、流和海浪等，能以参数化方案的形式运用到模型中。除此之外，沉降速率、结垢速率等非直接获得的数据也可运用到模型中去，以尽可能地模拟海洋环境中真实的微塑料输运过程，增加数值模拟的准确性和可信度。室内实验可以为量化这些参数提供经验数据，如微塑料自身性质产生的影响。

6.4　近海微塑料的输运

在潮汐、风、浪和热盐梯度等强大的水动力因素的持续影响下，近海水域的微塑料输运受近岸地形地貌（海滩、河口、潟湖和沉积区）、植被、潮汐、海浪和风场等因素的影响，并进一步导致河口、近岸与大洋等不同环境中的微塑料输运主导动力和机制呈现明显空间分异。其中，相对于大洋区域，微塑料在近岸海域受到的影响更为复杂，其

分布特征和输运过程往往是多种因素共同作用的结果。Zhang[20]总结了河口、海岸环境中微塑料输运的主要影响因素，并指出，除潮流、风、浪外，在近岸河口区域径流、河流引起的微塑料输入，以及河口处特殊的水文结构（羽状峰、层化、冲淡水）及地形地貌和海岸工程等环境因素都对微塑料输运有重要影响（图6-5）。

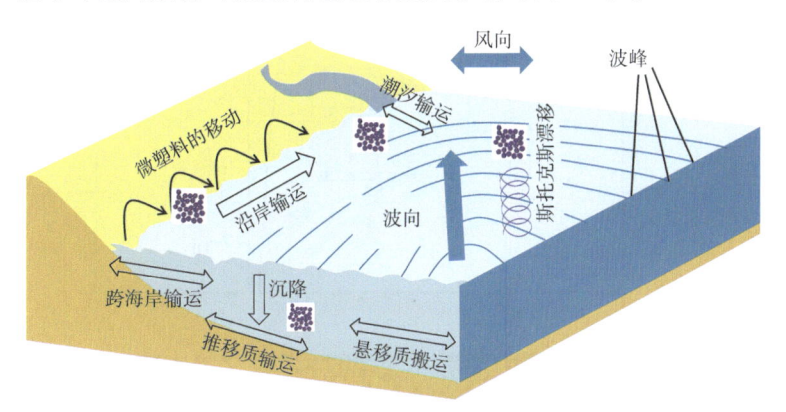

图 6-5　近岸环境微塑料输运模式示意图[20]

Wilcox 等[23]采用了澳大利亚联邦科学与工业研究组织（Commonwealth Scientific and Industrial Research Organization，CSIRO）研发的海洋动力模型和海洋生态模型，利用海滩清洁和渔业数据，模拟了澳大利亚东北部塑料垃圾随海流扩散的影响范围。同时，以搁浅数据验证了预测结果，表明塑料垃圾传播范围覆盖了濒危海龟活动区域，对海龟种群的栖息繁殖造成不利影响。

Isobe 等[24]利用实地调查和数值颗粒追踪模型研究了日本濑户内海微塑料和中塑料碎片的数量和粒径分布。该模型可用于解释塑料碎片的分布及其在沿海水域可能的运输过程。Isobe 发现沿岸水域的迁移过程有利于介塑料的降解，实地考察与数值模型相结合，证明了斯托克斯漂移和取决于颗粒大小的末端速度对近岸中塑料的捕集作用。漂移到海岸附近的中塑料很可能被冲到海滩上，并很容易在潮汐和海浪的作用下返回海洋。中塑料（粒径＞5mm）在沿岸迁移过程中逐渐降解为微塑料，后者可脱离近岸捕集向近海扩散（图 6-6）。研究表明，无论有无河口（被认为是人为海洋垃圾的主要来源），靠近海岸的中塑料（粒径＞5mm）的粒径和数量逐渐增加，随着向外延伸，微塑料逐渐占据主导地位。但是，Isobe 等的模型在揭示小塑料碎片在海洋中的归趋方面仍显粗略，其关键限制在于假定模型区域内小型塑料碎片总量恒定。然而现实环境中，陆地源持续输入新的塑料废弃物，同时海洋塑料碎片也在不断降解消失，导致海洋中漂浮的小型降解塑料碎片数量持续动态变化。要真正量化塑料碎片输运，即海洋中的负载率、降解成微塑料的比率及不断增加的小型塑料碎片，是一项艰巨的任务。此外，在海洋最表层漂移的浮力塑料碎片使问题变得非常复杂。除了斯托克斯漂移外，现实世界中的小塑料碎片还受到朗缪尔环流、埃克曼流、与破浪有关的质量迁移及潮汐流等环境洋流的携带。因此，除非开展更多研究，揭示浑浊表层"表皮"层内的海洋路径，否则塑料碎片的归趋仍将是模糊不清的。

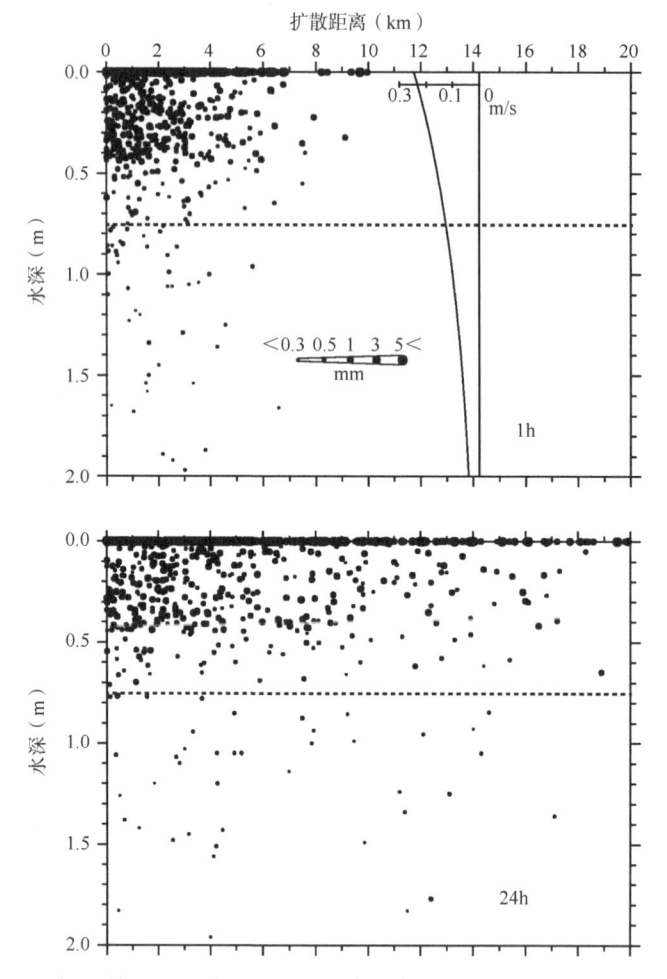

图 6-6　1h（上图）和 24h（下图）后，模型域上部 2m 水层中的建模粒子位置

虚线表示 0.75m 的深度，颗粒的直径表示建模尺寸

　　Critchell 和 Lambrechts[25]采用对流扩散模型研究了大堡礁海域不同岸线环境（岬角、岛屿、岩石海岸和海滩）、风向和风拖曳系数对河口与航运碎屑污染物的影响及沿海主要的汇集区域。模拟结果显示，在同样的海洋动力环境和复杂地形环境下，塑料释放地点对塑料输运影响最大，其次是湍流扩散效应和背风区影响下的海滩塑料碎屑再悬浮/漂浮过程，再次是塑料碎屑的降解作用，沉降速率和风拖曳系数对塑料碎屑分布的影响最小。

　　结合拉格朗日表层溢油模型和亚得里亚海预报系统（Adriatic Forecasting System，AFS）海洋动力模型及 ECMWF 风场再分析资料所构建的流场与风场驱动场，Liubartseva 等[26]在确定地中海海域塑料排放源（包括城市、河口和航道）的情况下，模拟了表层塑料碎屑的分布特征和主要汇聚区，模拟结果表明，意大利沿岸海域是塑料碎屑汇集最严重的区域，且塑料浓度有明显的季节性变化。

　　2019 年，Zhang 等[27]通过拉格朗日粒子追踪模块的耦合数值模型研究了悬浮和漂浮的微塑料颗粒在我国东海和邻近海域中的分布。潮汐是东海及邻近海域微塑料输运的重要动力，台湾海峡、吐噶喇海峡和对马海峡为主要输运通道。

结合实验室测定的微塑料特征（密度、沉降速率和再悬浮参数）和 MOHID 水动力模型，2019 年，Ding 等[28]结合晶格玻尔兹曼框架与拉格朗日粒子追踪法，模拟了我国莱州湾微塑料粒子的运动轨迹。除了海流外，还涉及粒子间碰撞。释放后，粒子随着不断变化的潮汐来回移动。结果表明，在 9h 时释放的粒子的移动范围最大，不利于微塑料的回收过程。模拟结果显示，这些粒子通常在释放点附近的 4593m×8242m 范围内漂移。碰撞发生在 24h 内，这对改变粒子轨迹影响不大。即使在 30 天内，这些粒子的运输仍然靠近海岸，其移动范围扩大到 6393m×3105m。

利用耦合的水动力粒子追踪模型，Politikos 等[29]模拟了 2011~2014 年来自伊奥尼亚海东部的漂浮垃圾的漂移。模型分析得出，大部分垃圾将在离岸后，在伊奥尼亚海东部沿海地区停留 1~3 个月。平均有 26%的垃圾被保留在东伊奥尼亚海的沿海水域中，而 58%的垃圾被冲入近海水域，没有形成永久性的积聚区，因为整个伊奥尼亚海盆的地表环流特征是每年变化两次。根据模型预测，东伊奥尼亚海的漂浮物呈现"自我清洁"的特征，并具有多种模式，同时构成了伊奥尼亚海中部和地中海中部重要的垃圾来源。

6.5 大洋微塑料的输运

微塑料因密度低于海水而漂浮或悬浮于水体中，可在波浪、洋流等表层动力作用下进行长距离水平迁移。由于全球海洋面积广阔，全面的微塑料实地调查是十分困难且不切实际的。因此，基于海洋动力学的模型有助于了解和预测微塑料的分布、迁移路径及聚集区域。例如，2012 年，Lebreton 等[30]通过全球海洋环流模型 HYCOM 与拉格朗日粒子追踪模型 Pol3DD 的耦合，模拟全球海洋中 30 年时间尺度下的漂浮物输入、输运和集聚过程。结果表明，在主要海盆的亚热带纬度上形成了 5 个积聚区，包括北大西洋、南大西洋、北太平洋、南太平洋和印度洋亚热带环流区。

同年，使用全球浮标数据和粒子追踪模型，van Sebille 等[31]发现了 6 个主要的垃圾斑块，在 5 个亚热带盆地中每个都出现了一个垃圾斑块，而在巴伦支海则有一个以前未见报道的斑块。6 个斑块中每个斑块的演变都明显不同，其中北太平洋为全球海洋碎片的主要聚集地。除了北太平洋以外，所有斑块的分散程度都比线性海洋环流理论预期的要分散得多，这表明在百年时间尺度上，不同盆地之间的联系比以前认为的要好得多，而且海洋间的交流在传播中起着很大的作用。海洋盆地之间的水运动是力的复杂相互作用的产物，其相互作用的主要驱动力是水的温度和盐度（称为热盐环流）、气流的摩擦作用和科氏力。这项研究表明，在几千年的时间尺度上，北大西洋以外释放的大量碎片最终将到达北太平洋斑块，而北太平洋斑块是全球海洋碎片的主要聚集地。

2014 年，Froyland 等[32]使用来自全球海洋模型的数据，创建了地表海洋动力学的马尔可夫链模型（Markov chain model），计算净表面上升和下降的深度，并验证其是否与实际海洋中观测到的上升和下降的模式相匹配。使用特征向量法，识别出 5 个主要的海洋垃圾斑块，并确定其主要吸引区域。

在后续的实地调查研究中，模拟结果得到证实。2018 年，Lebreton 等[33]通过实地调查和模拟结果发现，大太平洋垃圾带内的海洋塑料污染呈指数式增长，并且比周围水域以更快的速度增长，表明海洋表层微塑料不断向大洋环流区集聚（图 6-7）。在大尺度上，模型结果能够较好地反映出微塑料输运和集聚过程的整体趋势，但在微塑料的丰度估算上实地调查和模型结果存在一定的偏差。2019 年，Isobe 等[34]的研究结果也表明，在 3 年时间尺度上考虑去除过程，到 2030 年（2060 年），亚热带收敛区周围的中上层微塑料质量将增加约 2 倍（4 倍）。

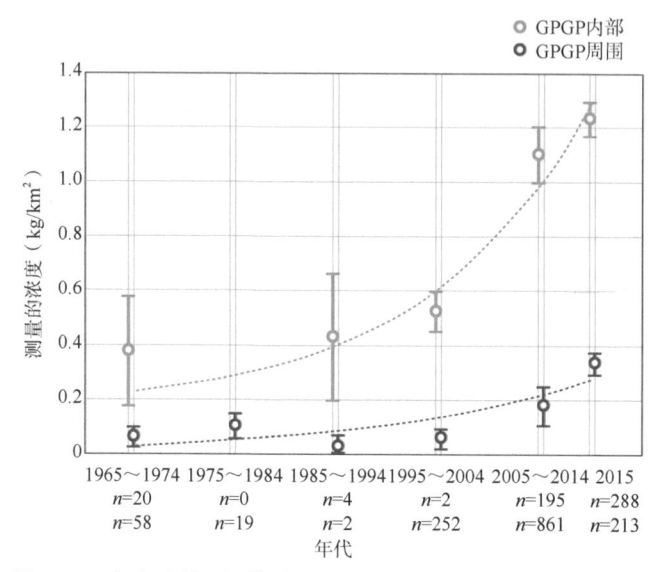

图 6-7 大太平洋垃圾带（GPGP）中微塑料浓度的年代际演变
上下两个 n 值分别为 GPGP 内部和 GPGP 周围测得到的微塑料数量

van der Mheen 等[35]对亚热带南印度洋微塑料积累区动力学的运输机制进行了研究，结果表明，漂浮性碎片在印度洋南部（SIO）亚热带的堆积对不同的运输机制非常敏感。独特的海洋和大气动力学对这种敏感性具有重要意义。15m 深的海洋表面流运输的浮力碎片高浓度地积聚，该区域环绕澳大利亚南部海岸线。这很可能是由于南印度洋逆流通过亚热带回旋流向东移动。相比之下，由表面动力学（0～1m 深度的洋流、斯托克斯漂移、风向）传输的浮力碎片集中在一个高度分散的区域，向亚热带 SIO 以西移动。这很可能是由于 SIO 的强东风，以及所处 SIO 气旋西部边界的独特地理，提供了 SIO 和南大西洋之间的连接。

Wichmann 等[36]结合熵值法和马尔可夫链方法的模拟结果表明，无论初始位置如何，大部分塑料粒子在 10～15 年内会聚集至全球亚热带盆地，如北太平洋东西部来源的粒子最终混合于西北太平洋亚热带环流区。

6.6 问题与展望

微塑料输运是指微塑料由排放源到汇集区的整个变化过程，涉及微塑料源的释放量、传输路径、输运速度、降解量、其他影响因素等一系列问题。海洋中微塑料的输运方式可分为水平和垂向输运。微塑料的水平输运可以将微塑料带离近岸环境，向开阔的大洋区域移动，这与潮汐、洋流等海洋动力过程息息相关。微塑料的垂直沉降可使其摆脱海洋表层，下沉到下层或海底沉积物中，这除了与微塑料颗粒自身密度、粒径等物理性质有关外，还受海洋动力过程、海洋生物作用及海洋雪聚集等因素的影响。

微塑料的输运过程难以直接观测，其在区域或全球尺度上的迁移主要依赖数值模拟进行探究，而现有的微塑料输运模型大多是基于现场调查数据构建的预测工具，与释放源、环境因素有较大的关系。首先，微塑料的调查数据在空间和时间上缺乏一定的连续性，这在一定程度上会影响数值模拟结果的可靠性。未来应当增加不同环境和不同区域的微塑料野外实地调查，获取连续的基线数据，为数值模拟提供可靠的数据支持和验证。其次，数值模拟的参数设置对模型的计算结果至关重要，环境因素和微塑料性质对微塑料的输运过程具有重要影响，未来研究应当着重研究这些因素对微塑料输运的影响程度和方式，增加相应的实验室和现场数据验证，以为数值模拟赋予更为全面的影响因子和科学的模拟参数，制定合理的和更切实际的方案，不断验证改进模拟参数和方案并引入微塑料输运模型中，为模拟研究的后续开展和结果评估提供科学保障。最后，应当逐渐完善数值模拟的影响因素，如纳入大气输入、海冰释放及全球变暖对海洋动力学的影响。

关于微塑料的近海表层输运研究，目前大多集中于使用模型进行模拟，然而这些研究往往忽略了大洋深层和底层的塑料输运和分布。据估计，海洋表层的塑料仅占所有海洋塑料的不到 5%，绝大部分塑料实际赋存于深层和底层水体及沉积物中，然而针对这些关键区域的研究仍处于初步阶段，相关数据和模型极为匮乏。日本的一些研究在推动全球表面塑料分布模型的构建，但仅关注表面的研究数据远远不够。因此，对于这些模型，我们需要深入分析其缺陷与局限性，讨论其可应用的范围和解决问题的能力，并在研究中指出其不足之处。

此外，大气与海洋间的微塑料交换过程（如陆源大气输送、海气交换）也值得关注，如中国冬季季风可能向海洋输入大量微塑料，而大风条件下海洋微塑料可向大气传输，这些机制需系统性研究以完善海洋微塑料输运理论。

参 考 文 献

[1] Moore C J, Moore S L, Leecaster M K, et al. A comparison of plastic and plankton in the North Pacific central gyre [J]. Marine Pollution Bulletin, 2001, 42(12): 1297-1300.

[2] Thompson R C, Olsen Y, Mitchell R P, et al. Lost at sea: where is all the plastic? [J]. Science, 2004, 304(5672): 838.

[3] Pan Z, Liu Q, Sun X, et al. Widespread occurrence of microplastic pollution in open sea surface waters: evidence from the mid-North Pacific Ocean [J]. Gondwana Research, 2022, 108: 31-40.

[4] Obbard R W, Sadri S, Wong Y Q, et al. Global warming releases microplastic legacy frozen in Arctic Sea ice [J]. Earth's Future, 2014, 2(6): 315-320.

[5] Nash R, Joyce H, Pagter E, et al. Deep sea microplastic pollution extends out to sediments in the

Northeast Atlantic Ocean margins [J]. Environmental Science & Technology, 2022, 57(1): 201-213.

[6] Yang S, Zhou M, Chen X, et al. A comparative review of microplastics in lake systems from different countries and regions [J]. Chemosphere, 2022, 286: 131806.

[7] Wang T, Zhao S, Zhu L, et al. Accumulation, transformation and transport of microplastics in estuarine fronts [J]. Nature Reviews Earth & Environment, 2022, 3(11): 795-805.

[8] Saliu F, Lasagni M, Andò S, et al. A baseline assessment of the relationship between microplastics and plasticizers in sediment samples collected from the Barcelona continental shelf [J]. Environmental Science and Pollution Research, 2023, 30(13): 36311-36324.

[9] Crichton E M, Noël M, Gies E A, et al. A novel, density-independent and FTIR-compatible approach for the rapid extraction of microplastics from aquatic sediments [J]. Analytical Methods, 2017, 9(9): 1419-1428.

[10] Ahmed R, Hamid A K, Krebsbach S A, et al. Critical review of microplastics removal from the environment [J]. Chemosphere, 2022, 293: 133557.

[11] Turner A, Ostle C, Wootton M. Occurrence and chemical characteristics of microplastic paint flakes in the North Atlantic Ocean [J]. Science of the Total Environment, 2022, 806: 150375.

[12] Lebreton L C-M, Borrero J C. Modeling the transport and accumulation floating debris generated by the 11 March 2011 Tohoku tsunami [J]. Marine Pollution Bulletin, 2013, 66(1-2): 53-58.

[13] Eriksen M, Lebreton L C, Carson H S, et al. Plastic pollution in the world's oceans: more than 5 trillion plastic pieces weighing over 250,000 tons afloat at sea [J]. PLoS One, 2014, 9(12): e111913.

[14] Li C, Wang X, Liu K, et al. Pelagic microplastics in surface water of the Eastern Indian Ocean during monsoon transition period: abundance, distribution, and characteristics [J]. Science of the Total Environment, 2021, 755: 142629.

[15] Chubarenko I, Bagaev A, Zobkov M, et al. On some physical and dynamical properties of microplastic particles in marine environment [J]. Marine Pollution Bulletin, 2016, 108(1-2): 105-112.

[16] Ryan P G. Does size and buoyancy affect the long-distance transport of floating debris? [J]. Environmental Research Letters, 2015, 10(8): 084019.

[17] Fazey F M, Ryan P G. Biofouling on buoyant marine plastics: an experimental study into the effect of size on surface longevity [J]. Environmental Pollution, 2016, 210: 354-360.

[18] Iwasaki S, Isobe A, Kako S, et al. Fate of microplastics and mesoplastics carried by surface currents and wind waves: a numerical model approach in the Sea of Japan [J]. Marine Pollution Bulletin, 2017, 121(1-2): 85-96.

[19] 张晨, 王清, 赵建民. 海洋微塑料输运的数值模拟研究进展[J]. 地球科学进展, 2019, 34(01): 72-83.

[20] Zhang H. Transport of microplastics in coastal seas [J]. Estuarine, Coastal and Shelf Science, 2017, 199: 74-86.

[21] Neumann D, Callies U, Matthies M. Marine litter ensemble transport simulations in the southern North Sea [J]. Marine Pollution Bulletin, 2014, 86(1-2): 219-228.

[22] Hardesty B D, Harari J, Isobe A, et al. Using numerical model simulations to improve the understanding of micro-plastic distribution and pathways in the marine environment [J]. Frontiers in Marine Science, 2017, 4: 30.

[23] Wilcox C, Hardesty B, Sharples R, et al. GhostNet impacts on globally threatened turtles, a spatial risk analysis for northern Australia [J]. Conservation Letters, 2013, 6(4): 247-254.

[24] Isobe A, Kubo K, Tamura Y, et al. Selective transport of microplastics and mesoplastics by drifting in coastal waters [J]. Marine Pollution Bulletin, 2014, 89(1-2): 324-330.

[25] Critchell K, Lambrechts J. Modelling accumulation of marine plastics in the coastal zone; what are the dominant physical processes? [J]. Estuarine, Coastal and Shelf Science, 2016, 171: 111-122.

[26] Liubartseva S, Coppini G, Lecci R, et al. Regional approach to modeling the transport of floating plastic debris in the Adriatic Sea [J]. Marine Pollution Bulletin, 2016, 103(1-2): 115-127.

[27] Zhang Z, Wu H, Peng G, et al. Coastal ocean dynamics reduce the export of microplastics to the open ocean [J]. Science of the Total Environment, 2020, 713: 136634.

[28] Ding Y, Liu H, Yang W. Numerical prediction of the short-term trajectory of microplastic particles in Laizhou Bay [J]. Water, 2019, 11(11): 2251.

[29] Politikos D, Tsiaras K, Papatheodorou G, et al. Modeling of floating marine litter originated from the Eastern Ionian Sea: Transport, residence time and connectivity [J]. Marine Pollution Bulletin, 2020, 150: 110727.

[30] Lebreton L-M, Greer S, Borrero J C. Numerical modelling of floating debris in the world's oceans [J]. Marine Pollution Bulletin, 2012, 64(3): 653-661.

[31] van Sebille E, England M H, Froyland G. Origin, dynamics and evolution of ocean garbage patches from observed surface drifters [J]. Environmental Research Letters, 2012, 7(4): 044040.

[32] Froyland G, Stuart R M, van Sebille E. How well-connected is the surface of the global ocean? [J]. Chaos: An Interdisciplinary Journal of Nonlinear Science, 2014, 24(3): 033126.

[33] Lebreton L, Slat B, Ferrari F, et al. Evidence that the Great Pacific Garbage Patch is rapidly accumulating plastic [J]. Scientific Reports, 2018, 8(1): 1-15.

[34] Isobe A, Iwasaki S, Uchida K, et al. Abundance of non-conservative microplastics in the upper ocean from 1957 to 2066 [J]. Nature Communications, 2019, 10(1): 417.

[35] van der Mheen M, Pattiaratchi C, van Sebille E. Role of Indian Ocean dynamics on accumulation of buoyant debris [J]. Journal of Geophysical Research: Oceans, 2019, 124(4): 2571-2590.

[36] Wichmann D, Delandmeter P, Dijkstra H A, et al. Mixing of passive tracers at the ocean surface and its implications for plastic transport modelling [J]. Environmental Research Communications, 2019, 1(11): 115001.

第 7 章

输运到极地区域的海洋微塑料

微塑料已遍布全球海洋的各个层次，甚至已达地球最深处，但与海岸带、近海、大洋等海域的微塑料研究相比，极地由于远离人类聚集区，微塑料污染在两极地区的采样、调查难度较大，目前人们对极地区域微塑料污染状况的了解同全球其他生境相比要少很多。近年来相关研究才有逐渐增多的趋势，但方法的标准性和汇报数据的准确性在各研究中不尽相同。本章通过探讨极地区域微塑料研究文章和报告中的有关研究，以期增进对极地区域微塑料污染现状的了解。

7.1 极地环境

北极地区是全球变化最为敏感和活跃的场所之一。工业革命以来，北极地区对全球气候变暖、海冰消融、海洋酸化和陆源扰动等产生了强烈响应，整个北极生态系统不断受到人为活动和气候变化带来的多重压力和影响。北极地区可被定义为北极圈内的区域，也可根据 10℃等温线或植被线进行定义。我国在北极斯匹次卑尔根岛的新奥勒松建立了黄河站，并于 2018 年在冰岛建立了中-冰北极科学考察站。

2018 年 1 月发布的《中国的北极政策》白皮书中指出，中国是陆上最接近北极圈的国家之一，北极在全球变化中的放大效应对中国的气候系统、农业、林业、渔业和海洋等生态环境有着直接的影响。挪威拥有比其他任何国家更高比例的人口居住在北极圈内，北极海洋生态系统功能的退化和丧失深刻影响着挪威的国家利益。挪威政府 2018 年投入 2.8 亿挪威克朗用于海洋垃圾消除发展计划，该计划是挪威政府海洋政策的重要组成部分，也是对实现清洁健康海洋的全球努力的重要贡献，致力于实现联合国 2030 年可持续发展目标。2019 年挪威政府和国际海事组织（International Maritime Organization，IMO）合作，提供 4000 万挪威克朗，致力于消减因船舶和渔业导致的海洋垃圾。因而，在全球变化的背景下，强化极地区域的国际科技合作，对人类活动密集的海岸带及生态系统脆弱的极地海域进行海洋微塑料的研究，有效管理和保护海洋生态系统，是未来国际海洋科学工作者的共同目标。

南极洲是目前全球除科学考察站外唯一没有人类定居点的大陆，远离其他大陆和各种人类活动。南极洲离最近的大陆南美洲仍有 970km，通过德雷克海峡连接南美洲最南端和南极洲南设得兰群岛。南极地区一般指南纬 66.5°～90°内的区域。南极大陆全境为冰原覆盖，淡水含量占两极淡水总量的 90%，占全球淡水总量的 72%。南极不属于任何一个国家，1959 年的《南极条约》规定南极仅用于和平目的，可进行科学考察，不可主张领土权，之后又形成南极条约体系。我国在南极洲建有长城站、中山站、昆仑站和泰山站。

7.2 极地微塑料采样分析方法

极地的恶劣环境使得在极地环境中开展采样工作与其他研究区域相比挑战较大。因此，极地破冰船、科考船、极地科考站等大型综合科研设施是必不可少的研究基础。此外，直升机、皮划艇等采样交通工具也经常出现在极地考察中。由于处在严寒的环境，作业人员在低温条件下的保暖、安全和其他生存所需的技能也需要在出发前培训。在北极的考察站由于有北极熊的出没，还应注意枪支的使用；在南极的苔原应注意减少破坏，保护南极的脆弱生态环境。

北冰洋四周为广泛的大陆架所环绕，洋盆被罗蒙诺索夫海岭一分为二，即加拿大海盆和欧亚海盆。由于常年的海冰覆盖阻隔了水热交换和表层海水混合，北极海水存在明显的垂直分层结构：①极地表层水，包括极地混合层和盐跃层；②北大西洋水团形成的北极中层水；③北极深层水。

进入北极的海流主要有三个来源[1]：一是西斯匹次卑尔根海流，起源于北大西洋，经弗拉姆海峡进入北极；二是从斯瓦尔巴群岛东部，通过巴伦支海进入北极。二者进入北极后形成北冰洋边界流（Arctic Ocean Boundary Current，AOBC）。三是源自北太平洋，经过白令海峡输入北极。因此，对于这三个海流的追踪有助于理解微塑料在北极地区的迁移情况[2]。

受强烈西风带的影响，环绕南极的海流为南极绕极流，也称西风漂流，位于南纬35°~65°，是一条自西向东的地转流，也是唯一和印度洋、大西洋、太平洋都存在水体交换的重要洋流，改变全球的热量传输和水汽交换。南极绕极流将温暖的水域和南极洲隔离开，使得南极能够留存巨大的冰原。

极地区域不同于全球其他海域的重要特征是具有大面积漂浮的冰，根据来源不同分为海冰（sea ice）和冰川冰（glacier ice）。海冰是由海水冻结形成的咸水海冰；冰川流冰是由积雪凝固后从冰川上崩塌形成的淡水冰川流冰，厚度可达几十米。海冰的厚度只有几米，却占据了海洋中7%的海表面积及66%的永久浮冰覆盖面积，但体积仅占0.1%。这是由于海冰在海面形成后，由于盐度较大，凝固时的冰点为−1.8℃，冰下的水无法继续与上层空气进行热量交换，因此厚度只能达到几米，无法继续增长。

南极的海冰大多数为一年生海冰，由于南极大陆周围被广阔的水体包围，当年形成的海冰进入较温暖的海水后会很快融化，因此南极海冰厚度多为1~2m。南极冬天的海冰面积为2100万km²，而夏天仅为130万km²。北极海冰一半以上为多年生海冰。由于北极四周被陆地环绕，北极海冰只能从格陵兰岛和斯匹次卑尔根岛之间的弗拉姆海峡流入大西洋。因此，北极海冰为多层海冰或多年生海冰，平均年龄为7年，厚度多为3~5m。北极冬天海冰面积为1400万km²，而夏天海冰面积为650万km²，季节变化不如南极剧烈。近年来，由于气候变暖加剧，北极夏季海冰的面积逐年减少，近年来每年都会达历史新低。

海冰的发育需要经历4个阶段：第一个阶段开始于海水表面小冰晶的形成，使得水面形成融雪状，被称为油脂状冰（grease ice）；在平静水域，可形成厚达10cm的冰壳（nilas），此为第二阶段；在第三阶段，波浪的作用使冰壳破碎并互相碰撞，形成1～2m宽的周围凸起的莲叶冰（pancake ice）；第四阶段莲叶冰凝固在一起，可变成大浮冰（ice floe）。大浮冰可最终发育为直径大于8km的冰原（ice field）。由于极地的降水较少，海冰虽会不断增长，但其厚度远不能和冰川流冰相比。海冰形成时，冰晶之间空隙中的水分会保留20%的盐，由于盐分的存在，这部分水分即使低于冰点也不会结冰，随着冰不断增长，盐分会不断在这些水分中积累，形成温度极低的高盐卤水，一旦流入下层海水中，流经之处海水会快速结冰，威胁底栖动物的生存。

冰原形成后，其存在形式有两种：一种是与陆地相连的固定冰（fast ice/land-fast ice）；另一种是浮冰群（pack ice）。采集冰芯样品时，应注意提供冰芯样品的种类、来源和特征的分析，以及周围环境特征的描述。在现阶段的研究中，一些冰芯样品未注明是固定冰或是浮冰群[3]。

在极地常见的调查微塑料的方法：一是利用Manta拖网、水泵或CTD采集水样；二是利用打钻的方法钻取冰芯样品；三是利用箱式采泥器或潜水员下潜采集沉积物样品。极地的采样区域、采样方法及样品类型在本章综述的文献中所占比例见图7-1。对于极地区域经常被采集的海冰样品，在采样时，新生成的海冰由于水分的存在，与同样厚度的淡水结冰相比，冰面更软，因此普通淡水结冰的冰面7～8cm可支撑一个成年人的体重，但海冰则需要至少15cm厚才能支撑一个成年人行走。在采集海冰样品，特别是新生成的较薄的海冰样品时，应注意采样时的人身安全。

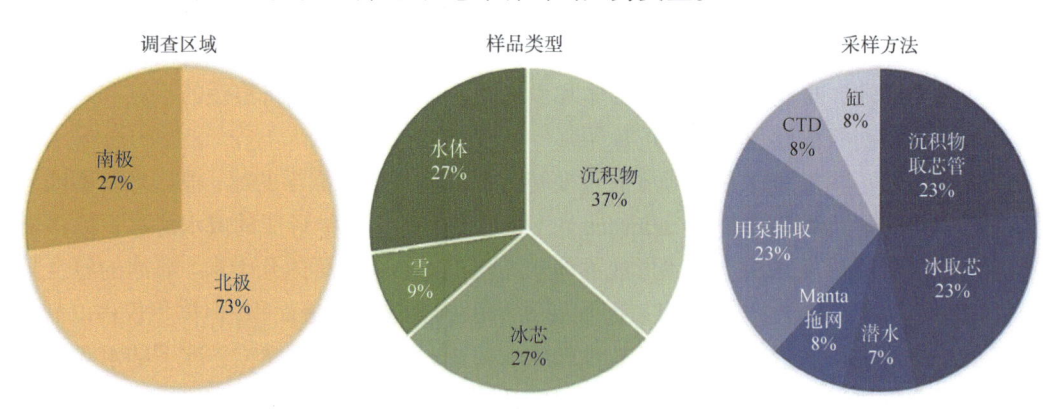

图7-1　文献中极地区域微塑料的各类调查区域、样品类型和采样方法占比

科考站是各国科研人员在极地进行采样和实验工作的大本营。研究人员在距离澳大利亚位于南极东部的凯西站（Casey Station）12km处，采集了固定冰的冰芯，开展了冰芯样品中的微塑料研究[4]。英国在南极半岛西部的阿德莱德岛罗瑟拉科考站是英国在南极的永久极地考察站。沉积物样品通过潜水员及抓斗采样采集于该考察站附近的近海海底。

极地科考船是极地水域采样不可或缺的条件，以及进行拖网、水泵或CTD等采样方法所依托的移动实验室。首篇极地水域微塑料的报道中，极地考察进行了Manta拖网和次表层水的水泵抽取[5]。其所依托的 G.O. Sars 号海洋科考船由挪威海洋研究所和挪威卑尔根大学共同持有。G.O. Sars 号长 77.50m，宽 16.4m，吃水深度 6.2m，是世界上同类型中最先进的科考船。德国的破冰船 Polarstern 也承担了微塑料采样的研究[6]。Polarstern 是世界上最先进的极地破冰船之一，是极地研究的标志，一年航行 317 天，承担全球最大的极地科考航次，隶属德国阿尔弗雷德韦格纳研究所（Alfred Wegener Institute，AWI），长 118m，宽 25m，排水量 17 277t。James Clark Ross 是英国南极调查局（British Antarctic Survey）的冰上增强科考船，长 99m，宽 18.85m，排水量 5730t[7]。瑞典的破冰船 Oden 号是世界上最强力的破冰船之一，自 1991 年到达北极开始执行极地科考任务，长度为 108m，宽度 31m[8]。中国的极地破冰船雪龙号在第九次北极考察中采集了楚科奇海、白令海和白令海峡的表层水和底层沉积物样品用于微塑料分析。雪龙号是中国最大的极地考察船，长 167m，宽 22.6m，排水量 21 025t，可载 130 人。

大型生物样品一般是通过对消化道进行解剖，来分析胃含物，如鸟类[9]。小型浮游生物可通过网径 300μm 的浮游生物网拖网采集[7]。通过网底管收集到浮游生物样品，先对浮游生物进行镜检，分类到属，然后对含有微塑料的个体用 20% KOH 进行消解，消解完全后过滤到 200μm 筛绢上，并用红外光谱仪进行微塑料的鉴定。

7.3　北极海域各环境介质中微塑料的分布特征

来自英国、挪威、德国、日本等国的科学家已对南北极海冰、水体、海底的塑料垃圾和微塑料进行常年系统观测，积累了大量数据[3]。海洋塑料垃圾和微塑料能够漂浮在海面，随着全球的温盐环流进行全球迁移，而极地地区作为表层海流下降的区域，在极地生物等因素的作用下，微塑料更易沉降到海洋底层，结束其生命周期的循环，使得极地地区成为微塑料的汇[10]。

挪威水环境研究所的研究人员在挪威斯瓦尔巴群岛南部表层水域发现微塑料组成中 95% 为纤维状微塑料[5]，Manta 拖网中微塑料的丰度为 0~1.31 个/m^3，平均丰度为 0.34 个/m^3±0.31 个/m^3；水泵水样中微塑料丰度为 0~11.5 个/m^3，平均丰度为 2.68 个/m^3±2.95 个/m^3。聚合物种类为 PET（15%）、PA（15%）、PE（5%）、PAN（10%）和 PVC（5%）。其可能的来源包括随海流进行的长距离运输，或挪威沿岸当地污染源的排放。北极中央盆地海域 8~4369m 次表层水的微塑料含量由大体积采水和 CTD 采水进行表征[8]，次表层大体积采水的微塑料含量为 0.7 个/m^3，微塑料以纤维状的聚酯纤维为主，北极海域的垂直分层中，次表层的极地混合层和极地深层水微塑料含量高于次深层的大西洋水体和盐跃层，即呈现表层含量最高，盐跃层最低，随深层水向下含量逐渐增加的趋势，说明极地的微塑料存在从表层向下输运到深层水的机制。

极地海冰在形成过程中会将水中颗粒物包裹进海冰中，微塑料同样有可能因此聚集在海冰中，直到冰川融化后重新进入海洋。而面对气候变化造成的冰川融化，Obbard 等[3]发现北极海冰冰芯的微塑料丰度为 38~234 个/m^3，即北极海冰中的微塑料含量甚至比污染程度较高的表层水域高出几个数量级，证明海冰可以作为微塑料的汇。鉴定出的聚合物中,人造纤维占54%、聚酯纤维占21%、尼龙占16%、聚丙烯占3%。在环北极地区采集的固定冰和浮冰群的9个冰芯样品,经显微红外面扫成像法鉴定,在弗拉姆海峡浮冰群样品中发现了高达 1.2×10^7 个/m³ 的微塑料丰度[8]。此研究证实了海冰可以在极地环境中携带微塑料进行迁移,并且随着人类对北极的开发活动,导致海冰的周期性变化改变相应地区的微塑料赋存特征。值得注意的是,该研究由于使用了面扫法,鉴定出的微塑料丰度虽高,但90%的微塑料颗粒小于25μm,在和其他相关研究的微塑料含量进行比较时,应综合考虑鉴定方法、颗粒尺寸、微塑料形状及聚合物种类的影响。

在北极及近北极的白令海和楚科奇海北纬 61.6°~75.9° 采集的海底表层沉积物中微塑料丰度达到 68.78 个/kg,微塑料以纤维状为主,聚丙烯(51%)、聚酯纤维(35.2%)和人造丝(13.3%)为主要聚合物类型[11]。在北极弗拉姆海峡的 Hausgarten 观测站水深 2340~5570m 处采集到的海底沉积物中,微塑料含量存在全球记录中的最高值 42~6595 个/kg,聚乙烯(38%)、聚酰胺(22%)和聚丙烯(16%)为主要聚合物种类。该研究由于使用显微红外的面扫法,鉴定出的微塑料颗粒80%以上小于25μm,在对比全球分布结果时应特别注意方法的使用。另一项在北极中央盆地 855~4353m 表层沉积物的研究发现,其中的微塑料由于并未检测小于100μm的部分,且仅仅采集了11个站位,每站位约10g的沉积物样品,在少量样品中发现了7个站位中含有微塑料[12],包括聚酯纤维(3个)、聚苯乙烯(1个)、亚克力(1个)、聚酰胺(1个)、聚丙烯(1个)和聚氯乙烯(1个)。

7.4 南极海域各环境介质中微塑料的赋存特征

南极海洋生物资源养护委员会(Commission for the Conservation of Antarctic Marine Living Resources, CCAMLR)自20世纪80年代以来持续进行被冲刷到海滩上的海洋垃圾及渔业相关的海洋垃圾的监测项目,对海洋哺乳动物和海鸟栖息地、海鸟摄食塑料垃圾及海洋哺乳动物被渔具和塑料垃圾缠绕的情况进行监测,已有30余年的海滩垃圾监测活动。2001年对南极各海滩垃圾的监测发现,塑料包装材料占据74%,渔业材料(包括塑料材质)占13%,其次是木头(6%)、玻璃(3%)和金属(3%)。因此,南极海滩被冲刷上岸的主要垃圾的类别为塑料包装和渔具。2020年,CCAMLR又根据30年(1989~2019年)来对海洋垃圾的监测数据对南极斯科特岛北部海域三个监测海滩的海洋垃圾数据进行了更新[13],共收集到 10 112 件海洋垃圾,塑料垃圾在数量上和重量上分别占据了海洋垃圾的97.5%及89%,与20年前相比有较大增长,但塑料一直是南极海滩海洋垃圾中占比最高的类别。1996年以来共收集到101kg海洋垃圾,塑料被冲上海滩的累积速率为100个/(km·月),平均每件重量为0.01kg。监测结果显示每年塑料垃圾总量有增加的趋势,但每件垃圾的重量有下降的趋势,表明南极塑料垃圾有增量化、小型化趋势,更为全面的南极海洋塑料调查,结合物理海洋数值模型,能够帮助我们更好地理解南极海域塑料及微塑料污染的变化趋势。

在南极地区同样可见微塑料污染的报道,但研究的发表数量少于北极。Isobe 等[14]利用南大洋实地采样得到的微塑料的丰度，结合风速、浪高等数据，运用数值模型模拟得出南大洋表层水体微塑料分布的结果为 10 000 个/km²。南极东部的固定冰冰芯样品中，微塑料丰度为 20.38 个/L，主要聚合物种类为 PE（34%）、PP（15%）和 PA（14%）[4]。南极海域表层水体微塑料分布的首篇报道的研究地点位于罗斯海[15]，该研究通过水泵采集大体积水，所得微塑料的平均丰度为 0.17 个/m³±0.34 个/m³，碎片状微塑料为主要类型（79%），聚合物类型主要为聚乙烯和聚丙烯，占据总数的 57%。英国研究人员从阿德莱德岛罗瑟拉科考站采集的近海 7km 范围内的海底沉积物中[16]，微塑料的含量平均为 0.17 个/m³，其中含量最高的站位为靠近生活污水排放点处，微塑料的种类组成和衣物洗涤的组成类似，大部分为人造丝（42%）。

7.5　海洋微塑料在极地生物体内的富集、迁移和转化

研究人员在许多极地生物体内发现了大量微塑料的存在。据报道，北极至少有 7 个物种体内存在海洋垃圾[9]。海鸟极易受到塑料垃圾的危害，也因此成为塑料垃圾监测当中的指示种，如暴风鹱。来自北海的 1295 只暴风鹱中，在 95%个体的肠道中都发现了塑料和微塑料颗粒。吞食大量塑料的海洋生物可能会由饥饿导致个体死亡，甚至影响种群特征[17]。Trevail 等[9]研究发现在北极斯瓦尔巴群岛的暴风鹱体内塑料含量达到 15.3 个/只，可能是由于海流的影响携带海洋塑料进入极地。Amélineau 等[18]调查了 2005 年和 2014 年北极格陵兰岛东部的侏海雀体内微塑料含量，分别为 0.99 个/m³±0.62 个/m³ 和 2.38 个/m³±1.11 个/m³，二者的差异是由于 2005 年有大量海冰而 2014 年海冰大量融化，再次证明气候变化导致的海冰融化和极地区域的微塑料迁移、转化并进入极地食物链有重要关系。

研究人员在挪威沿海采集的 302 条鳕鱼中有 3%个体的胃含物存在微塑料[19]。白令海和楚科奇海的底栖生物体内，微塑料含量为 0.02~0.46 个/g（干重）（0.04~1.67 个/只），主要类型为纤维状微塑料（87%），海星是微塑料含量最高的物种，且在最北部的寒冷水域发现了底栖生物体内微塑料丰度最高，说明海冰及底层流对极地微塑料输运起重要作用[20]。在另一项类似的研究中，Fang 等[21]发现北极和近北极的底栖海葵体内微塑料含量和北极海冰面积呈正相关，说明海冰融化是极地微塑料变化的重要影响因素。

1976~1988 年南极海域的塑料垃圾监测结果表明，海鸟能够摄食塑料颗粒，并通过反刍喂食后代，造成幼鸟严重的肠道阻塞。塑料纤维还会被企鹅、海鸥等用于筑巢。海豹被塑料环和渔具缠绕脖颈的现象也有记录。2020 年，在南极乔治王岛一块聚苯乙烯泡沫板上发现的陆生昆虫弹尾虫 *Cryptopygus antarcticus* 体内含有小于 100μm 的聚苯乙烯颗粒，证实塑料垃圾被生物摄食后形成微塑料，并且在远离海洋的陆生环境中已进入极地的陆生食物链[22]。

研究人员对南极半岛斯科特岛和阿德莱德岛，以及近南极海域的 11 个站位进行浮游生物拖网调查，在表层海水中发现了含量较低的微塑料（0.013 个/m³±0.005 个/m³），

但浮游生物体内仍然观察到存在较高的微塑料遭遇率（observed encounter rate，OER），达到 0.8%。海水中微塑料中占比最多的聚合物种类为聚乙烯和聚丙烯，而浮游生物体内含量最多的是聚酯纤维（57%）[7]。

研究发现，通过室内投喂实验发现许多海洋生物都能够摄食微塑料，并可对生物体造成不同程度的危害，包括繁殖率下降、摄食率下降等[23]。南极磷虾是南极生态系统的关键种，主要以浮游植物为食，是南极生物量最大的种群，与浮游植物一同构成南极生态系统的基石，支撑了南大洋的众多次级消费者。通过摄食，南极磷虾可以将 31.5μm 的聚乙烯微塑料颗粒降解为 150～500nm 的纳米级微塑料颗粒[24]。

已有的研究表明，海洋生物不但能够直接摄食微塑料，而且可以通过捕食间接吞食微塑料。许多物种能够附着于海洋塑料表面，在海洋环境中传播，引起物种的重新分布，甚至导致物种入侵、生态系统稳态改变。海洋微塑料及其附着生物群落组成了与周围海水明显不同的"塑料圈"[25]，而且微塑料漂流不仅携带附着生物，还可能助长病原体的跨区域扩散与入侵。

7.6 极地微塑料的输运及其影响因素

海流能够携带微塑料在海洋表面进行长距离迁移并向下输运，但其在极地向下输运的机制目前仍未明确，Kanhai 等[8]观察到极地水层的表层和深层微塑料含量最高，其差异性分布因极地微塑料的来源不同仍不明确，微塑料的含量可能与不同地点海冰的周期性变化有关。Fang 等[21]发现北极地区的海冰变化和北极、近北极的白令海和楚科奇海底栖生物海葵体内的微塑料变化呈正相关，因此极地海冰的季节性变化可能对极地微塑料的输运和迁移存在重要影响，并进而影响极地食物链和食物网中各营养级生物对微塑料的摄食。Amélineau 等[18]发现极地海冰的大量融化将释放大量被困的微塑料碎片，能够影响极地鸟类海雀对于微塑料的摄食，使得海雀体内微塑料含量升高。

Mu 等[11]观察到近北极的深海沉积物中微塑料尺寸大小和深度有关，颗粒越小，越容易被海洋雪或其他生物碎屑携带并下沉到深层水域，并在海底累积。Fang 等[20]发现北极及近北极的底栖生物体内微塑料含量在北边最高，说明海冰及深层海流能够影响极地微塑料的分布。

极地河流的淡水输入也可以成为北极污染物的重要来源。例如，于俄罗斯境内汇入北极的鄂毕河及叶尼塞河贡献了北极地区 37%的淡水输入，也是北极持久性有机污染物（POP）的重要来源[2]。生活污水的排放是极地微塑料的来源，研究发现南极科考站排污点附近的站位微塑料污染程度最高[16]。

水团的温度和盐度也能够影响极地表层水中微塑料的含量，北极及近北极表层水中的微塑料含量和温度、盐度存在一定关系。峡湾的淡水注入，巴伦支海、北大西洋和极地的水体交换，以及极地锋面的存在使得含盐量较低水团的微塑料含量由于新水团的注入而下降[5]。

许多研究发现叶绿素 a 含量和海底沉积物中微塑料的含量呈正相关[11, 26]，说明通过海洋雪和藻类形成的海洋团聚物可以富集微塑料，使其快速下沉，并在海底累积。

7.7 极地微塑料监测

在同行评论的文献和报道中，也有公民科学家进行采样或微塑料监测行动的报道。全球最大的环保非政府组织绿色和平在2018年1～4月利用自己的破冰考察船"南极日出号"（Antarctic Sunrise）对海水Manta拖网样品中的微塑料及积雪中的全氟化合物进行了调查。9个Manta拖网站位分布于乔治王岛和布兰斯菲尔德海峡之间。但未提供拖网的时间、船速、天气、风向、海水参数等信息。另有4个站位的8个表层水样品（每个样品2.5L）用于微塑料分析，但未提供采样工具、样品储存方法等信息。

对于表层海水样品，将1L水过滤到5μm的银质滤膜上，先在解剖镜下检查可能的微塑料颗粒，然后用PerkinElmer显微红外光谱仪对聚合物进行鉴定。纤维状微塑料的含量为0.8～5.6个/L，7个纤维状微塑料来自4种聚合物类型，分别为聚酯纤维、聚丙烯、聚四氟乙烯和醋酸纤维。在9个Manta拖网样品中鉴定出两个碎片状微塑料，分别为高密度聚乙烯和聚丙烯，但由于未标明过滤体积，无法计算微塑料丰度，且未标明鉴定出的微塑料的尺寸、直径。

斯瓦尔巴群岛自2000年以来组织海滩垃圾清洁活动，净滩活动遵循《保护东北大西洋海洋环境公约》（OSPAR公约）的海滩垃圾捡拾、分类方法。在接下来的11年中，公民科学家一共清洁了1083m³的海滩垃圾。

斯瓦尔巴群岛积雪样品中的微塑料采样部分由公民科学家进行（由Aemalire Project资助），积雪样品采集于2018年3月，公民科学家在专业人员的指导下进行避免污染的操作并将积雪收集至润洗过的不锈钢容器中，其他工具包括瓷质马克杯、铁勺和长柄杓[27]。

7.8 问题与展望

研究发现，在南北极的表层及深层海水、浅海至深海沉积物、南北极海冰及海洋生物各类群中普遍存在微塑料，微塑料来自生活污水排放、船舶运输及渔业，可能通过海冰的融化、海流的输运和浮游植物形成的海洋雪在极地扩散并沉降至深海。

目前国际上还没有形成对极地海洋微塑料进行鉴定、监测和生态影响评估的统一标准和技术方法，使得微塑料含量相对较低、文献报道相对较少的极地区域，不同基质中分析方法的较大差异导致人们对极地的微塑料污染状况缺乏系统性的了解。

环境科学的研究者普遍缺乏对极地区域野外采样、室内分析等极地知识的了解，并且需要申请极地航次和科考站，因而相关研究进展缓慢，但随着气候变暖推动极地冰川快速融化，相关研究在近年呈增长趋势。文献的报道仍集中于微塑料的分布，缺乏对输运机制、生物链转化机制的深入研究，并且没有系统性的方法针对极地环境进行微塑料的风险评估。在气候变化和塑料全球污染的背景下，对极地微塑料赋存、输运和转化过程中微塑料极地源汇过程仍缺乏系统认知，后续研究亟待加强。

参 考 文 献

[1] Woodgate R. Arctic Ocean circulation: going around at the top of the world [J]. Nature Education Knowledge, 2013, 4(8): 8.

[2] Carroll J, Savinov V, Savinova T, et al. PCBs, PBDEs and pesticides released to the Arctic Ocean by the Russian Rivers Ob and Yenisei [J]. Environmental Science & Technology, 2008, 42(1): 69-74.

[3] Obbard R W, Sadri S, Wong Y Q, et al. Global warming releases microplastic legacy frozen in Arctic Sea ice [J]. Earth's Future, 2014, 2(6): 315-320.

[4] Kelly A, Lannuzel D, Rodemann T, et al. Microplastic contamination in east Antarctic sea ice [J]. Marine Pollution Bulletin, 2020, 154: 111130.

[5] Lusher A L, Tirelli V, O'Connor I, et al. Microplastics in Arctic polar waters: the first reported values of particles in surface and sub-surface samples [J]. Scientific Reports, 2015, 5(1): 14947.

[6] Peeken I, Primpke S, Beyer B, et al. Arctic sea ice is an important temporal sink and means of transport for microplastic [J]. Nature Communications, 2018, 9(1): 1505.

[7] Jones-Williams K, Galloway T, Cole M, et al. Close encounters-microplastic availability to pelagic amphipods in sub-antarctic and antarctic surface waters [J]. Environment International, 2020, 140: 105792.

[8] Kanhai L D K, Gårdfeldt K, Lyashevska O, et al. Microplastics in sub-surface waters of the Arctic Central Basin [J]. Marine Pollution Bulletin, 2018, 130: 8-18.

[9] Trevail A M, Gabrielsen G W, Kühn S, et al. Elevated levels of ingested plastic in a high Arctic seabird, the northern fulmar (*Fulmarus glacialis*) [J]. Polar Biology, 2015, 38: 975-981.

[10] Cózar A, Martí E, Duarte C M, et al. The Arctic Ocean as a dead end for floating plastics in the North Atlantic branch of the Thermohaline Circulation [J]. Science Advances, 2017, 3(4): e1600582.

[11] Mu J, Qu L, Jin F, et al. Abundance and distribution of microplastics in the surface sediments from the northern Bering and Chukchi Seas [J]. Environmental Pollution, 2019, 245: 122-130.

[12] Kanhai L D K, Johansson C, Frias J, et al. Deep sea sediments of the Arctic Central Basin: a potential sink for microplastics [J]. Deep Sea Research Part I: Oceanographic Research Papers, 2019, 145: 137-142.

[13] Waluda C M, Staniland I J, Dunn M J, et al. Thirty years of marine debris in the Southern Ocean: annual surveys of two island shores in the Scotia Sea [J]. Environment International, 2020, 136: 105460.

[14] Isobe A, Uchiyama-Matsumoto K, Uchida K, et al. Microplastics in the southern ocean [J]. Marine Pollution Bulletin, 2017, 114(1): 623-626.

[15] Cincinelli A, Scopetani C, Chelazzi D, et al. Microplastic in the surface waters of the Ross Sea (Antarctica): occurrence, distribution and characterization by FTIR [J]. Chemosphere, 2017, 175: 391-400.

[16] Reed S, Clark M, Thompson R, et al. Microplastics in marine sediments near Rothera Research Station,

Antarctica [J]. Marine Pollution Bulletin, 2018, 133: 460-463.

[17] van Franeker J A, Blaize C, Danielsen J, et al. Monitoring plastic ingestion by the northern fulmar *Fulmarus glacialis* in the North Sea [J]. Environmental Pollution, 2011, 159(10): 2609-2615.

[18] Amélineau F, Bonnet D, Heitz O, et al. Microplastic pollution in the Greenland Sea: background levels and selective contamination of planktivorous diving seabirds [J]. Environmental Pollution, 2016, 219: 1131-1139.

[19] Bråte I L N, Hurley R, Iversen K, et al. *Mytilus* spp. as sentinels for monitoring microplastic pollution in Norwegian coastal waters: a qualitative and quantitative study [J]. Environmental Pollution, 2018, 243: 383-393.

[20] Fang C, Zheng R, Zhang Y, et al. Microplastic contamination in benthic organisms from the Arctic and sub-Arctic regions [J]. Chemosphere, 2018, 209: 298-306.

[21] Fang C, Zheng R, Hong F, et al. Microplastics in three typical benthic species from the Arctic: Occurrence, characteristics, sources, and environmental implications [J]. Environmental Research, 2021, 192: 110326.

[22] Bergami E, Rota E, Caruso T, et al. Plastics everywhere: first evidence of polystyrene fragments inside the common Antarctic collembolan *Cryptopygus antarcticus* [J]. Biology Letters, 2020, 16(6): 20200093.

[23] Kahane-Rapport S, Czapanskiy M, Fahlbusch J, et al. Field measurements reveal exposure risk to microplastic ingestion by filter-feeding megafauna [J]. Nature Communications, 2022, 13(1): 6327.

[24] Dawson A L, Kawaguchi S, King C K, et al. Turning microplastics into nanoplastics through digestive fragmentation by Antarctic krill [J]. Nature Communications, 2018, 9(1): 1001.

[25] Debroas D, Mone A, Ter Halle A. Plastics in the North Atlantic garbage patch: a boat-microbe for hitchhikers and plastic degraders [J]. Science of the Total Environment, 2017, 599: 1222-1232.

[26] Bergmann M, Wirzberger V, Krumpen T, et al. High quantities of microplastic in Arctic deep-sea sediments from the HAUSGARTEN observatory [J]. Environmental Science & Technology, 2017, 51(19): 11000-11010.

[27] Bergmann M, Mützel S, Primpke S, et al. White and wonderful? Microplastics prevail in snow from the Alps to the Arctic [J]. Science Advances, 2019, 5(8): eaax1157.

第 8 章

深海水体和海底沉积物中的微塑料

海岸线上塑料碎屑的堆积影响海岸海滩的美观，同时波浪的磨损和紫外线照射会导致塑料碎屑的破碎和微塑料的形成。微塑料可能以这种方式进入海洋环境，污染大城市附近的热点沿海地区，并进入河口和边缘海域。从大陆架以上（200m 以浅水深）区域收集的沉积物总是含有高浓度的微塑料。由于局部管理不当，沿海河流的塑料排放极大地增加了海洋垃圾的数量，从而导致海洋垃圾斑块跨境转移的环境问题，使海洋环流在海洋表面的特定区域变成"塑料汤"。但是，原位调查和计算模型相结合的研究结果表明，海洋塑料碎片的汇集地不在海面，而在海底深处。与传统的想法相反，即使只有致密的塑料才能沉入更深的一层，我们也会在海底几百米深度发现几乎所有类型的商用塑料。

8.1 深海水体中微塑料的输运

Egger 等[1]提供了塑料碎片从北太平洋垃圾带（NPGP）垂直迁移到下层深海的证据。悬浮在 NPGP 下方水层中的塑料碎片（大小为 500μm 至 5cm）的数量和质量浓度随水深的下降，在深海达到 <0.001 个/m³（<0.1μg/m³）（图 8-1）。NPGP 水层中的塑料颗粒大都在明显从海洋表面缺失的颗粒尺寸范围内，NPGP 水层中塑料的聚合物组成类似于在其表层水中循环的漂浮碎片（即占主导地位的聚乙烯和聚丙烯）。结果进一步揭示了海面塑料碎片的数量与水层中塑料碎片在各深度下的数量之间存在梯级正相关关系。因此，得出结论，NPGP 下方水层中存在塑料是其表层水中的小塑料碎片"掉落"的结果。

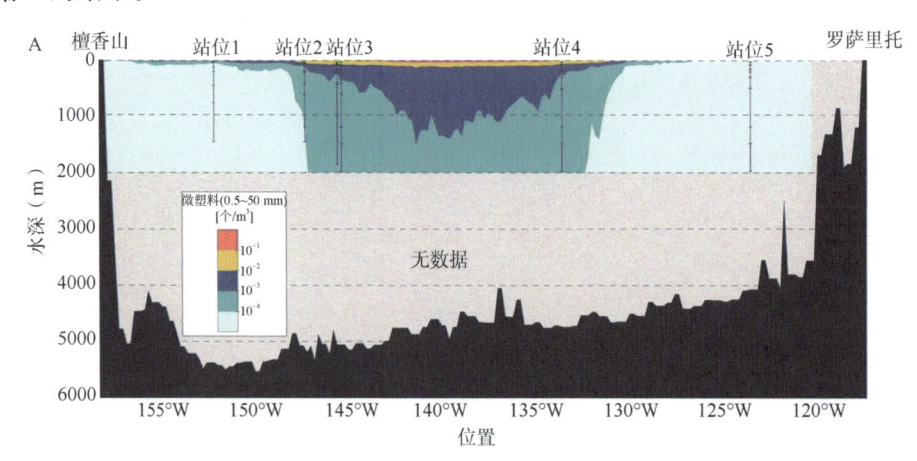

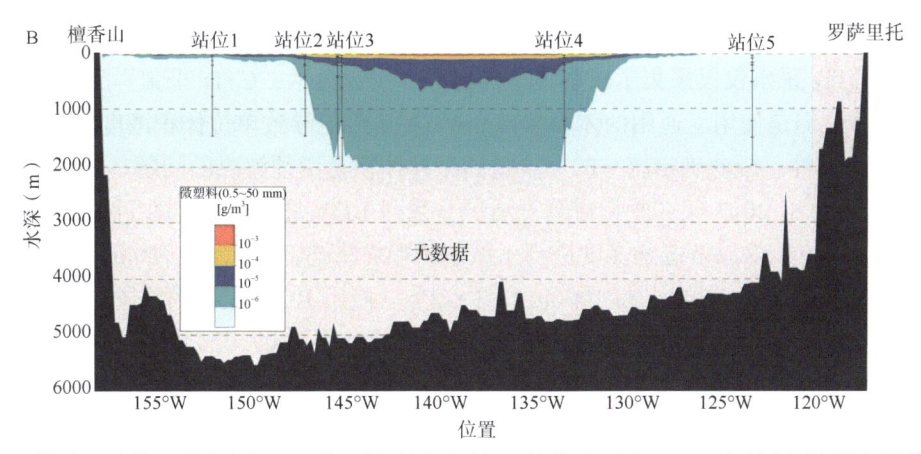

图 8-1 檀香山（美国夏威夷）至罗萨里托（墨西哥）巡航轨迹上层 2000m 海洋水层中微塑料的预测浓度[1]

A. 数量；B. 质量

微塑料在海洋生态系统中的输运除了物理过程外，海洋幼虫及其他丰富的浮游滤食性动物还构成了一种新型的生物输运机制，可将微塑料从表层水体输运到海底。Katija 等[2]在加利福尼亚州蒙特雷湾使用名为 Doc Ricketts 的 ROV 和深度粒子图像测速仪（deep PIV）对巨型幼虫 Bathochordaeus stygius 进行了一项微塑料原位喂养实验（聚乙烯颗粒，10～600μm，表面具荧光涂层）。这种大型幼虫是海洋中发现的最丰富的滤食性动物。实验表明，大型幼虫可以摄取并通过排泄将微塑料包裹成下沉的聚集体，将其由上层水体输送至深海沉积区。但是仍然存在一些问题待研究，因为此研究中采取了与环境浓度不同的微塑料浓度进行原位培养，大型幼虫也许能够在环境浓度下选择性拒绝微塑料。并且，微塑料并不会均匀地分布在这种大型幼虫生活的水深，因此该实验并不能代表实际环境中发生的情况。

8.2 深海水体中微塑料的分布

Kanhai 等[3]对北极中央盆地次表层水中微塑料含量、分布和组成信息进行了调查，使用破冰船的船头进水系统（深度：8.5m）和 CTD 采样器（多个深度：8～4369m）进行微塑料采样。该研究分为两个部分。第一部分通过船头进水系统进行，每个样品采集 2000L 水，流速 85L/min，并通过 2.5mm 孔径的钢筛，然后使用 GF/C 滤膜过滤，测得水深 8.5m 的次表层微塑料为 0～7.5 个/m³，中位数为 0.7 个/m³。第二部分通过 CTD 采水进行分析研究，在该研究中，将北极中央盆地垂直水层分为三层：①极地表层水，包含了混合层（约 50m）及盐跃层（50～250m）；②大西洋水；③深层水与底层水（>900m）。该研究共在 7 个站位各采集 6 个水层，每个水层采水 48L，在其余两个站位共采集 3 个水层，每个水层采水 21L。研究发现，混合层微塑料丰度最高，为 0～375 个/m³，深层及底层水为 0～104 个/m³，大西洋水为 0～95 个/m³，盐跃层为 0～83 个/m³。并且此研究还发现，北极中央盆地次表层水中纤维占比极大，约 90%。此研究中存在的一个问题是，CTD 采水仅仅采集了较小体积的样品，研究显示，CTD 采集样品平均微塑料丰度为 2 个，但是使用了通用的体积单位（m³）后，可能导致单位体积浓度的估算偏差，降低数据可靠性，因此确定统一的、合适的采样体积是亟须解决的问题。

  Choy 等[4]于 2017 年在蒙特雷湾开展了一系列 ROV 采样，分别在近岸与离岸海域设置了两处站位，对以下选定深度进行了微塑料颗粒采样：5m、25m、50m、75m、100m、200m、400m、600m、800m 和 1000m（图 8-2）。使用 ROV 连接的泵进行原位过滤，滤网为 100μm 孔径的尼龙网，每个水层的海水过滤量为 1007~2378m³，并将两个站位的相似深度水层的浓度测量值结合起来。该研究发现，离岸 25km 的采样站位中，位于 200m 深的水层有着微塑料丰度最大值 15 个/m³。

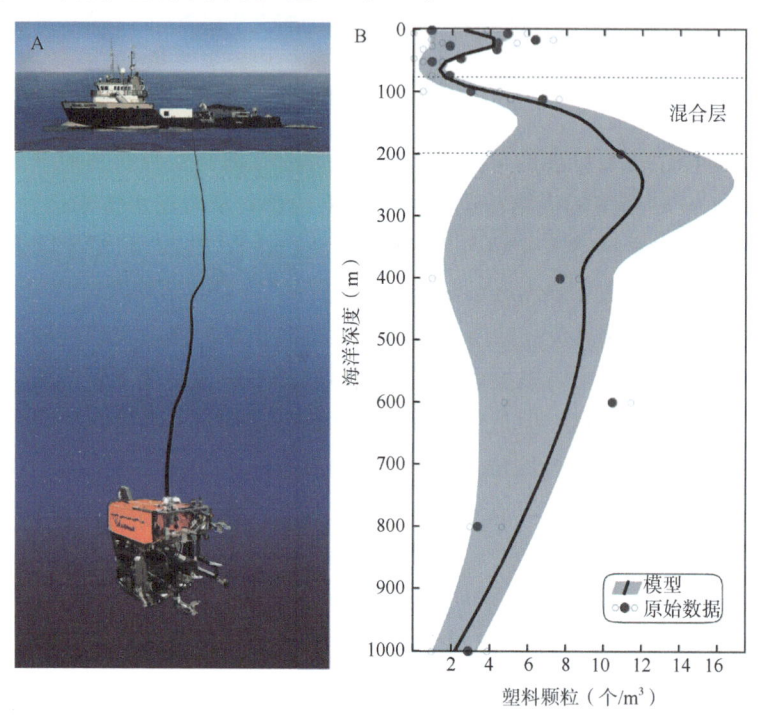

图 8-2 采样所使用的 ROV 及不同水层微塑料分布[4]

  2019 年，李道季团队在东海海底收集 43 个底拖网样本，调查了该海域塑料污染的分布特征、组成和丰度[5]。其中聚乙烯是最丰富的聚合物类型，占总质量的 42.83%。塑料制品的表面积和长度分别为 3.43~2842cm² 和 1.3~14.23cm。如图 8-3 所示，渔具是主要的塑料垃圾类型，占比超过 50%，其次是片材（20.61%）和袋子（14.56%）。并且发现较大的地理差异。三门湾的塑料密度为 18.94kg/km²，而温州湾的塑料密度明显较低，为 2.24kg/km²。通过对调查期间的上升流区域进行建模，发现上升流以南北带的形式出现，上升流以外的区域为下降流，可能将塑料从海面输送到海床，随后生物污垢会导致较大塑料在运输过程中下沉。渔业活动被认为是东海海底塑料垃圾的一个重要来源。

第8章 深海水体和海底沉积物中的微塑料

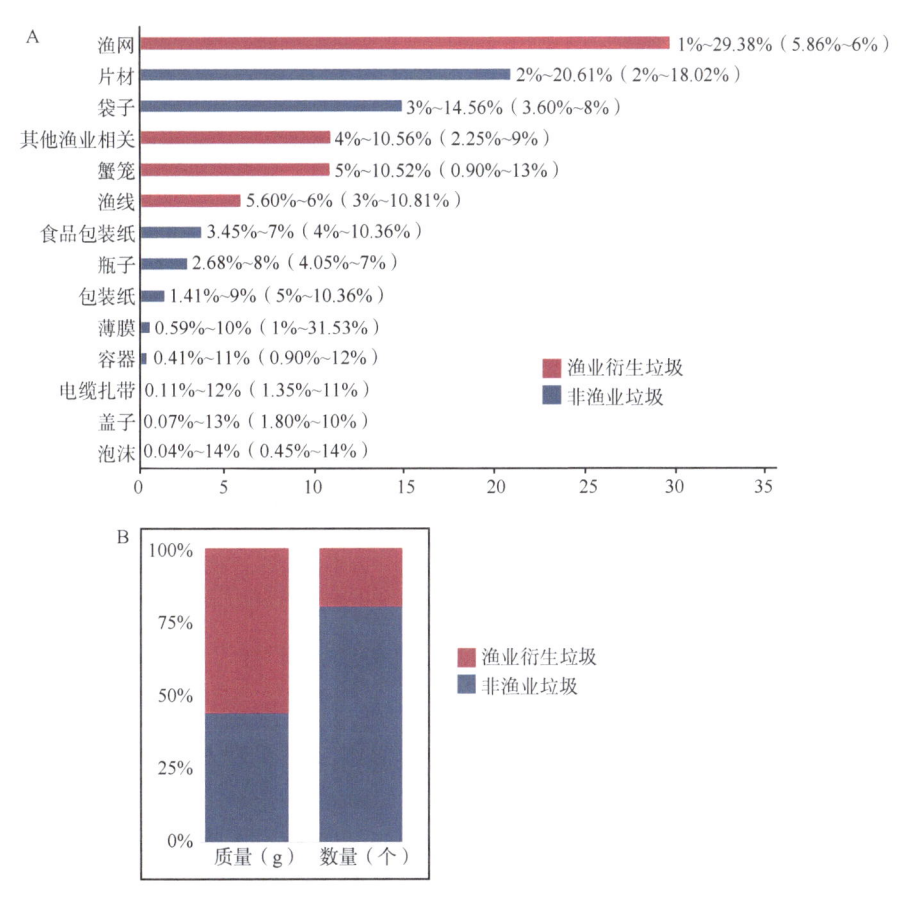

图 8-3　塑料垃圾类别的质量和数量（括号内）排名（A）及海洋塑料垃圾中渔业衍生垃圾的质量和数量比例（B）[5]

长期监测海底海洋垃圾对于了解塑料垃圾和微塑料密度随时间变化的趋势和评估垃圾减量措施的有效性至关重要。

　　Pabortsava 和 Lampitt[6]使用泵进行原位过滤，采集了包括塑料在内的悬浮海洋微粒。采样深度分为表层以下 10m、混合层（28～140m）以下 10～30m、混合层以下 100m。结果表明，大量尺寸较小的微塑料被忽视，并从表层进入海洋内部。如图 8-4 所示，悬浮在大西洋 200m 左右深度的三种尺寸为 32～651μm 的塑料（聚乙烯、聚丙烯和聚苯乙烯）总质量达 1160 万～2110 万 t。

　　Tekman 等[7]在北极地区的哈斯加藤天文台进行了一次调查，对 5 个站位的微塑料（>11μm）垂直分布进行评估，使用大容量泵逐一采集水层样品，过滤 2～4 个深度层（近表层、约 300m、约 1000m 和海底上方）的 218～561L 海水，并用多芯采样器采集沉积物样品。水层中的微塑料浓度范围为 0～1287 个/m³，沉积物中的微塑料浓度范围为 239～13 331 个/kg。粒径≤25μm 的微塑料占每个样品中合成颗粒的一半以上，最大的微塑料颗粒为 200μm，在该研究中没有记录纤维的浓度。同时，微塑料粒径组成与颗粒有机碳之间的正相关关系验证了微塑料与水层中的生物过程存在相互作用。

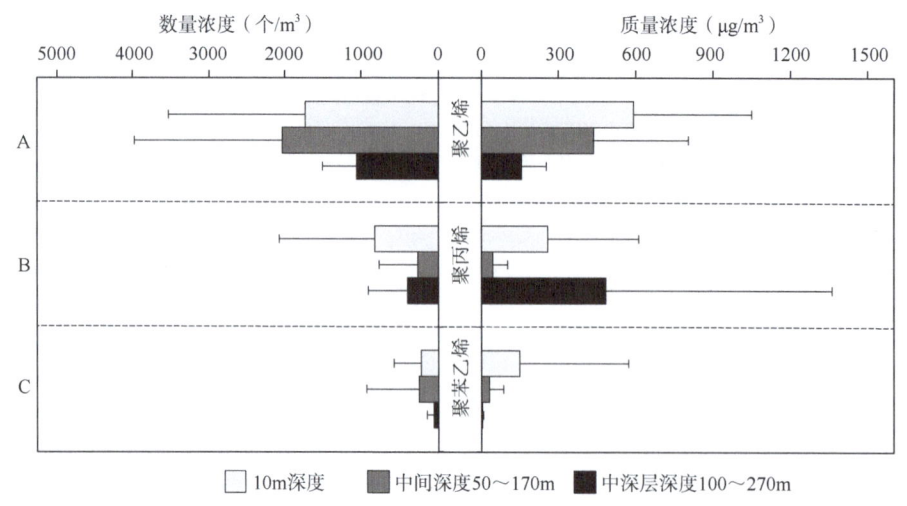

图 8-4　各深度层所有采样站位的平均聚乙烯（A）、聚丙烯（B）和聚苯乙烯（C）颗粒数量和质量浓度[6]

8.3　深海水体中微塑料的研究方法

针对大洋微塑料采样体积受限，从而造成微塑料在大洋水层中浓度被高估的问题，Liu 等[8]使用了新型采样方法：原位过滤技术，于 2019 年 4 月在东海开展了试验工作，以确定样本量与微塑料含量之间的关系。该研究使用了 60μm 孔径的滤网，研究表明，在水层中采样体积为 8m³ 时，数据最具有代表性（图 8-5）。在后续的研究中，鉴于网目孔径大小因素，应当将纤维状微塑料单独进行考虑。

基于上述研究，Li 等[9]又进行了一项涉及大体积（10m³）海水样品的调查监测，开展实验的地点为西太平洋和东印度洋。与基于较小水量的常规采样方法相比，新数据得出的深水水层丰度值至少低 1～2 个数量级，在 2～4000m 水深范围内检测出微塑料浓度为 0.2～3.5 个/m³（图 8-6）。数据表明，目前用于深水水层采样的有限体积不足以准确估算深水中的微塑料含量。同时，尺寸分布数据表明，微塑料进入水层的横向运动有助于它们从表面移动到底部。

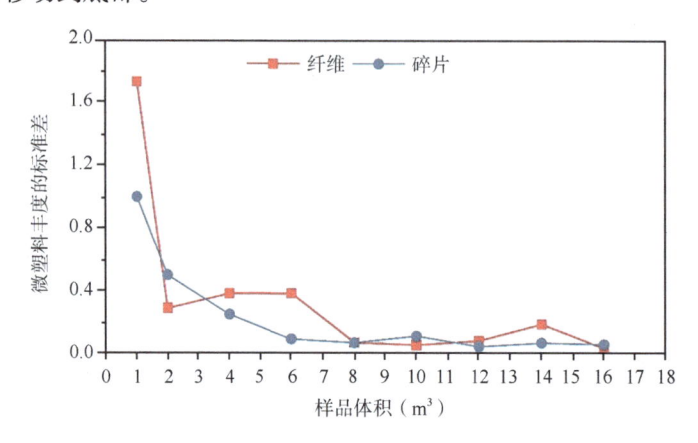

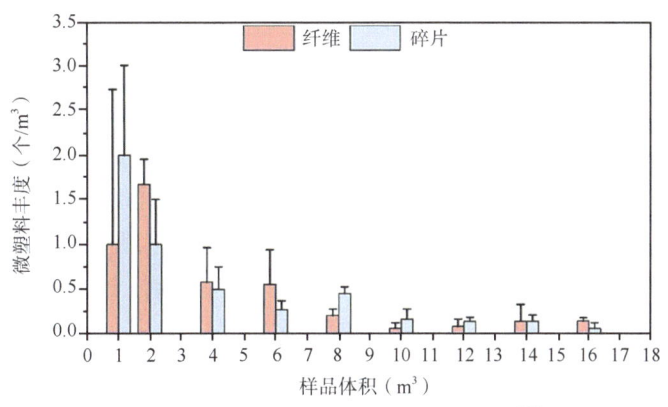

图 8-5 采样体积与微塑料丰度的关系[8]

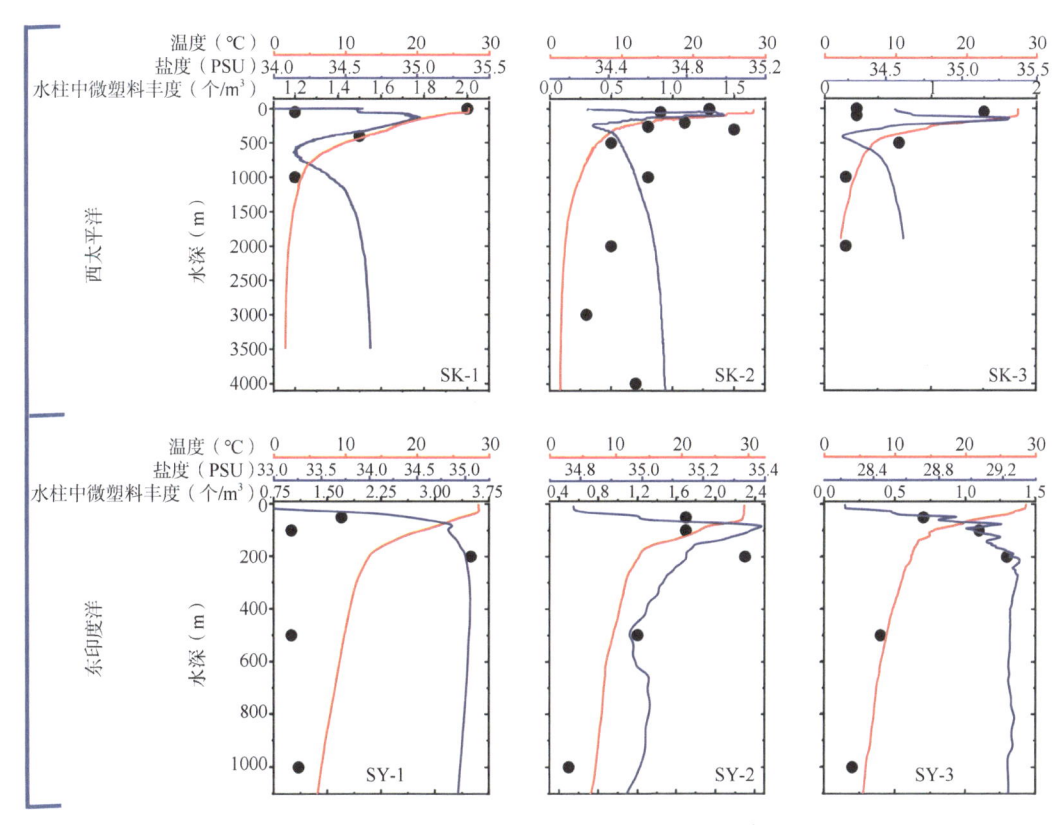

图 8-6 西太平洋与东印度洋水层中微塑料的垂直分布

SK-1、SK-2、SK-3、SY-1、SY-2 和 SY-3 为采样站位名称

8.4 深海沉积物中微塑料的输运

Näkki 等[10]提出，生物扰动改变了居住在软底上的天然颗粒的分布，因此使用普通底栖无脊椎动物进行了试验，研究了它们对次生微塑料(不同尺寸的鱼线：50μm、150μm、300μm)分布的影响。在三周的研究期内，底栖生物的存在使得沉积物(深度 1.7~5.1cm)中的微塑料丰度增加。实验表明，微塑料分布呈明显的垂直梯度，其丰度在沉积物的最

上部最高,随深度的增加减小。但是这项研究仍然被认为是模拟结果,需要进一步检查天然沉积物中微塑料的垂直分布,以可靠地评估其在海底的丰度及其对底栖生物的潜在影响。

Bergmann 等[11]分析了在北极哈斯加藤天文台 2340~5570m 深度使用多芯取样器采集的 9 个沉积物样本(柱状,直径 100mm,顶部 5cm)。最北端的站位微塑料数量最多,表明海冰可能是一种运输工具。底栖沉积物中的微塑料含量最高。这证实了深海是微塑料的主要汇源,并且在世界的这个偏远地区存在着聚集区域,这些区域由通过热盐环流运到北部的塑料形成。

Cau 等[12]对挪威海螯虾的胃及肠道微塑料进行了研究,肠中的微塑料比胃中的丰富得多,并且微塑料粒径明显更小(可达 1 个数量级)。研究表明,胃部可作为摄入微塑料的瓶颈,较大的颗粒在胃中保存,并促进破碎成较小的塑料碎片,然后将其释放到肠道中。该结果表明海螯虾通过其清除活性和消化作用,导致已经沉积在沉积物中的微塑料碎片化。这些发现展示了一些微塑料是通过生物活动引入环境的,这可能代表了在诸如深海等偏僻而稳定的环境中塑料降解的重要途径。

Courtene-Jones 等[13]从北大西洋罗科尔海槽＞2000m 水深的水体中收集了沉积物。该研究假设随着沉积物年龄的增加,微塑料的出现频率应当呈显著的负趋势,但是结果显示聚合物的多样性却增加了。在所分析的整个沉积物(0~10cm 深度)中普遍出现了微塑料,但 ^{210}Pb 的活动仅限于上部 4cm,这表明这一层已有 150 多年的历史,因此微塑料的存在远远超出了现代的生产范围。包括沉积物再加工在内的许多机制都可以垂直地使微塑料重新分布。此外,微塑料的丰度与沉积物孔隙度显著相关,这表明微塑料通过孔隙水的间隙运输。

Pohl 等[14]通过水槽实验,研究了浊流如何运输微塑料,以及它们在微塑料碎片和纤维掩埋中起到的不同作用(图 8-7)。研究表明,微塑料碎片在浊流中相对集中,而纤维在整个流中的分布更均匀。而在沉积物中展现出了相反的趋势,沉积物中包含了更多的纤维而不是碎片,该研究用沉积机理解释了这种明显的矛盾,纤维被困在沉降的沙粒之间时,优先从悬浮液中除去,然后掩埋在沉积物中。结果表明,浊流可能在海底沉积物中掩埋大量的微塑料。

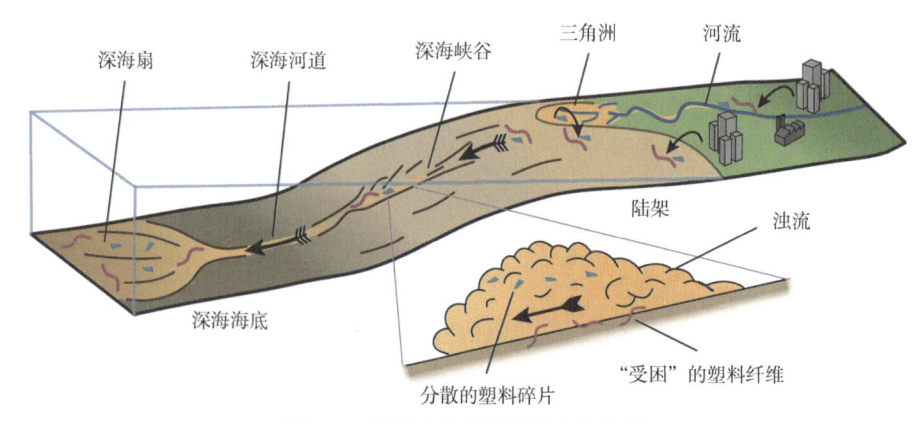

图 8-7 浊流在微塑料输运中的作用

2020 年，Kane 等[15]在 *Science* 上发表了一篇题为 *Seafloor microplastic hotspots controlled by deep-sea circulation* 的文章，阐述了深海环流控制下的微塑料热点地区。热盐驱动的海流可形成大量的海底沉积物积聚，从而控制微塑料的分布，并形成海底环境中的最高浓度热点区域（190 个/50g）。有研究表明，微塑料是通过海洋表层的垂直沉降而被运输到海底的。该研究证明了微塑料的空间分布和最终命运受到近海底热盐环流（底层环流）的强烈控制（图 8-8）。同时，不同季节海底流速的不同也会造成微塑料在海底的堆积（流速慢）及重新悬浮（流速快）。已知这些海流会为深海底栖生物提供氧气和营养，这表明深海生物多样性丰富的地区可能同样是微塑料热点地区。

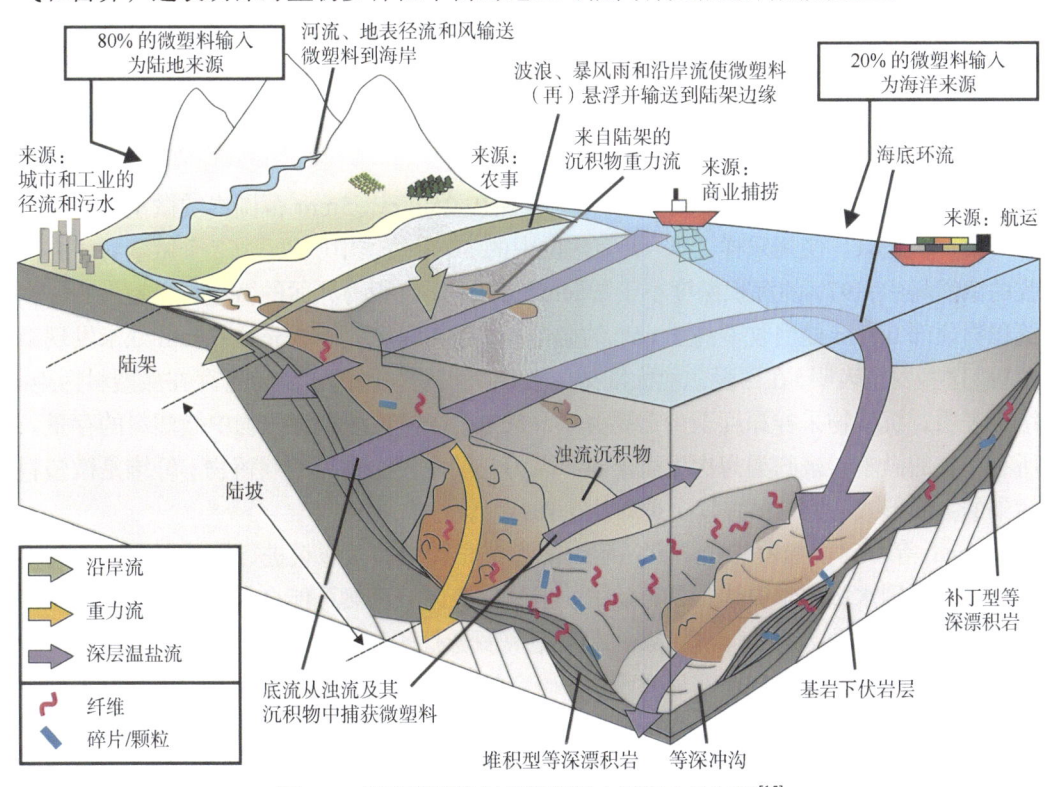

图 8-8　海底洋流控制着微塑料在深海中的归宿[15]

8.5　深海沉积物中微塑料的分布

Van Cauwenberghe 等[16]对来自大西洋和地中海多个位置的 11 个沉积物样品进行了微塑料采样，深度范围为 1176～4844m，每个样品取面积 25cm^2、厚度 1cm，沉积物样品先过 1mm 筛网，然后再用 35μm 筛网湿筛，并用碘化钠浮选，共检出 5 个可能的微塑料。选择这几个区域是因为这些深海系统代表不同的海洋环境。极地前沿以外的南大洋和大西洋区域的三个采样站代表着原始环境，因为该偏远地区的海床仍未被开发。在北大西洋，在豪猪深海平原进行采样，该地点的特征是源自地面生产的颗粒有机物（POM）通量的季节性变化很大。位于南大西洋几内亚湾刚果海底峡谷的远端深海扇由世界上最大的河流之一刚果河输送的有机物提供沉积物来源。最后一个采样点较浅，位于尼罗河深海扇附近，与东地中海的阿蒙泥火山（Amon Mud Volcano）相邻，是埃及边缘的一个地区，其特征是强烈的沉积作用。该研究首次证实了微塑料污染已扩展至深海[16]。

Woodall 等[17]通过 12 个沉积物样品及珊瑚样品进行研究分析，沉积物中的纤维状微塑料丰度范围为 1.4~40 个/50mL（平均 13.4 个/50mL±3.5 个/50mL），而表层受到严重污染的水体中微塑料丰度为 $1.1×10^{-4}$ 个/50mL，结果表明，大西洋、地中海和印度洋的深海沉积物中纤维状微塑料比受污染的海表水的丰度（每单位体积）高出 4 个数量级。

Fischer 等[18]对千岛-堪察加海沟及其邻近的深海平原 12 个沉积物样品进行了分析调查。在深海平原上采集了 10 个深度在 4869~5413m 的沉积物样品，在沟槽的上边缘采集了两个深度在 4977~5766m 的样品。微塑料中约 75%是纤维状，在不同站点之间的微塑料浓度大不相同，最低浓度为 60 个/m^2，最高浓度为 2000 个/m^2 以上。结果表明，千岛-堪察加海沟地区可能是源自日本的微塑料的汇聚区，也可能是俄罗斯微塑料的汇集区。

Martin 等[19]对爱尔兰大陆架沉积物中粒径在 250μm~5mm 范围内的微塑料污染进行了第一次记录。使用采样器从 11 个站位中的 10 个站位中回收了 62 个微塑料。在回收的微塑料中，97%的沉积深度小于 2.5cm，其中水-沉积物界面的微塑料含量最高。在沉积物顶部 0.5cm 处回收了高达 66%的微塑料，而在深度大于 3.5cm±0.5cm 处未发现微塑料。这些发现表明，在西爱尔兰大陆架的表层沉积物和底部水中普遍存在微塑料污染。结果表明，沉积物采样深度至少需要深 4~5cm，以量化海洋沉积物中微塑料的存量。所有回收的微塑料被归类为次生微塑料，因为它们是较大物品的残留物。纤维是微塑料污染的主要形式（85%），其次是碎片（15%）。

Reed 等[20]对南极罗瑟拉研究站附近海洋沉积物中的微塑料进行分析研究，因为南极洲及其周围水域通常被认为是原始的。但这部分区域仍然可能会受到旅游业、渔业和政府研究计划活动造成的局部污染。在对距离罗瑟拉研究站 7km 以内 20 个站位的沉积物样品塑料微粒浓度进行检测后发现，在研究站污水处理厂排污口附近收集的沉积物中有最高浓度的微塑料（<5 个/10mL），浓度与南极洲以外的浅海和深海海洋沉积物中记录的水平相似，所检测到的微塑料与衣物材质相似。研究表明，南极研究站可能是释放微颗粒的点源。

深海沉积物已成为海洋环境中微塑料的潜在汇，在北极中央盆地的各种环境介质中都发现了微塑料，表明这些污染物有可能被输送到该海洋盆地的深海区域。Kanhai 等[21]对北极中央盆地表层沉积物进行了初步评估，以确定其中是否存在微塑料。在 2016 年北冰洋考察（AO16 航次）期间，使用重力和活塞芯提取器在北极中央盆地的 11 个地点从 855~4353m 的深度取回沉积物。用钨酸钠二水合物溶液（$Na_2WO_4·2H_2O$，密度 1.4g/cm^3）对来自不同站位的表面沉积物进行密度浮选。11 个样品中有 7 个包含合成聚合物，包括聚酯（$n=3$）、聚苯乙烯（$n=2$）、聚丙烯腈（$n=1$）、聚丙烯（$n=1$）、聚氯乙烯（$n=1$）和聚酰胺（$n=1$）。样品分别记录了纤维（$n=5$）和碎片（$n=4$）。该研究中每个站位仅仅取得 10g 左右沉积物样品，因此并不能保证数据可靠。

Cunningham 等[22]通过研究 30 个深海沉积物来确定南极和南大洋地区之间的微塑料堆积是否会发生变化，结果在 93%的沉积物岩芯中发现了微塑料污染（28/30）。南极半岛、南桑威奇群岛和南乔治亚岛的每克沉积物中平均微塑料分别为 1.30 个/g±0.51 个/g、1.09 个/g±0.22 个/g 和 1.04 个/g±0.39 个/g。微塑料碎片的积累与沉积物中黏土的百分比显著相关，这表明微塑料具有与低密度沉积物相似的分散行为。尽管各地区之间的微塑料丰度没有显著差异，但与偏远的生态系统相比，该数值要高得多，这表明南极和南大洋深海累积的微塑料污染数量高于以前的预期。

Zhang 等[23]2018 年使用不锈钢箱式采泥器采集了西太平洋 15 个沉积物样品，深度范围为 4601～5732m，使用氯化钠与碘化钾溶液进行浮选，最终得到沉积物中微塑料的平均丰度为 240 个/kg 干重。微塑料的形状主要为纤维状（52.5%），颜色主要为蓝色（45.0%），尺寸大多小于 1mm（90.0%）。最常见的聚合物是聚丙烯-聚乙烯共聚物（40.0%）和聚对苯二甲酸乙二醇酯（27.5%）。其还研究了沉积物样品孔隙水中代表持久性有机污染物的多氯联苯（PCB）的浓度。发现沉积物中的微塑料分布与 PCB 浓度之间存在显著的相关性。

Barrett 等[24]使用改良的密度分离和染料荧光技术（15g 沉积物加入 30mL 氯化锌及 400μL 尼罗红染料）对大澳大利亚湾深海沉积物中的微塑料进行了定量。该研究共分析了 6 个位置（每个深度 1～6 个，共 16 个样本）的沉积物样品，深度从 1655～3062m，距澳大利亚海岸线 288～356km。每克干沉积物中的微塑料为 0～13.6 个（平均值为 1.26 个±0.68 个，n=51）。研究发现，与其他深海沉积物相比，微塑料个数明显更高。总体而言，随着表层塑料数量的增加和海底倾斜角的增加，沉积物中微塑料碎片的数量也会增加。但是，微塑料数量具有极高的异质性，来自同一位置的沉积物之间的异质性有时会大于不同采样点之间的差异。Barrett 保守估计海底有 1400 万 t 微塑料存在。

8.6　深海沉积物中微塑料的研究方法

即使在远离人类活动（陆地和海洋表面）的深海底部，微塑料也很丰富。为了从深海底层获取微塑料样品，需要使用研究船和合适的采样设备，如由遥控潜水器（ROV）或载人潜水器（HOV）操纵的多芯沉积物捕获器，大多数取样器使用塑料制成的采样管，如聚碳酸酯、丙烯酸或聚氯乙烯。这些塑料管很容易被沉积物颗粒刮擦，特别是在收集粗糙的沙质沉积物的过程中，因此样品可能会被管中的塑料污染。在 Tsuchiya 等[25]的研究中，将塑料管更换成了改进过的铝管，以防止这种塑料污染（图 8-9）。但是与塑料管相比，铝管具有重量较重和不透明的缺点。

Reineccius 等[26]在北大西洋副热带环流（North Atlantic subtropical gyre，NASG）部署了沉积物捕获器，并从样品中提取微纤维。如图 8-10 所示，沉积物捕获器呈漏斗形玻璃纤维增强硬塑料结构，孔径为 0.5m²，转轮装有 21 个聚丙烯瓶（400cm³），用于临时离散收集的材料。对 11 个样品的分析结果显示，每克样品中含有 913 根微纤维，纤维长度主要短于 1mm（75.6%），最大值分布在 0.2～0.4mm。此外，利用研究中发现的纤维数量并根据沉积物捕获器的放置时间推算 NASG 的纤维通量。假设平均微纤维沉降速率为 94 个/（m²·d）或 3.5μg/（m²·d），那么人为产生的微纤维在 NASG 表面的移

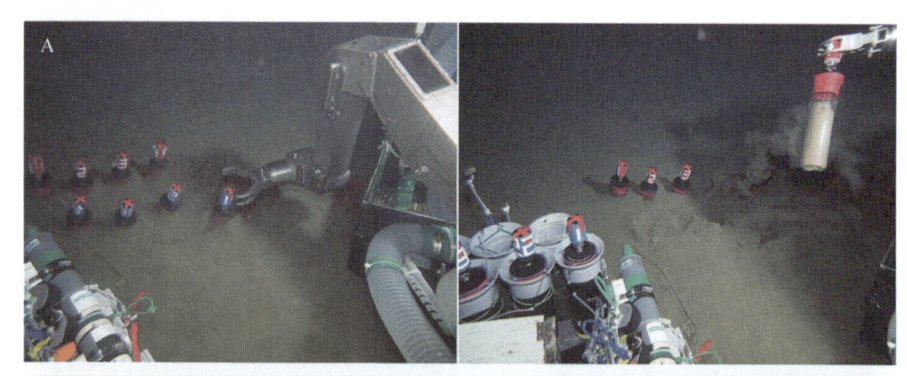

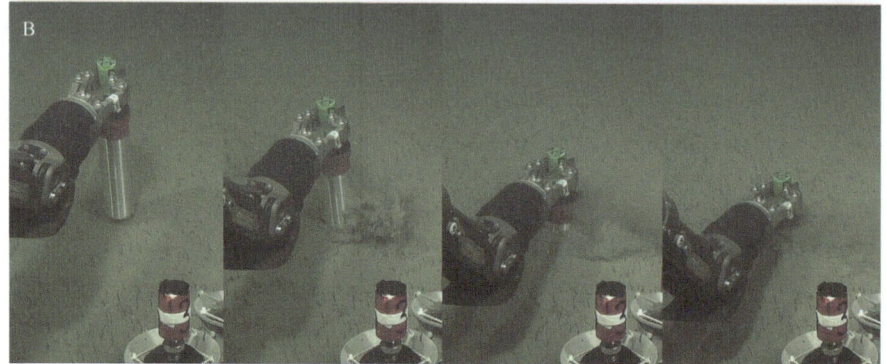

图 8-9　深海海底的推芯取样

A. HOV Shinkai 6500；B. ROV Hyper-Dolphin；C. 配备铝管和传统聚碳酸酯管的多芯机

动量为 $73×10^{13}$ 个（9800t/a）。这些发现为通过沉积物捕获器监测纤维通量的扩展应用提供了途径，揭示了纤维和微塑料沉入深海的驱动机理。

Peng 等[27]报道了挑战者深渊（地球上最深的已知区域）深海平原和太平洋中的海底沟（4900~10 890m）沉积物中的微塑料。将来自 6 个位置（每个位置 3 个重复）的每个样品的 25g 干重沉积物的等分试样用于密度分离（总共 18 个样品），沉积物中微塑料的平均丰度为 1.78 个/25g 干重，在该研究中被换算为每千克干重中微塑料 71.1 个。这暴露出了目前微塑料研究的一个重大问题，即过低的样品量会导致环境中存在的微塑料量被过度高估，因此需要一个统一的样品量进行研究。

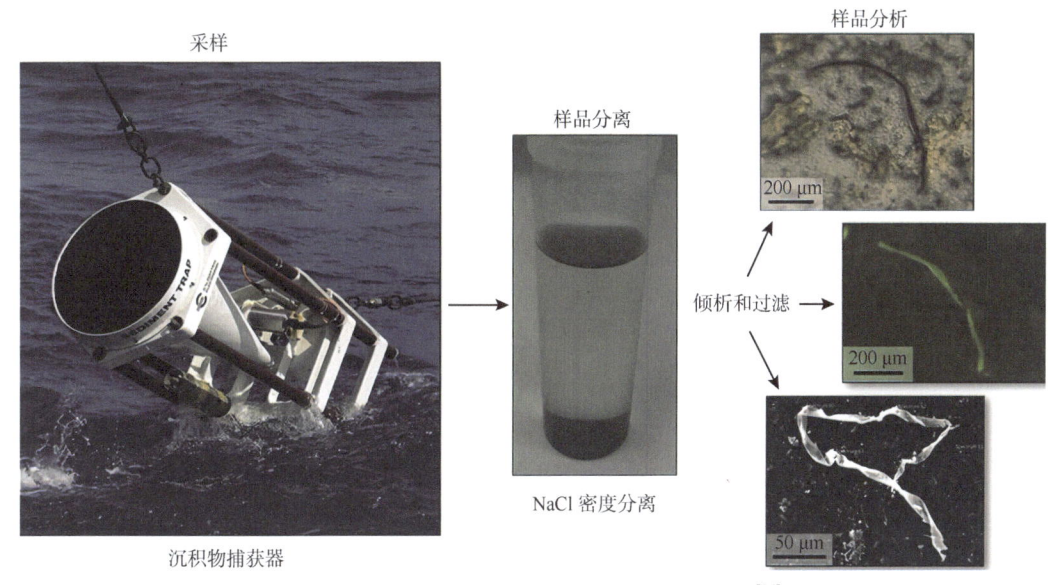

图 8-10　沉积物捕获器采样及微塑料分析步骤[26]

因深海环境条件对聚合物性能和刚性的影响几乎是未知的，因此 Krause 等[28]介绍了 20 多年前在东赤道太平洋 4150m 水深的深海沉积物中发现的塑料物品的独特结果。包括光学、光谱、物理和微生物分析在内的结果清楚地表明，本体聚合物材料没有明显的物理或化学降解迹象。只有聚合物表面层表现出疏水性降低，推测这是由微生物定殖引起的。塑料制品上的细菌群落与邻近自然环境中的细菌群落显著不同（$P<0.001$），这主要是因为需要"陡峭"的氧化还原梯度的细菌群（固氮菌、硫杆菌）的存在和多样性的显著下降。这些情况可能是由聚合物表面化学梯度的建立引起的。这一发现表明，在深海条件下，塑料在较长时间内是稳定的，聚合物在海底的长期沉积可能导致沉积物-水界面的局部氧气枯竭。

8.7　问题与展望

近年来，深海环境中的微塑料问题引起了广泛关注。然而，过往的研究表明，深海沉积物中微塑料的分布具有很大的不均匀性，这与海底的水动力环境密切相关。在一些深海区域，微塑料的沉积受到底层海流速度的限制。当海底海流速度较快时，微塑料难以沉积下来。因此，微塑料在海底沉积物中的分布往往集中在水动力较弱的区域。此外，微塑料的高浓度分布与其靠近塑料源的地理位置有关，距离污染源较近的区域更可能积累大量微塑料。

未来的研究需要重点关注这些"热点区域"，并进一步探讨它们的形成机制和特征。尽管目前在深海微塑料的热点分布研究中存在数据缺口，但我们有必要在未来工作中详细记录和分析这一现象。此外，全球范围内关于海底微塑料热点和深海水体中微塑料输运量的研究仍较为稀缺。深海中的微塑料输运不仅涉及水平输运，也与垂直输运密切相关，这些输运过程受海洋的物理动力学和洋流特征的影响，需要系统地分析。

全球海洋环流体系的特性也对微塑料的输运产生了重要影响。表层的暖流通常在海洋的上层流动，而冷水流可能影响更深层的海水循环。这些海流可能在特定区域将底层的或深层的塑料颗粒带到表面，或在上升流区域重新分布这些污染物。因此，研究海洋环流的动力特性对于理解深海微塑料的分布和迁移至关重要。

值得一提的是，未来可以尝试将微塑料的输运模式与海洋的热盐环流模式相结合进行研究。微塑料的密度特性可能受到盐度和温度的影响，这与海水的密度密切相关，从而影响其在海洋中的输运路径和分布特征。通过建立与热盐环流模式相应的微塑料输运模型，可以更好地阐明微塑料在全球海洋中的行为机制。

参 考 文 献

[1] Egger M, Sulu-Gambari F, Lebreton L. First evidence of plastic fallout from the North Pacific Garbage Patch [J]. Scientific Reports, 2020, 10(1): 7495.

[2] Katija K, Choy C A, Sherlock R E, et al. From the surface to the seafloor: how giant larvaceans transport microplastics into the deep sea [J]. Science Advances, 2017, 3(8): e1700715.

[3] Kanhai L D K, Gårdfeldt K, Lyashevska O, et al. Microplastics in sub-surface waters of the Arctic Central Basin [J]. Marine Pollution Bulletin, 2018, 130: 8-18.

[4] Choy C A, Robison B H, Gagne T O, et al. The vertical distribution and biological transport of marine microplastics across the epipelagic and mesopelagic water column [J]. Scientific Reports, 2019, 9(1): 7843.

[5] Zhang F, Yao C, Xu J, et al. Composition, spatial distribution and sources of plastic litter on the East China Sea floor [J]. Science of the Total Environment, 2020, 742: 140525.

[6] Pabortsava K, Lampitt R S. High concentrations of plastic hidden beneath the surface of the Atlantic Ocean [J]. Nature Communications, 2020, 11(1): 4073.

[7] Tekman M B, Wekerle C, Lorenz C, et al. Tying up loose ends of microplastic pollution in the Arctic: distribution from the sea surface through the water column to deep-sea sediments at the HAUSGARTEN observatory [J]. Environmental Science & Technology, 2020, 54(7): 4079-4090.

[8] Liu K, Zhang F, Song Z, et al. A novel method enabling the accurate quantification of microplastics in the water column of deep ocean [J]. Marine Pollution Bulletin, 2019, 146: 462-465.

[9] Li D, Liu K, Li C, et al. Profiling the vertical transport of microplastics in the West Pacific Ocean and the East Indian Ocean with a novel in situ filtration technique [J]. Environmental Science & Technology, 2020, 54(20): 12979-12988.

[10] Näkki P, Setälä O, Lehtiniemi M. Bioturbation transports secondary microplastics to deeper layers in soft marine sediments of the northern Baltic Sea [J]. Marine Pollution Bulletin, 2017, 119(1): 255-261.

[11] Bergmann M, Wirzberger V, Krumpen T, et al. High quantities of microplastic in Arctic deep-sea sediments from the HAUSGARTEN observatory [J]. Environmental Science & Technology, 2017, 51(19): 11000-11010.

[12] Cau A, Avio C G, Dessi C, et al. Benthic crustacean digestion can modulate the environmental fate of microplastics in the deep sea [J]. Environmental Science & Technology, 2020, 54(8): 4886-4892.

[13] Courtene-Jones W, Quinn B, Ewins C, et al. Microplastic accumulation in deep-sea sediments from the Rockall Trough [J]. Marine Pollution Bulletin, 2020, 154: 111092.

[14] Pohl F, Eggenhuisen J T, Kane I A, et al. Transport and burial of microplastics in deep-marine sediments by turbidity currents [J]. Environmental Science & Technology, 2020, 54(7): 4180-4189.

[15] Kane I A, Clare M A, Miramontes E, et al. Seafloor microplastic hotspots controlled by deep-sea circulation [J]. Science, 2020, 368(6495): 1140-1145.

[16] Van Cauwenberghe L, Vanreusel A, Mees J, et al. Microplastic pollution in deep-sea sediments [J]. Environmental Pollution, 2013, 182: 495-499.

[17] Woodall L C, Sanchez-Vidal A, Canals M, et al. The deep sea is a major sink for microplastic debris [J]. Royal Society Open Science, 2014, 1(4): 140317.

[18] Fischer V, Elsner N O, Brenke N, et al. Plastic pollution of the Kuril-Kamchatka Trench area (NW pacific) [J]. Deep Sea Research Part II: Topical Studies in Oceanography, 2015, 111: 399-405.

[19] Martin J, Lusher A, Thompson R C, et al. The deposition and accumulation of microplastics in marine sediments and bottom water from the Irish continental shelf [J]. Scientific Reports, 2017, 7(1): 10772.

[20] Reed S, Clark M, Thompson R, et al. Microplastics in marine sediments near Rothera Research Station, Antarctica [J]. Marine Pollution Bulletin, 2018, 133: 460-463.

[21] Kanhai L D K, Johansson C, Frias J, et al. Deep sea sediments of the Arctic Central Basin: a potential sink for microplastics [J]. Deep Sea Research Part I: Oceanographic Research Papers, 2019, 145: 137-142.

[22] Cunningham E M, Ehlers S M, Dick J T, et al. High abundances of microplastic pollution in deep-sea sediments: evidence from Antarctica and the Southern Ocean [J]. Environmental Science & Technology, 2020, 54(21): 13661-13671.

[23] Zhang D, Liu X, Huang W, et al. Microplastic pollution in deep-sea sediments and organisms of the Western Pacific Ocean [J]. Environmental Pollution, 2020, 259: 113948.

[24] Barrett J, Chase Z, Zhang J, et al. Microplastic pollution in deep-sea sediments from the Great Australian Bight [J]. Frontiers in Marine Science, 2020, 7: 808.

[25] Tsuchiya M, Nomaki H, Kitahashi T, et al. Sediment sampling with a core sampler equipped with aluminum tubes and an onboard processing protocol to avoid plastic contamination [J]. MethodsX, 2019, 6: 2662-2668.

[26] Reineccius J, Appelt J-S, Hinrichs T, et al. Abundance and characteristics of microfibers detected in sediment trap material from the deep subtropical North Atlantic Ocean [J]. Science of the Total Environment, 2020, 738: 140354.

[27] Peng G, Bellerby R, Zhang F, et al. The ocean's ultimate trashcan: hadal trenches as major depositories for plastic pollution [J]. Water Research, 2020, 168: 115121.

[28] Krause S, Molari M, Gorb E, et al. Persistence of plastic debris and its colonization by bacterial communities after two decades on the abyssal seafloor [J]. Scientific Reports, 2020, 10(1): 9484.

第 9 章

海洋微塑料在食物网中的传递

塑料是异质材料的复杂混合物，具有多种物理和化学特性，会影响其在环境中的移动和积累，还可能对生态系统造成影响。当微塑料浓度在一定营养水平上累积，有害物质的有效传递就可能在食物网中发生。

讨论微塑料在食物网中的传递，首先需要明确其基本原理和涉及的生物范围。对于"食物网传递"，我们需区分具体情境：是指鱼类的食物网，还是更广泛的生物链？在探讨此问题时，首先要提及的便是生物摄食的机制。

微塑料的摄食行为值得关注。相较于大塑料，微塑料通常以误食为主。尽管一些生物会摄取较大尺寸的塑料，但对于微塑料而言，多数生物并非主动摄食，而是偶尔误吞。例如，浮游动物摄食微塑料的情况基本上已被否定；仔稚鱼的摄食研究也表明，它们并非主动吞食微塑料。大多数情况下，微塑料可能通过大型鱼类的摄食路径进入食物网，因此探讨传输的重点仍应集中在这些较高营养级的生物上，分析其是否具备将微塑料向上层传递的能力。

9.1 不同营养级生物体对微塑料的摄入

早在 20 世纪 70 年代初就有鱼类摄入微塑料的相关报道[1, 2]，但并没有在国际社会和相关领域引起重视。目前已有超过 890 种海洋生物被发现会摄食或误食微塑料，其中鱼类有 93 种[3]，包括沙丁鱼、鲈鱼、鲷鱼、鳕鱼、鲻鱼、鲯鳅、剑鱼和金枪鱼等。有研究统计 49%的鱼类会摄食微塑料，平均丰度为 3.5 个/只[4]。而且，淡水和河口水域中鱼类体内微塑料的丰度是海洋鱼类的 2 倍以上，这是因为河流和湖泊等淡水环境中的微塑料浓度是海水环境的 40~50 倍（图 9-1）[5, 6]。在鱼类的胃肠道中发现的主要微塑料形状是纤维（占 71.1%），这与海水环境中纤维状微塑料比例高有关[7]。海水养殖业和捕捞业使用的各种网具等也增加了海水中纤维状微塑料的比例[8]。除了经济鱼类，其他经济种类摄食微塑料的报道比比皆是，包括贻贝、牡蛎、蛤蜊、虾类[9]、蟹类[10]、龙虾[11]和鱿鱼[12]等。目前，由摄入塑料造成的野生鱼类直接死亡尚未在公开文献中描述，但有几项研究描述了鱼类摄取大块塑料最终死亡的情况，如英吉利海峡的鱼类摄食塑料杯，南非海域的鲨鱼摄食靴子、涂漆滚筒和塑料袋[13]，以及北太平洋鱼类吞食各种硬质和软质塑料碎片（>1mm）[14, 15]。微塑料和纳米塑料对鱼类的间接物理影响已被实验证明，包括降低的游泳能力、对摄食和生长的影响及降低的机体状况和总体性能等[16, 17]。

如图 9-2 所示，生物体对于微塑料的摄食可以分为直接摄入和间接摄入[18]。间接摄入是指摄入了含有微塑料的猎物，也被称为微塑料的营养级传递[19]。最早的报道是在新

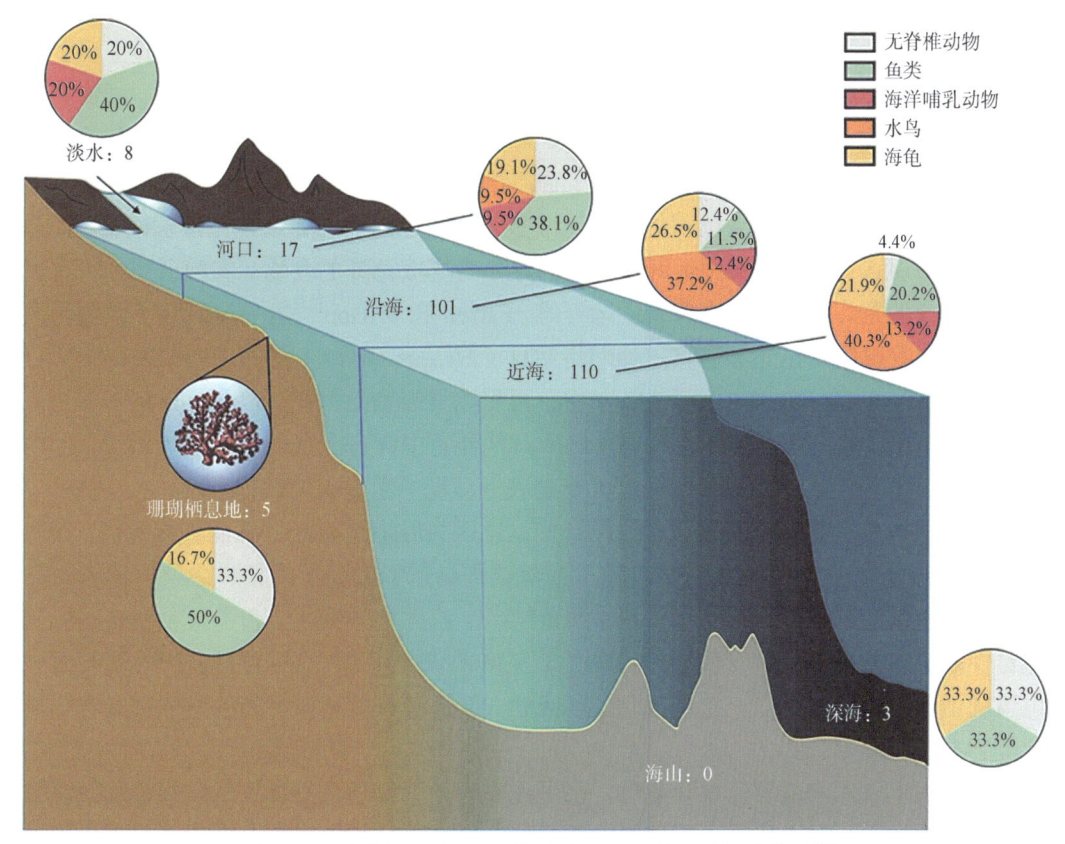

图 9-1　已知摄入塑料的生物群的栖息地类型及报道数量[6]

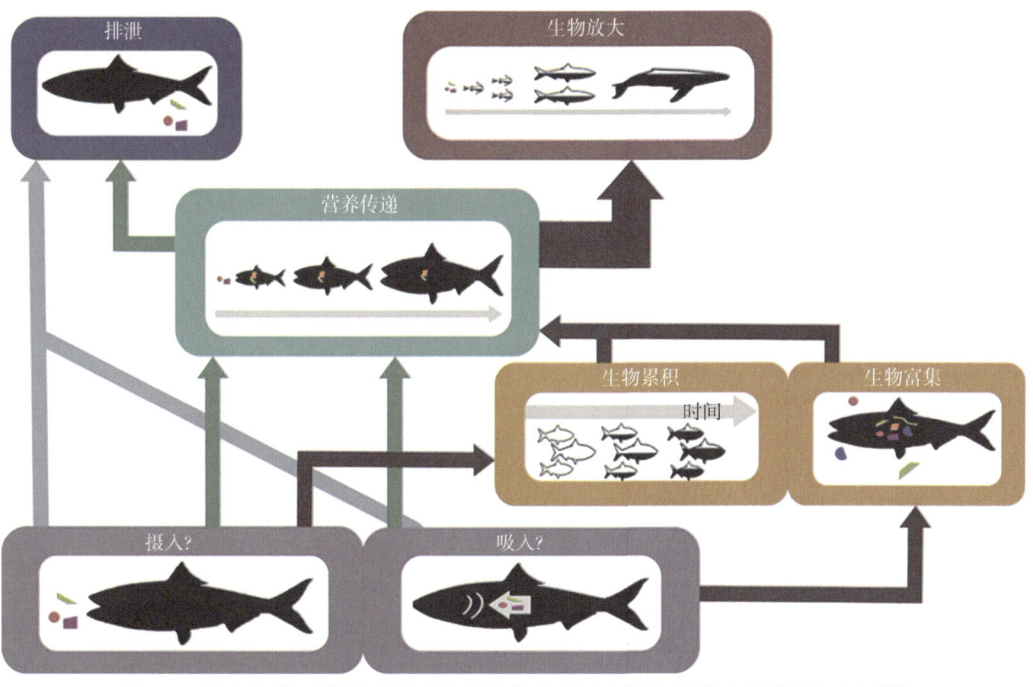

图 9-2　摄入塑料对海洋动物（包括其他人为压力源）的潜在影响的概念图[18]

西兰海狮（*Phocarctos hookeri*）的粪便中发现了小的塑料碎片[20]。此后的实验证明了微塑料沿着食物链的传递会发生在捕食者与被捕食者之间，包括贻贝和螃蟹[21]、鳕鱼和海狗[22]、浮游动物和海鸟[23]等。Murray 和 Cowie[24]进行了一项研究，他们从克莱德湾采集了挪威龙虾（*Nephrops norvegicus*）样品，并在它们的消化道中发现了塑料纤维。他们提出了挪威龙虾被动地从沉积物中摄入微塑料或通过其他营养级途径接触微塑料。为了证实这一观点，他们用聚丙烯纤维标记的鱼作为挪威龙虾的食物。实验证明，所有以这些鱼为食的龙虾的胃里也含有聚丙烯纤维。Farrell 和 Nelson[21]进一步研究了微塑料颗粒在海洋食物链中的传递和转移。他们将贻贝（*Mytilus edulis*）暴露于高浓度的聚苯乙烯微珠（直径 2mm，浓度 106 个/mL）中，再将贻贝喂食给滨蟹（*Carcinus maenas*）。实验证明，在以贻贝为食的螃蟹的血淋巴和其他器官中含有大量聚苯乙烯微珠，他们认为这表明了在自然环境中的贻贝也可能是底栖环境中微塑料的载体。

摄入塑料和微塑料会导致许多海洋脊椎动物因为肠道堵塞和穿孔而直接死亡，如海鸟[25]、海洋哺乳动物[26]和海龟[27]。除了在鱼类胃肠道中发现了微塑料之外，还有研究报道了在鱼类的其他组织存在微塑料，如鱼鳃[28]、肌肉和肝脏[29]。鱼类摄食微塑料的其他毒性效应包括炎症反应、代谢途径改变、免疫系统疾病等[7]。尽管目前野外调查研究报道的微塑料丰度不足以直接造成鱼类的死亡，但是随着微塑料污染的增加可能会影响鱼类种群及繁殖率。

微塑料不仅本身能够影响生物体，也可能作为化学物质的载体，对生态系统造成破坏。化学添加剂（如增塑剂、阻燃剂、稳定剂、抗氧化剂和染料等）在塑料生产中用于增强聚合物的性能（表 9-1），但是这些添加剂在环境条件下逐步释放进入海洋系统，可能对海洋生物产生毒性[30]。例如，溴化阻燃剂和多溴联苯醚是用于塑料制品中降低可燃性的添加剂，这些添加剂在环境中普遍存在，有毒性、持久性和生物累积性[31]。双酚 A 是用作聚碳酸酯塑料和环氧树脂的单体[32]及其他类型聚合物中的抗氧化剂或增塑剂[33]。双酚 A 会从食品和饮料包装中浸出和释放，这是人类接触的主要途径[34]。抗氧化剂用于防止塑料老化及延缓氧化[35]。然而，与其他塑料添加剂一样，抗氧化剂会从塑料中渗出，对生态环境造成影响。塑料添加剂的浸出常发生在自然环境中，那么当水生生物摄食微塑料后也可能在生物体内发生浸出，从而造成生物毒性。

表 9-1　常见的聚合物及其相关塑料添加剂

聚合物	添加剂类型	含量（% w/w）	有害物质
聚丙烯（PP）	抗氧化剂	0.05～3	双酚 A、辛基苯酚、壬基苯酚
	阻燃剂	12～18	溴化阻燃剂、三氯乙基磷酸酯
高密度聚乙烯（HDPE）	抗氧化剂	0.05～3	双酚 A、辛基苯酚、壬基苯酚
	阻燃剂	12～18	溴化阻燃剂、三氯乙基磷酸酯
低密度聚乙烯（LDPE）	抗氧化剂	0.05～3	双酚 A、辛基苯酚、壬基苯酚
	阻燃剂	12～18	溴化阻燃剂、三氯乙基磷酸酯
聚氯乙烯（PVC）	增塑剂	10～70	邻苯二甲酸酯
	稳定剂	0.5～3	双酚 A、壬基苯酚
聚氨酯（PU）	阻燃剂	12～18	溴化阻燃剂、三氯乙基磷酸酯

微塑料对疏水性有机污染物有很强的亲和性,如持久性有机污染物(POP),包括多氯联苯(PCB)、多环芳烃(PAH)和多溴联苯醚(PBDE)等[36]。全球海洋中塑料所吸附的 POP 浓度为 1～10 000ng/g[37, 38]。已有研究发现海洋生物能吸收吸附在微塑料上的持久性有机污染物。例如,Chua 等[39]报道了端足类异跳钩虾 *Allorchestes compressa* 从微塑料上吸收多溴联苯醚的过程。Wardrop 等[40]同样报道了鱼类将多溴联苯醚吸收到组织中的过程。在海洋环境中,微塑料可以吸附多种污染物,其在水环境中迁移或进入生物体内,会引起潜在的环境和健康风险。

9.2 微塑料的营养级传递与生物效应

2003 年,Eriksson 和 Burton[22]提出假设,塑料颗粒被冲到海面,然后中上层鱼类对塑料颗粒大小进行选择后摄入,鱼类再被海狗捕食。这是微塑料营养级传递的研究过程中,第一次提出了不同营养级的生物通过摄食行为造成微塑料沿着食物链进行营养级的传递。

2009 年,Teuten 等[41]通过一项喂养试验,证明了多氯联苯可以从塑料转移到白额鹱(*Puffinus leucomelas*)的体内。但是,对于沿着食物链传递的研究与发现却少之又少。这是首次通过微塑料附着的有机污染物实验来旁证营养级传递过程。

2011 年,Murray 和 Cowie[24]进行了一项室内试验,将带有聚丙烯塑料的鱼苗投喂给挪威龙虾,24h 后塑料出现在了龙虾的胃中。这项试验首次证明了微塑料沿着食物链传递的可能性。如果证明微塑料可以从低营养级水平转移到高营养级水平,则可能会产生生物积累和生物方法等的不利影响。

2013 年,Farrell 和 Nelson[21]也进行了一项室内喂养试验,证实了微塑料从贻贝到螃蟹的传递。将贻贝暴露于 0.5mm 荧光聚苯乙烯微珠中,然后投喂给螃蟹。在蟹的胃、肝、胰脏、卵巢和鳃中也发现了塑料微珠,随着投喂试验的进行,数量在不断减少。

2014 年,Setälä 等[42]对浮游动物进行了微塑料营养级传递的室内试验。他通过将已摄入塑料微珠的浮游动物提供给糠虾来进行食物网转移试验,显微镜下观察到糠虾在进食 3h 后,肠道显示出浮游动物和塑料微珠的存在。这项研究首次显示了通过浮游生物将塑料微粒从一个营养级(中型浮游动物)转移到更高水平(大型浮游生物)的潜力。塑料转移的影响及食物网中可能的堆积需要进一步研究。

2016 年,Gutow 等[43]对欧洲玉黍螺(*Littorina littorea*)和墨角藻(*Fucus vesiculosus*)进行了室内饲喂试验,发现玉黍螺不能区分附着有微塑料颗粒的藻类和不含微塑料的"干净"藻类,这表明其不具有识别和区分亚毫米级大小范围内的固体非实物颗粒的能力。墨角藻的体表会附着海水中的悬浮微塑料,从而被捕食者摄食。但是在其主要的消化器官中未发现任何微塑料,在其粪便中发现的微塑料颗粒表明,这些颗粒在动物体内并未迅速积聚,大部分随着粪便排出体外。这项试验提供了一个证据,即海藻可能是微塑料从海水到海洋底栖食草动物体内的一个有效途径。

2016 年,Batel 等[44]建立了一条卤虫无节幼虫 *Artemia* sp. nauplii 和斑马鱼(*Danio* rerio）的简单人工食物链，以分析不同营养水平之间的微塑料颗粒和相关的持久性有机污染物（POP）的转移。该试验首次证明了微塑料颗粒从无脊椎动物到脊椎动物中的传递过程。但是，每两万卤虫中约有 1.2×10^6 个微塑料颗粒，该实验中使用的微塑料颗粒的浓度远远超过了与环境有关的浓度。

2017 年，Tosetto 等[45]研究了潮间带生态环境中微塑料随营养级传递的过程，他们通过将暴露在环境相关浓度微塑料下的一种海滩跳虫喂食给深虾虎鱼，来观察鱼类个体行为是否会发生改变。实验结果显示虽然虾虎鱼很容易摄入受污染的海滩跳虫，但与对照组相比，没有检测到微塑料营养转移对鱼类个性的影响。2018 年，Griffin 等[46]利用滤食性的模式生物贻贝来研究微塑料的累积效应。通过对照试验，一组是直接喂食微塑料，另一组是喂食暴露于微塑料之下的浮游动物，结果证明不同营养级之间的摄食行为增加了微塑料出现在滤食性生物体内的频率，特别是当微塑料的摄食消耗并未降低水环境中的总体丰度（如在河口等流量高的区域）。该试验结果对于大型滤食性生物（如须鲸和鲸鲨等）具有重要的意义，因为这些动物主要以浮游动物为食，因此对于微塑料的摄食和消耗远远超过之前的研究预测。

2018 年，Nelms 等[47]首次分析了微塑料沿着鱼类到海洋哺乳动物之间的营养级传递。他们通过分析人工圈养的海豹的粪便样本及被它们摄食的野生大西洋鲭的消化道，得出结论即微塑料的营养级传递是一种间接的甚至是主要的传递途径。

2018 年，Diepens 和 Koelmans[48]提出了一种通用的理论模型，来模拟食物网中微塑料和疏水性有机污染物（HOC）的转移。他们利用该模型在北极进行研究，这项实验由 9 种生物所构成，其中包括大西洋鳕和北极熊作为顶级捕食者（图 9-3）。尽管模型分析并没有预测到微塑料的生物放大作用，但是对于 PCB 和 PAH 之类的 HOC 沿着营养级的生物放大作用极为明显。微塑料作为一种保守性的污染物，被建模为从生物体内流入和流出，而无须考虑转移及毒理动力学过程。这种"进来、必须出去"的假设可能适用于大范围的颗粒，但不一定适用于亚微米和纳米级颗粒。该研究基于文献假设的食物网结构从而得出的结论，必须要承认的是，其他结构的海洋食物网可能会得出不同的结果。

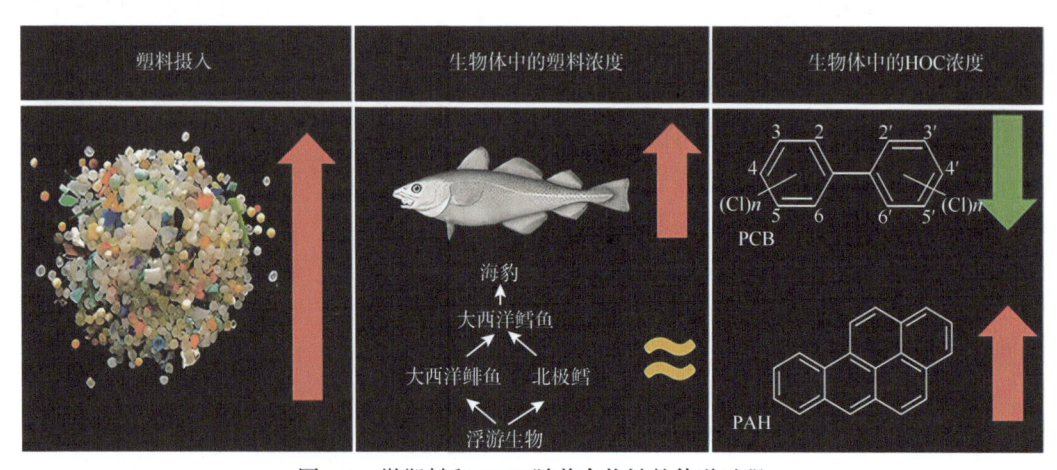

图 9-3 微塑料和 HOC 随着食物链的传递过程

2018 年，Renzi 等[49]证明了海参（Holothuroidea）通过选择性摄食，将海底塑料垃圾从非生物介质转移到海洋食物网中。同年，Chae 等[50]通过室内暴露试验证明了纳米塑料可以轻易地沿着食物链传递，但该试验使用的纳米塑料浓度显著高于环境实际浓度。

目前，全球海洋表层塑料垃圾储量大约是 25 万 t，然而这仅仅相当于每年从陆地输入海洋的塑料垃圾量的 1%。那么剩余的海洋塑料垃圾去哪里了？其中粒径分布结果表明，<1mm 的微塑料显著缺失。由有机物碎屑聚合而成的海洋雪（粒径在 50～1000μm）是将微塑料转移出海洋表层的潜在机制之一。此外，海洋雪也是滤食性双壳类的主要食物来源。那么微塑料也可能通过海洋雪传递给该生物类群。基于以上问题，Zhao 等[51]采集并分析了海洋雪和紫贻贝样品。研究结果表明，海洋雪含有较高的微塑料丰度，其中 90%的塑料粒径小于 1mm，证明在自然界中海洋雪可以把大量微塑料输运至海洋次表层。聚类分析结果表明，海洋雪中的微塑料与紫贻贝捕获的微塑料的物理特征十分相似。这说明紫贻贝可通过摄食海洋雪而误食微塑料。基于紫贻贝摄食行为生态学，我们分析了紫贻贝粪便、假粪和消化腺三个部分的微塑料污染状况，结果表明，紫贻贝的微塑料摄食率受到长度和形状的影响，同时超过 40%被摄食的微塑料会在 3h 内被紫贻贝排出体外。这使得紫贻贝不能成为一个可信的海洋微塑料生物监测物种，这一发现与 Ward 等[52]学者的认知截然相反。依据野外数据，该研究证实了海洋雪是微塑料再分布的机制之一，揭示了一种潜在的海洋生物摄食微塑料的新途径，并指出紫贻贝不宜作为海洋微塑料污染指示种，这对我们进一步了解海洋塑料垃圾的归趋和科学监测海洋微塑料污染具有重要的指导意义。

2019 年，李道季团队调查了从东海舟山渔场捕获的 11 种野生鱼类和 8 种野生甲壳动物的微塑料富集情况[53]。在两个主要组织，即鳃和胃肠道中发现的微塑料的丰度分别为 0.77 个/只±1.25 个/只和 0.52 个/只±0.90 个/只。如图 9-4 所示，其中聚对苯二甲酸乙二醇酯（PET）是最常见的微塑料类型（44.8%），其次是聚乙烯（PE）（16.0%）。鳃和胃肠道中微塑料的平均大小分别为 655.39μm±753.77μm 和 727.03μm±1148.22μm，并且尺寸小于 1mm 的微塑料分别占鳃和胃肠道总量的 74.7%和 78.7%。通过相关性分析发现，微塑料的富集与营养级之间存在高度的相关性，微塑料丰度随着营养水平的增加而增加（图 9-5）。

2020 年，Elizalde-Velázquez 等[54]利用标准毒理学研究和生态风险评估的模式生物——大型溞（Daphnia magna）和黑头软口鲦（Pimephales promelas）进行微塑料营养级传递的模型建立。这项研究没有发现 6mm 的聚苯乙烯（PS）微塑料颗粒从肠道转移，即使没有转移，两个物种之间的摄食行为也导致了微塑料的营养级转移。该研究对营养级的研究提出一个新的论点：在室内暴露实验中需要考虑到食物存在的影响，因为食物对水蚤的微塑料净化过程有重大的影响。

2022 年，Covernton 等[55]量化了温哥华岛南部三个地点不同营养水平的双壳类、螃蟹、棘皮动物和鱼类对微塑料的吸收。先将稳定同位素食物网分析与所有营养级消化道和鱼类肝脏中的微塑料浓度配对。然后使用贝叶斯广义线性混合模型来探索是否发生了生物累积和生物放大。研究结果表明，微塑料（100～5000μm）在海洋沿海食物网中没有生物放大作用，消化道或鱼类肝脏中的微塑料浓度与各物种的营养位置之间没有相关

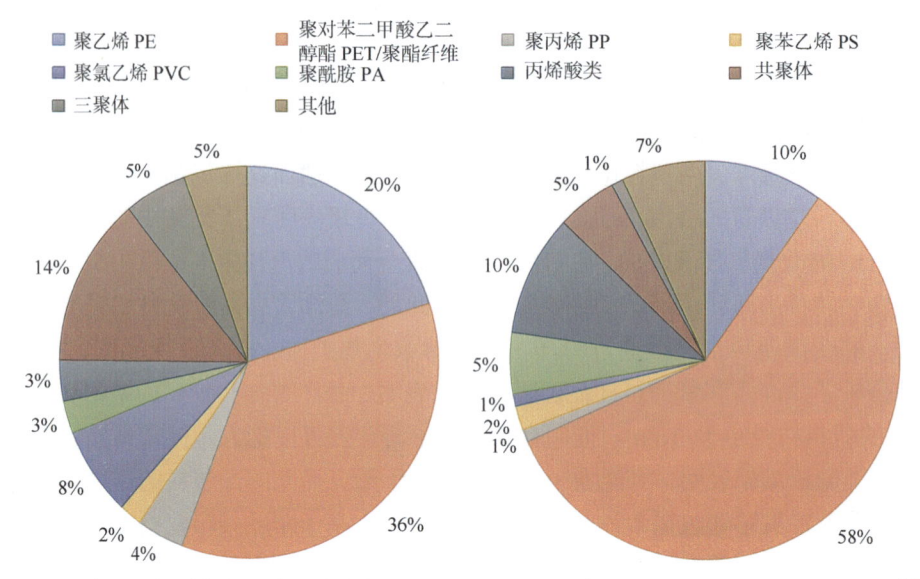

图 9-4　舟山渔场采集的所有鱼类个体的鳃（左）和胃肠道（右）中鉴定出的微塑料类型[53]

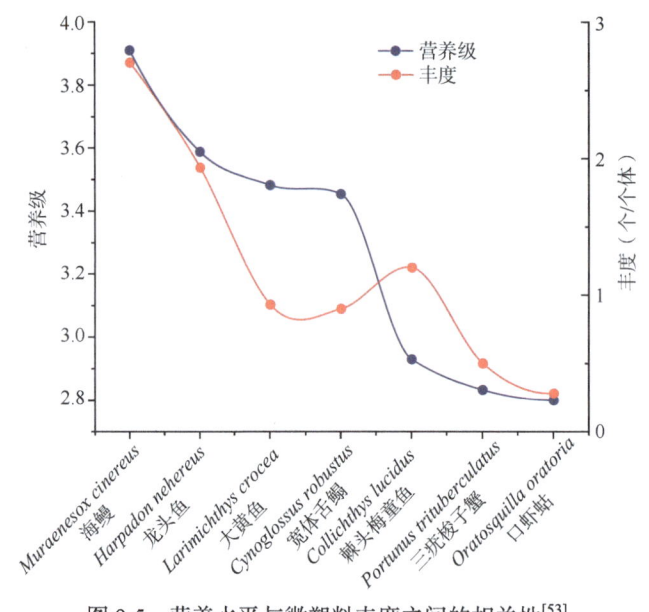

图 9-5　营养水平与微塑料丰度之间的相关性[53]

性。然而，生态特征确实影响了微塑料在消化道中的积累，悬浮饲养者和体型较小的浮游鱼类按体重计算摄入了更多的微塑料。岩鱼的营养转移发生在猎物和捕食者之间，但与空胃相比，饱胃中的营养转移浓度更高，这表明摄入的微塑料排泄迅速。该研究结果表明，微塑料通过海洋食物网的运动是由物种特异性机制促进的，污染易感性是物种生物学的功能，而不是营养位置的功能。该发现促进了人们对微塑料如何进入和穿过水生食物网的理解，表明与高营养级动物相比，低营养级动物摄入>100μm 微塑料的风险更大。该工作还强调了推进<100μm 微塑料研究的必要性，对此人们仍然知之甚少，可能需要在生态风险评估中单独考虑。

9.3 问题与展望

关于微塑料的营养级转移的研究还很有限，但是在代表各种生境（如哺乳动物、鸟类和鱼类）的各种沿海较高营养级生物的粪便和生物组织中都发现微塑料，这指示了微塑料的潜在危害。

涉及影响生物体对微塑料的摄入、积累和生物放大的影响因子和变量众多，这就导致了对微塑料的毒性和营养级的传递进行计算和建模的难度逐级增大。因此，需要更加综合的营养级传递模型来验证这一假设。此外，对于环境中微塑料和生物体内微塑料的检测方法差异很大，国际上需要统一标准化的检测方法。在未来的研究中，进一步量化不同的微塑料特征（聚合物类型、形状、尺寸等）和生物生理学（肠道表面活性剂、摄食机制等）会有助于研究生物体对微塑料的摄食和排出速率。调查不同的微塑料暴露途径，并确定哪些途径使得微塑料毒性的影响更大，这些问题都鲜为人知。目前大多数研究都集中在生物体对微塑料的摄食上，然而通过水生生物的鳃来传递微塑料也可能是一条重要的暴露途径。量化这些暴露途径如何影响微塑料在捕食者和被捕食者体内的滞留时间，将进一步理解和认识营养级传递动力学。基于这些考虑，我们认识到下列问题是未来必不可少的研究需求。

（1）量化不同营养级的生物在暴露试验中对微塑料的摄食和排出速率（体内滞留时间），并确定哪些因素会影响其体内滞留时间：

为了解微塑料及其附着污染物如何产生生物富集和生物放大作用，有必要了解暴露于具有某些特征的微塑料是否会导致摄食速率增加和（或）排出速率的降低。一些研究表明，小于或等于 10mm 的球体和纤维在体内具有更长的滞留时间，这表明这些微塑料将有更大的机会被捕食者间接摄入[21, 56, 57]。人们对摄食了积聚微塑料的被捕食者的营养级较高的捕食者中微塑料的行为知之甚少。

（2）研究不同营养级别下不同类别的与微塑料相关的化学物质的生物放大作用：

通过食物链转移的与微塑料相关的化学物质，在不同营养级的生物体内可能具有不同的影响。例如，PAH 在无脊椎动物中的生物转化较差，但在脊椎动物中代谢良好。微塑料及其相关环境污染物经过生物放大后，在较高营养水平下可能产生毒性作用的潜力需要研究。

（3）需要定义并构建明确的微塑料食物网。为了有效解决与微塑料和生物群落有关的营养级传递问题，需要专门的采样设计和实验设计。目前许多已有的营养级传递研究仅限于沿海或中上层海域中的生境。即使在该地区进行的研究，也会限制不同研究论文之间营养级的比较。如果有明确定义和构建的食物网，如在湖泊和内海的食物网，就能为解决有关营养级传递的有针对性的研究问题提供关键支撑。

（4）由于微塑料在营养级上的传递对人类有潜在的影响，越来越多的研究关注到水产养殖物种体内的微塑料。水产养殖及相似的环境，可能会为营养级传递的研究提供一个理想的场景。因为在水产养殖作业中，有关微塑料营养级传递的问题对于如何最大限度地减少微塑料污染是非常有用的。

（5）淡水生态系统或深海区域都是有边界的区域，可以作为微塑料营养级传递的良好的生境模型系统。例如，地中海具有明确的边界和已知的微塑料输入，因此，对该地区进行有针对性的研究可能对于我们了解食物网中微塑料的来源与归宿是非常有益的。

（6）还需提及微塑料摄食的进化机制问题。这涉及生物在自然选择中的适应性变化，是否有证据表明生物能够在长期接触微塑料的环境中形成一定的适应或抵御能力。当前的研究主要集中在摄食的误食和潜在危害上，对于微塑料是否能通过复杂的食物网被有效传输，以及这种传输对生态系统的长期影响，仍需更为深入的研究。

根据本章讨论与研究，我们对水生食物网中微塑料与营养级传递之间的关系做出以下的预测。

（1）微塑料的营养级传递现象很可能反映了环境中微塑料的生物可利用性，因此可能在不同地区存在一定的差异。

（2）在食物网中，如果有生物摄食范围与环境中微塑料的聚集深度相近，那么该区域的微塑料营养级传递率可能最高（如表层海水、底栖环境）。

（3）微塑料的营养级传递往往更容易在体型较小、代谢率高的生物中观察到，但是当食物网中的顶级捕食者体型太小，在环境中主要尺寸的微塑料暴露下，某些食物网中的顶级捕食者的生长发育可能受到限制。因此，如果产生生物放大效应，我们可能会发现与在同一系统中的其他化学污染物不同的响应模式。如果微塑料污染的"行为"类似于持久性有机污染物，我们预计在较高的营养级下出现较高的浓度水平，但是由于微塑料的物理特性，营养级的稀释作用也可能发生。

（4）微塑料在淡水生态系统中的营养级传递将密切地反映海洋生态系统中微塑料污染的营养级传递。然而，在未来的研究中应考虑微塑料在淡水生态系统中的传递与归趋，因为很少有研究去证实这些不同生态系统中的过程。

参 考 文 献

[1] Carpenter E J, Smith Jr K. Plastics on the Sargasso Sea surface [J]. Science, 1972, 175(4027): 1240-1241.

[2] Kartar S, Abou-Seedo F, Sainsbury M. Polystyrene spherules in the Severn Estuary-a progress report [J]. Marine Pollution Bulletin, 1976, 7(3): 52.

[3] Li B, Liang W, Liu Q-X, et al. Fish ingest microplastics unintentionally [J]. Environmental Science & Technology, 2021, 55(15): 10471-10479.

[4] Wootton N, Reis-Santos P, Gillanders B M. Microplastic in fish–a global synthesis [J]. Reviews in Fish Biology and Fisheries, 2021, 34: 753-771.

[5] Schmidt C, Krauth T, Wagner S. Export of plastic debris by rivers into the sea [J]. Environmental Science & Technology, 2017, 51(21): 12246-12253.

[6] Provencher J, Ammendolia J, Rochman C, et al. Assessing plastic debris in aquatic food webs: what we know and don't know about uptake and trophic transfer [J]. Environmental Reviews, 2019, 27(3): 304-317.

[7] Rezania S, Park J, Din M F M, et al. Microplastics pollution in different aquatic environments and biota:

a review of recent studies [J]. Marine Pollution Bulletin, 2018, 133: 191-208.

[8] Anbumani S, Kakkar P. Ecotoxicological effects of microplastics on biota: a review [J]. Environmental Science and Pollution Research, 2018, 25: 14373-14396.

[9] Wang T, Tong C, Wu F, et al. Distribution characteristics of microplastics and corresponding feeding habits of the dominant shrimps in the rivers of Chongming Island [J]. Science of the Total Environment, 2023, 888: 164041.

[10] Wu F, Wang T, Li X, et al. Microplastic contamination in the dominant crabs at the intertidal zone of Chongming Island, Yangtze Estuary [J]. Science of the Total Environment, 2023, 896: 165258.

[11] Welden N A, Cowie P R. Long-term microplastic retention causes reduced body condition in the langoustine, *Nephrops norvegicus* [J]. Environmental Pollution, 2016, 218: 895-900.

[12] Rosas-Luis R. Description of plastic remains found in the stomach contents of the jumbo squid *Dosidicus gigas* landed in Ecuador during 2014 [J]. Marine Pollution Bulletin, 2016, 113(1-2): 302-305.

[13] Cliff G, Dudley S F, Ryan P G, et al. Large sharks and plastic debris in KwaZulu-Natal, South Africa [J]. Marine and Freshwater Research, 2002, 53(2): 575-581.

[14] Choy C A, Drazen J C. Plastic for dinner? Observations of frequent debris ingestion by pelagic predatory fishes from the central North Pacific [J]. Marine Ecology Progress Series, 2013, 485: 155-163.

[15] Jantz L A, Morishige C L, Bruland G L, et al. Ingestion of plastic marine debris by longnose lancetfish (*Alepisaurus ferox*) in the North Pacific Ocean [J]. Marine Pollution Bulletin, 2013, 69(1-2): 97-104.

[16] Critchell K, Hoogenboom M O. Effects of microplastic exposure on the body condition and behaviour of planktivorous reef fish (*Acanthochromis polyacanthus*) [J]. PLoS One, 2018, 13(3): e0193308.

[17] de Sá L C, Luís L G, Guilhermino L. Effects of microplastics on juveniles of the common goby (*Pomatoschistus microps*): confusion with prey, reduction of the predatory performance and efficiency, and possible influence of developmental conditions [J]. Environmental Pollution, 2015, 196: 359-362.

[18] Lavers J L, Bond A L, Hutton I. Plastic ingestion by flesh-footed shearwaters (*Puffinus carneipes*): implications for fledgling body condition and the accumulation of plastic-derived chemicals [J]. Environmental Pollution, 2014, 187: 124-129.

[19] Carbery M, O'Connor W, Palanisami T. Trophic transfer of microplastics and mixed contaminants in the marine food web and implications for human health [J]. Environment International, 2018, 115: 400-409.

[20] McMahon C R, Holley D, Robinson S. The diet of itinerant male Hooker's sea lions, *Phocarctos hookeri*, at sub-Antarctic Macquarie Island [J]. Wildlife Research, 1999, 26(6): 839-846.

[21] Farrell P, Nelson K. Trophic level transfer of microplastic: *Mytilus edulis* (L.) to *Carcinus maenas* (L.) [J]. Environmental Pollution, 2013, 177: 1-3.

[22] Eriksson C, Burton H. Origins and biological accumulation of small plastic particles in fur seals from Macquarie Island [J]. AMBIO: A Journal of the Human Environment, 2003, 32(6): 380-384.

[23] Amélineau F, Bonnet D, Heitz O, et al. Microplastic pollution in the Greenland Sea: background levels and selective contamination of planktivorous diving seabirds [J]. Environmental Pollution, 2016, 219: 1131-1139.

[24] Murray F, Cowie P R. Plastic contamination in the decapod crustacean *Nephrops norvegicus* (Linnaeus, 1758) [J]. Marine Pollution Bulletin, 2011, 62(6): 1207-1217.

[25] Pierce K E, Harris R J, Larned L S, et al. Obstruction and starvation associated with plastic ingestion in

a Northern Gannet *Morus bassanus* and a Greater Shearwater *Puffinus gravis* [J]. Marine Ornithology, 2004, 32: 187-189.

[26] Puig-Lozano R, de Quirós Y B, Díaz-Delgado J, et al. Retrospective study of foreign body-associated pathology in stranded cetaceans, Canary Islands (2000-2015) [J]. Environmental Pollution, 2018, 243: 519-527.

[27] Chemello G, Trotta E, Notarstefano V, et al. Microplastics evidence in yolk and liver of loggerhead sea turtles (*Caretta caretta*), a pilot study [J]. Environmental Pollution, 2023: 122589.

[28] Yin X, Wu J, Liu Y, et al. Accumulation of microplastics in fish guts and gills from a large natural lake: selective or non-selective? [J]. Environmental Pollution, 2022, 309: 119785.

[29] Lu Y, Zhang Y, Deng Y, et al. Uptake and accumulation of polystyrene microplastics in zebrafish (*Danio rerio*) and toxic effects in liver [J]. Environmental Science & Technology, 2016, 50(7): 4054-4060.

[30] Beiras R, Verdejo E, Campoy-Lopez P, et al. Aquatic toxicity of chemically defined microplastics can be explained by functional additives [J]. Journal of Hazardous Materials, 2021, 406: 124338.

[31] Ding T, Wei L, Hou Z, et al. Microplastics altered contaminant behavior and toxicity in natural waters [J]. Journal of Hazardous Materials, 2022, 425: 127908.

[32] Hoekstra E J, Simoneau C. Release of bisphenol A from polycarbonate–a review [J]. Critical Reviews in Food Science and Nutrition, 2013, 53(4): 386-402.

[33] Rani M, Shim W J, Han G M, et al. Qualitative analysis of additives in plastic marine debris and its new products [J]. Archives of Environmental Contamination and Toxicology, 2015, 69: 352-366.

[34] Vandermeersch G, Van Cauwenberghe L, Janssen C R, et al. A critical view on microplastic quantification in aquatic organisms [J]. Environmental Research, 2015, 143: 46-55.

[35] Lau O-W, Wong S-K. Contamination in food from packaging material [J]. Journal of Chromatography A, 2000, 882(1-2): 255-270.

[36] Prajapati A, Narayan Vaidya A, Kumar A R. Microplastic properties and their interaction with hydrophobic organic contaminants: a review [J]. Environmental Science and Pollution Research, 2022, 29(33): 49490-49512.

[37] Hirai H, Takada H, Ogata Y, et al. Organic micropollutants in marine plastics debris from the open ocean and remote and urban beaches [J]. Marine Pollution Bulletin, 2011, 62(8): 1683-1692.

[38] Ogata Y, Takada H, Mizukawa K, et al. International Pellet Watch: Global monitoring of persistent organic pollutants (POPs) in coastal waters. 1. Initial phase data on PCBs, DDTs, and HCHs [J]. Marine Pollution Bulletin, 2009, 58(10): 1437-1446.

[39] Chua E M, Shimeta J, Nugegoda D, et al. Assimilation of polybrominated diphenyl ethers from microplastics by the marine amphipod, *Allorchestes compressa* [J]. Environmental Science & Technology, 2014, 48(14): 8127-8134.

[40] Wardrop P, Shimeta J, Nugegoda D, et al. Chemical pollutants sorbed to ingested microbeads from personal care products accumulate in fish [J]. Environmental Science & Technology, 2016, 50(7): 4037-4044.

[41] Teuten E L, Saquing J M, Knappe D R, et al. Transport and release of chemicals from plastics to the environment and to wildlife [J]. Philosophical Transactions of the Royal Society B: Biological Sciences, 2009, 364(1526): 2027-2045.

[42] Setälä O, Fleming-Lehtinen V, Lehtiniemi M. Ingestion and transfer of microplastics in the planktonic food web [J]. Environmental Pollution, 2014, 185: 77-83.

[43] Gutow L, Eckerlebe A, Giménez L, et al. Experimental evaluation of seaweeds as a vector for microplastics into marine food webs [J]. Environmental Science & Technology, 2016, 50(2): 915-923.

[44] Batel A, Linti F, Scherer M, et al. Transfer of benzo [a] pyrene from microplastics to *Artemia* nauplii and further to zebrafish via a trophic food web experiment: CYP1A induction and visual tracking of persistent organic pollutants [J]. Environmental Toxicology and Chemistry, 2016, 35(7): 1656-1666.

[45] Tosetto L, Williamson J E, Brown C. Trophic transfer of microplastics does not affect fish personality [J]. Animal Behaviour, 2017, 123: 159-167.

[46] Griffin R L, Green I, Stafford R. Accumulation of marine microplastics along a trophic gradient as determined by an agent-based model [J]. Ecological Informatics, 2018, 45: 81-84.

[47] Nelms S E, Galloway T S, Godley B J, et al. Investigating microplastic trophic transfer in marine top predators [J]. Environmental Pollution, 2018, 238: 999-1007.

[48] Diepens N J, Koelmans A A. Accumulation of plastic debris and associated contaminants in aquatic food webs [J]. Environmental Science & Technology, 2018, 52(15): 8510-8520.

[49] Renzi M, Blašković A, Bernardi G, et al. Plastic litter transfer from sediments towards marine trophic webs: a case study on holothurians [J]. Marine Pollution Bulletin, 2018, 135: 376-385.

[50] Chae Y, Kim D, Kim S W, et al. Trophic transfer and individual impact of nano-sized polystyrene in a four-species freshwater food chain [J]. Scientific Reports, 2018, 8(1): 284.

[51] Zhao S, Ward J E, Danley M, et al. Field-based evidence for microplastic in marine aggregates and mussels: implications for trophic transfer [J]. Environmental Science & Technology, 2018, 52(19): 11038-11048.

[52] Ward J E, Zhao S, Holohan B A, et al. Selective ingestion and egestion of plastic particles by the blue mussel (*Mytilus edulis*) and eastern oyster (*Crassostrea virginica*): implications for using bivalves as bioindicators of microplastic pollution [J]. Environmental Science & Technology, 2019, 53(15): 8776-8784.

[53] Zhang F, Wang X, Xu J, et al. Food-web transfer of microplastics between wild caught fish and crustaceans in East China Sea [J]. Marine Pollution Bulletin, 2019, 146: 173-182.

[54] Elizalde-Velázquez A, Carcano A M, Crago J, et al. Translocation, trophic transfer, accumulation and depuration of polystyrene microplastics in *Daphnia magna* and *Pimephales promelas* [J]. Environmental Pollution, 2020, 259: 113937.

[55] Covernton G A, Cox K D, Fleming W L, et al. Large size (>100-μm) microplastics are not biomagnifying in coastal marine food webs of British Columbia, Canada [J]. Ecological Applications, 2022, 32(7): e2654.

[56] Au S Y, Bruce T F, Bridges W C, et al. Responses of *Hyalella azteca* to acute and chronic microplastic exposures [J]. Environmental Toxicology & Chemistry, 2015, 34(11): 2564-2572.

[57] Watts A J, Lewis C, Goodhead R M, et al. Uptake and retention of microplastics by the shore crab *Carcinus maenas* [J]. Environmental Science & Technology, 2014, 48(15): 8823-8830.

第 10 章

海洋生物误食微塑料的机制

微塑料已成为全球性问题，几乎所有类型的海洋生态系统都受到其影响[1, 2]，导致海洋生物在觅食过程中面临威胁，如行为障碍、窒息、胃肠道损伤等[3-5]。海洋生物的选择性摄食策略经过数十亿年的进化，理论上能有效避免摄入非食物性颗粒。然而，当前的问题是，生物似乎难以识别微塑料，尽管不同类型的塑料均可能被摄入，但特定生物往往倾向于摄食与其习性相符的塑料类型。但事实上微塑料在生物体内的长期累积可能性较低，它们通常通过消化道排出，且难以在体内形成明显的累积效应，只有在少数情况下可能引起物理阻塞。对于海洋生物摄入微塑料的研究方法应严格把控，避免外部污染干扰，确保结果的科学性。评估微塑料危害时需基于科学实验，避免过度解读。本章将从海洋生物误食微塑料的进化角度，探讨海洋生物与微塑料之间潜在的相互作用，为海洋生态风险评估提供建设性建议。

10.1 生物不同进化阶段的摄食行为

地球上的生物已经存在了至少35亿年[6, 7]。它们从最初的生物大分子进化为大量多细胞真核生物。随着生物与环境之间相互作用的增强，它们的营养策略也从渗透营养向光营养、兼性营养再到异养进化。

早期生命体细胞结构简单，所处的原始地球环境极其恶劣。只有溶解在细胞外的一层薄的边界层中的无机物或有机物能够通过细胞膜运输并在细胞内被同化。在这一阶段，渗透营养为生物体提供了充足的资源。经过10亿年，大氧化事件（Great Oxygenation Event，GOE）改变了还原性大气，地球变得有氧[8]。与此同时，许多单细胞产氧生物，如蓝藻和其他浮游植物，在海洋中迅速进化。除了一些小型圆形细胞外，浮游植物进化出了更多样的形状和更大的细胞。由此减少的体表面积比限制了它们的资源接触率，单纯的渗透营养已不能满足它们的能源需求[9]。浮游植物转而主要通过运用无机物进行光合作用生成有机碳和能量来代替渗透营养。为了进一步增强竞争力，一些浮游植物还能吞噬细菌或其他特定的有机物来直接获取有机碳，进行兼性营养。相反，一些异养性营养的原生动物也能通过吞噬光养生物利用其光合质体来暂时进行光合作用。自5.41亿年前起，特别是在寒武纪生命大爆发期间，真核生物有性生殖的进化和海洋环境的变化进一步促进了物种多样性的增加[10, 11]。大量多细胞海洋动物在这一时期迅速进化出了更复杂的结构和更大的体型。它们进行异养性营养，主动捕食有机食物，并发展了各种相适应的摄食模式。至此，海洋生态系统一直保持着较高的物种多样性。

在现代海洋生态环境中，物种进化和营养策略适应仍在继续。然而，如今这一进化进程不可避免地受到了人类活动的影响。微塑料作为最主要的人造废弃物之一，在水体中以多种不同形式存在，极易与食物颗粒混淆，使得几乎所有生物体的生存状态受到挑战。总体而言，海洋生物摄食模式的调整速度远不及海洋环境受微塑料影响而改变的速度。

10.2 生物摄入微塑料机制的假设与挑战

海洋生物通常表现出一定程度的食物选择性，这种选择性随其摄食模式的变化而变化。大量不同摄食策略的海洋生物可被分为两类，即其是否具有功能性眼睛。基本上，没有视觉的生物大多根据其化学或水动力感受器来探测营养物质或猎物。相比之下，具有眼睛的动物主要依靠视觉来寻找猎物，这通常更有效。然而目前没有一种摄食策略类型可以精确地将所有微塑料从食物中区分开来。

有学者认为，现代细菌普遍利用选择性细胞膜转运营养物质和代谢产物。一些特殊的膜蛋白也与细菌的运动调节有关。例如，细菌的趋化性是由一个专门的跨膜化学受体触发的，即甲基受体趋化蛋白（methyl-accepting chemotaxis protein，MCP）和类MCP蛋白[12,13]。化学感受器对某种化学信号敏感。当检测到细胞周围的引诱物时，一系列与MCP相关的蛋白质改变了细菌的运动轨迹，以靠近营养物质或远离毒素。如果一个和营养物质分子大小相近的纳米塑料颗粒附着有上述某种信号蛋白，并且被细菌探测到，那么细菌极有可能会向该纳米塑料移动并最终通过细胞膜转运将其摄入细胞内（图10-1）。由于观测手段的缺失，这一机制目前并未被研究。

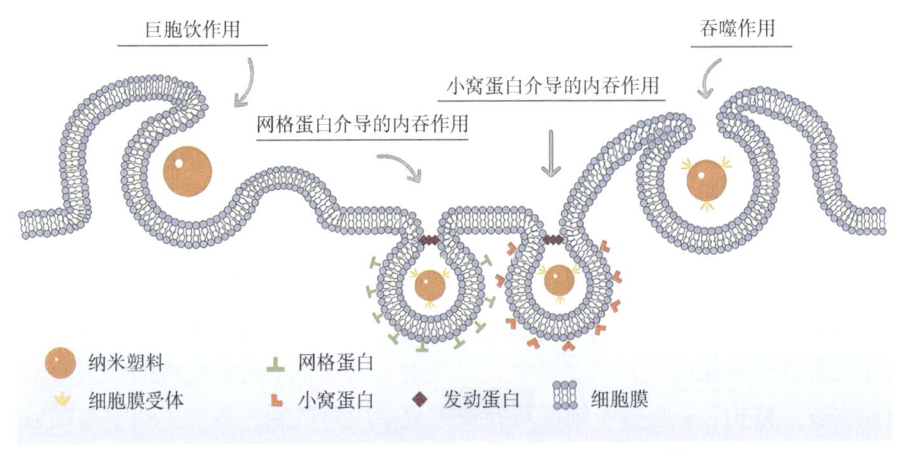

图 10-1　纳米塑料不同细胞内化方式示意图[14]

也有学者认为，在现代海洋生态系统中，原生动物是典型的通过吞噬作用获得能量的生物。吞噬作用最初由单细胞真核生物进化而来，除了通过细胞膜扩散外，还获得额外的有机物。细胞器、细菌和其他小型生物可以被许多兼养性和异养性生物完整摄入[15-17]。一般来说，原生动物通过细胞质的某种变形（如伪足、鞭毛或纤毛）来捕获食物颗粒，然后从胞口吞噬颗粒，并在食物液泡中消化。另一些则通过食管刺穿猎物的质膜，然后吸出细胞内容物。海绵是为数不多的进行细胞内消化的原始多细胞动物。它们是具有简单细胞组织的滤食者。领细胞是海绵中最重要的功能细胞，它将通过海绵体腔的水流进行过滤，探测和捕捉水流中的食物颗粒，并吞噬这些颗粒[18, 19]。吞噬生物主要根据猎物释放的化学信号来区分猎物和不可食颗粒。这一信号可以是小分子物质、细胞分泌物或其他化学引物[20]。当一个信息化学信号接触到捕食者的特定信号受体时，吞噬作用被激活。具有运动能力的捕食者能够远距离发现化学物质的踪迹，并主动向猎物移动。例如，实验室观察到一些纤毛虫和鞭毛虫的趋化性，表明这些原生动物能迅速向距其几毫米或几厘米不等的食物周围聚集[21]。其他一些生物被认为拥有专门的流速感受器，在猎物产生的流体力学信号的指导下，以移动的食物为食[22]。塑料被证实可以从周围水体中有效吸附各种化学物质。一旦猎物分泌的某些信号分子被适当大小的微塑料所吸附，一个假猎物便组装完成。这些被覆于微塑料表面的化学信号极有可能骗过捕食者的化学感受器，触发吞噬作用摄入微塑料，尽管这一过程具有极高的种间特异性。

但是，从微塑料累积和生物与外界环境的相互作用角度来看，微塑料在生物体内的细胞膜转运和吞噬作用在机制探讨上存在几个需要进一步澄清的问题和局限性。首先，需要谨慎对待将微塑料纳入生物选择性摄入的假设。微塑料虽能够吸附某些化学物质，但其被细胞识别并转运或吞噬的可能性，涉及高度复杂的信号机制和特定生理条件。这一假设缺乏直接实验支持，并存在一定的推测性。在实际环境中，塑料颗粒能否通过选择性摄入机制突破生物膜的保护仍需更多证据支持。

其次，关于微塑料可能以"假猎物"形式欺骗捕食者，诱发吞噬行为并被摄入的假设，虽然理论上存在一定的逻辑性，但仍需谨记生物的摄入机制具有很强的特异性和排异性。生物体内的选择性转运和摄取机制对异物的排斥是生物生存的重要屏障，尤其是针对微塑料这样难以降解且非生物性的颗粒，其吸附的信号分子即使与化学感受器发生结合，也未必能突破多层防御机制进入细胞内部，因为细胞膜的结构完整性和动态性会阻止外来物质进入[23]。微塑料可能会破坏细胞功能并诱发应激反应，但不一定会被内化[24]。这种假设仍需通过严谨的实验进行验证，不能单纯依赖理论推测来得出结论。

此外，微塑料的体内排除机制在生物演化中也扮演了重要角色，许多生物具有将异物排出或隔离的能力。假设微塑料能通过与细胞信号蛋白结合而被误认摄入，则需要考虑生物在处理外来物质时表现的复杂免疫反应和排异机制。简单地将纳米或微米级塑料颗粒视作潜在"猎物"，忽视了细胞对异物的复杂应对机制，是对生物学基础原理的简化解读。

综合来看，当前关于微塑料的研究需要明确区分科学假设与实际实验支持，避免将未验证的推测作为定论进行传播。微塑料与生物体信号交互机制需通过更严密的实验设计加以验证，并进行深入的机制探究，确保得出科学准确的结论，而非单纯依赖推测。

10.3　无脊椎动物的误食模式

　　无脊椎动物是辐射对称或两侧对称的多细胞动物，进化出了高度分化的细胞和复杂的器官。功能性消化系统中细胞外消化的出现被认为是动物的一个重要特征[25]。与吞噬作用相比，细胞外消化可将大型生物分解成小块来消化，拓宽了动物的食物结构，并通过扩大肠道表面积来提高动物对营养物质的吸收率。因此，无脊椎动物比之前的生物体更具竞争力，并在不同的生境中发展出不同的主动摄食模式[26]。

　　大多数无脊椎动物没有光感受器或仅有原始的光感受器，且不直接参与觅食。这些无脊椎动物主要依赖化学和流体力学感受器探测食物。以桡足类为例，不同的传感器功能服务于不同的摄食模式[27]。Kiørboe[28]描述了桡足类的三种典型摄食模式，即伏击式摄食、食物流式摄食和巡游式摄食。伏击式摄食的桡足类高度依赖于远程探测来觅食。大多数情况下，它们悬浮在水体中，当运动的猎物经过时，猎物会产生特殊的流体力学信号，刺激桡足类头部附肢的相关感受器。这种信号通常可为桡足类提供许多猎物信息，如其大小、形状、游动速度和矢量方向等。在分析了这些信息后，桡足类会调整方向朝向猎物，并迅速发动攻击。食物流式摄食的桡足类也悬浮在水中，但会不断地拍打附肢以产生摄食水流并探测该水流中的食物颗粒。桡足类不同的化学或流体力学感受器具有不同的作用范围，在食物与桡足类仍有一定距离时，或当食物接触到桡足类附肢时，特定的感受器才会发挥作用。巡游式摄食的桡足类在水中前行的同时探测周围水体中猎物产生的信号。在这种情况下，远程信号感受器更适用于摄食行为。许多桡足类能够从远处追踪海洋雪的痕迹，并以此为食。

　　一些无脊椎动物进化出了发达的感光系统，如头足类的眼睛。尽管这些突出的眼睛看起来与脊椎动物的很相似，但它们实际上有着截然不同的结构，并且具有完全不同的进化过程[29]。头足类被认为是最聪明的无脊椎动物，可同时依靠视觉和化学感受器来觅食。一般来说，伏击捕食的章鱼和巡游觅食的乌贼，先通过视觉从周围环境中搜索和区分猎物，进而靠近猎物并发动精确攻击。捕捉到食物后，头足类的吸盘和口部有各种各样的化学感受器来感知食物的气味和味道[30]。壮观的运动控制策略和灵活的手臂结合其高度选择性的摄食模式，扩大了头足类的食物组成并增强了其竞争力[31]。

　　塑料在许多无脊椎动物体内被发现，如桡足类、双壳类、十足类和棘皮类等。然而摄入塑料的密度因种而异，主要取决于生物不同的摄食行为。例如，据 Svetlichny 等[32]的研究，纺锤水蚤比胸刺水蚤较少摄入微塑料。这两种桡足类具有不同的摄食模式：纺锤水蚤是典型的伏击式摄食桡足类，仅摄食运动中的猎物，因此微塑料不是它的摄食目标；相比之下，胸刺水蚤是巡游式摄食桡足类，主要依靠化学信号来探索食物，因此附有藻类信息的微塑料可能被胸刺水蚤误食。此外，早期暴露于含有藻类的水中的微塑料微珠比新微珠更多被摄食，这也可能证明了微塑料能够吸附藻类释放的化学信号并吸引桡足类的捕食。

　　Katija 等[33]发现滤食性幼体可以吞食微塑料并将其打包成下沉聚集体进而有效地将大量微塑料从近表水层转移至深海中。虽然这一途径的效率取决于环境中颗粒浓度和微塑料的特征状态等，但是在海洋环境中存在微塑料的海域都能发现滤食性幼体，这些滤食性幼体可以在摄入过程中主动排斥颗粒，并且根据颗粒大小、营养浓度和毒素的存在区分颗粒（图10-2）。并且滤食性幼体也是多种浮游肉食性动物和幼体鱼的主要猎物，因此也可以作为微塑料通过食物网转移的重要营养节点。

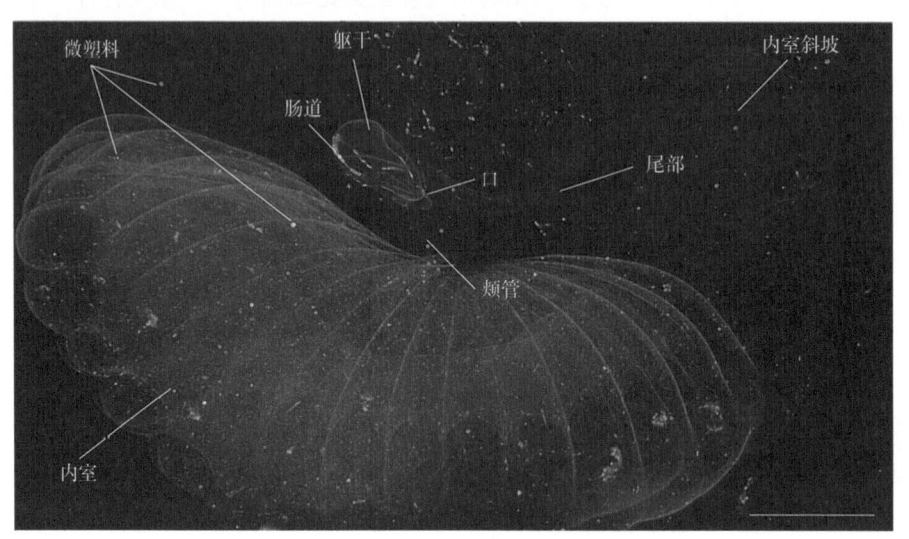

图 10-2　巨型幼虫 *Bathochordaeus stygius* 摄食微塑料（10~600μm）[33]

10.4　脊椎动物的误食模式

脊椎动物进化出更为复杂的神经系统，以感知周围环境并协调身体运动。随之而来的是多样化的选择性摄食模式。大量海洋脊椎动物在水中长时间游动觅食，如多数鱼类、海龟和鲸鱼。其他动物则埋伏在遮挡物后捕食猎物，或在水面上方寻找食物。无论如何，视觉、嗅觉和味觉是脊椎动物在各种摄食模式中普遍运用的感觉器官。由于视野和化学信号扩散在水中受限，所以脊椎动物的摄食能力和食物选择性具有物种特异性，且高度依赖于环境条件。一些大型动物，尤其是许多海洋哺乳动物，配备了特殊的回声定位系统，用于从远距离探测猎物。例如，人们直接观察到喙鲸以一定的间隔连续发出声波，并接收到远处目标的回声。

Xu等[34]基于实验室模拟实验，观察到了石斑鱼幼鱼对微塑料的不同进食行为：①微塑料的正常摄入，很少发生（0~6%）；②摄食微塑料之后迅速吐出；③在没有接触的情况下发现和拒绝微塑料；④对微塑料没有反应。结果表明，幼鱼可以将微塑料区分为不可食用的颗粒，通过视觉和味觉，对不同大小、颜色和材料的微塑料表现出不同的反应。并且50%~90%的微塑料拒绝事件发生在摄入微塑料之前。虽然没有观察到微塑料的亚致死或致死效应，但微塑料的存在仍然会对海产养殖中的石斑鱼产生影响（图10-3）。例如，在海产养殖单位的密集放养条件下，鱼可能会失去能见度并可能无意中摄取微塑料，从而受到其潜在影响。

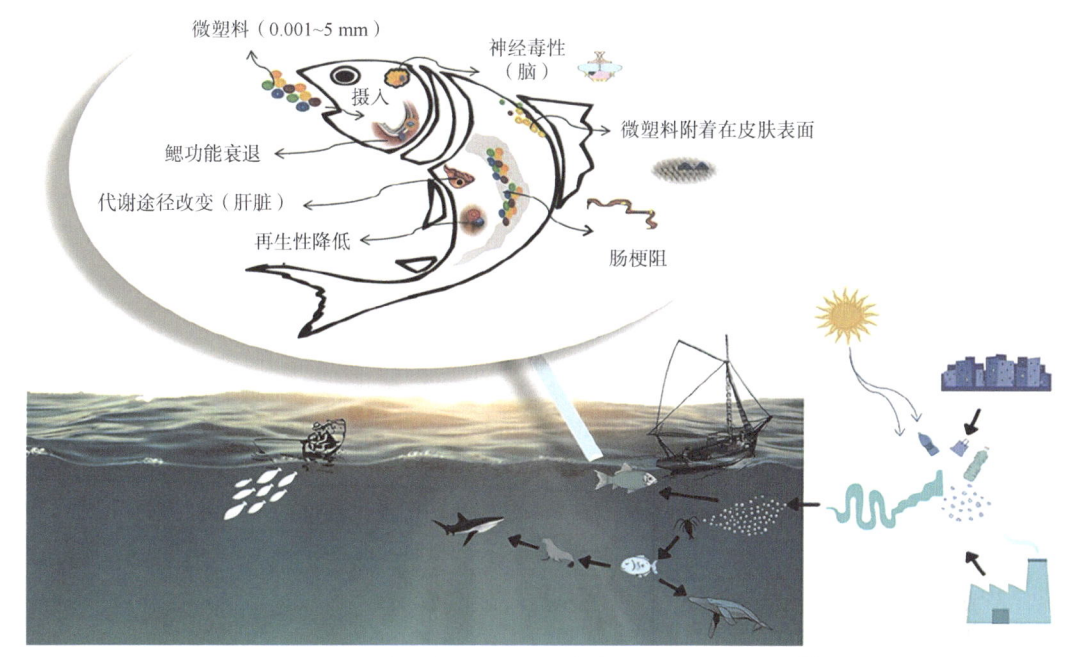

图 10-3　鱼类摄食微塑料的生态毒理学和生理学风险[3]

尽管海洋脊椎动物通常具有很高的选择性摄食行为,但意外摄入塑料制品的报道仍然很多。不同于其他类型的非食品颗粒,塑料常因外形、颜色或气味与天然猎物相似而被误摄。这些被吃掉的塑料制品中有许多在外观上与猎物相似:一些上层鱼类偏爱蓝色塑料颗粒,因为这种塑料颗粒看起来和通常作为饵料的蓝色桡足类非常相似[35];海龟容易受到塑料袋和鱼线的威胁,部分原因是这种动物主动啃食这些塑料制品,误以为它们是水母[36];海鸟经常将塑料碎片与其食物混淆,并因摄入含有有毒污染物的塑料而受到严重威胁[37,38]。此外,塑料在大量食物的掩护下可以被同时捕获,并不加区别地被生物摄入[39]。

10.5　问题与展望

显然,经过数百万年,海洋生物已经进化出处理各种非食物颗粒的适当机制。但塑料是在最近 100 年内出现的生态系统的新变数,因此应给予海洋生物一定的时间来调整其食物选择策略以适应塑料污染。有害塑料对生态系统的破坏程度与海洋生物对有害塑料的适应性之间必然存在"竞赛"。

尽管塑料摄食被大量报道,但其对海洋生物的有害影响仍不甚清楚。严格来讲,被胞外消化的异养生物所摄食的塑料并未真正进入生物体细胞内,而只是暂时留存在消化腔中。胃肠道中的大塑料碎片,甚至微塑料颗粒并不能通过细胞膜结构。这些被摄食的塑料通常也会很快被生物体排出。当塑料只是短暂停留在生物体内时,它的有害影响到底有多严重需要进一步研究。同时,海洋生物对塑料的潜在短期适应和长期进化也值得关注。

由于接触塑料的风险具有物种特异性,并且在很大程度上取决于海洋生物的摄食策略，因此建议在评估海洋生态系统中塑料污染的生态风险时，非常重要的一点是，对生物体的选择性摄食行为及其策略进行研究。同时，那些与食物非常相似的特定塑料制品应该受到重视。此外，还需加大关注微塑料和纳米塑料对微生物群落的影响。

参 考 文 献

[1] Allen D, Allen S, Abbasi S, et al. Microplastics and nanoplastics in the marine-atmosphere environment [J]. Nature Reviews Earth & Environment, 2022, 3(6): 393-405.

[2] Galloway T S, Cole M, Lewis C. Interactions of microplastic debris throughout the marine ecosystem [J]. Nature Ecology & Evolution, 2017, 1(5): 0116.

[3] Mallik A, Xavier K M, Naidu B C, et al. Ecotoxicological and physiological risks of microplastics on fish and their possible mitigation measures [J]. Science of the Total Environment, 2021, 779: 146433.

[4] Tuuri E M, Leterme S C. How plastic debris and associated chemicals impact the marine food web: a review [J]. Environmental Pollution, 2023: 121156.

[5] Priya K, Thilagam H, Muthukumar T, et al. Impact of microfiber pollution on aquatic biota: a critical analysis of effects and preventive measures [J]. Science of the Total Environment, 2023: 163984.

[6] Schopf J W, Kudryavtsev A B, Czaja A D, et al. Evidence of Archean life: stromatolites and microfossils [J]. Precambrian Research, 2007, 158(3-4): 141-155.

[7] Cavalier-Smith T. Cell evolution and Earth history: stasis and revolution [J]. Philosophical Transactions of the Royal Society B: Biological Sciences, 2006, 361(1470): 969-1006.

[8] Holland H D. Volcanic gases, black smokers, and the Great Oxidation Event [J]. Geochimica et Cosmochimica Acta, 2002, 66(21): 3811-3826.

[9] Andersen K H, Berge T, Gonçalves R J, et al. Characteristic sizes of life in the oceans, from bacteria to whales [J]. Annual Review of Marine Science, 2016, 8: 217-241.

[10] Shu D. Cambrian explosion: birth of tree of animals [J]. Gondwana Research, 2008, 14(1-2): 219-240.

[11] Erwin D H, Laflamme M, Tweedt S M, et al. The Cambrian conundrum: early divergence and later ecological success in the early history of animals [J]. Science, 2011, 334(6059): 1091-1097.

[12] Padan E. Bacterial membrane transport: organization of membrane activities [M]//Matos M. Encyclopedia of Life Sciences. Chichester: John Wiley & Sons, Ltd. 2009.

[13] Wadhams G H, Armitage J P. Making sense of it all: bacterial chemotaxis [J]. Nature Reviews Molecular Cell Biology, 2004, 5(12): 1024-1037.

[14] Huang D, Chen H, Shen M, et al. Recent advances on the transport of microplastics/nanoplastics in abiotic and biotic compartments [J]. Journal of Hazardous Materials, 2022, 438: 129515.

[15] Schnepf E, Deichgräber G. "Myzocytosis", a kind of endocytosis with implications to compartmentation in endosymbiosis: observations in *Paulsenella* (Dinophyta) [J]. Naturwissenschaften, 1984, 71(4): 218-219.

[16] Jacobson D M, Anderson D M. Widespread phagocytosis of ciliates and other protists by marine mixotrophic and heterotrophic thecate dinoflagellates 1 [J]. Journal of Phycology, 1996, 32(2): 279-285.

[17] Blossom H E, Daugbjerg N, Hansen P J. Toxic mucus traps: a novel mechanism that mediates prey uptake in the mixotrophic dinoflagellate *Alexandrium pseudogonyaulax* [J]. Harmful Algae, 2012, 17: 40-53.

[18] Vacelet J, Duport E. Prey capture and digestion in the carnivorous sponge *Asbestopluma hypogea* (Porifera: Demospongiae) [J]. Zoomorphology, 2004, 123: 179-190.

[19] McMurray S E, Johnson Z I, Hunt D E, et al. Selective feeding by the giant barrel sponge enhances foraging efficiency [J]. Limnology and Oceanography, 2016, 61(4): 1271-1286.

[20] Roberts E C, Legrand C, Steinke M, et al. Mechanisms underlying chemical interactions between predatory planktonic protists and their prey [J]. Journal of Plankton Research, 2011, 33(6): 833-841.

[21] Fenchel T, Blackburn N. Motile chemosensory behaviour of phagotrophic protists: mechanisms for and efficiency in congregating at food patches [J]. Protist, 1999, 150(3): 325-336.

[22] Jakobsen H H, Everett L, Strom S. Hydromechanical signaling between the ciliate *Mesodinium pulex* and motile protist prey [J]. Aquatic Microbial Ecology, 2006, 44(2): 197-206.

[23] Hall B A, Armitage J P, Sansom M S. Transmembrane helix dynamics of bacterial chemoreceptors supports a piston model of signalling [J]. PLoS Computational Biology, 2011, 7(10): e1002204.

[24] Briegel A, Li X, Bilwes A M, et al. Bacterial chemoreceptor arrays are hexagonally packed trimers of receptor dimers networked by rings of kinase and coupling proteins [J]. Proceedings of the National Academy of Sciences, 2012, 109(10): 3766-3771.

[25] Steinmetz N A, Zatka-Haas P, Carandini M, et al. Distributed coding of choice, action and engagement across the mouse brain [J]. Nature, 2019, 576(7786): 266-273.

[26] Johnson M, Madsen P T, Zimmer W M, et al. Beaked whales echolocate on prey [J]. Proceedings of the Royal Society of London Series B: Biological Sciences, 2004, 271(suppl_6): S383-S386.

[27] Heuschele J, Selander E. The chemical ecology of copepods [J]. Journal of Plankton Research, 2014, 36(4): 895-913.

[28] Kiørboe T. How zooplankton feed: mechanisms, traits and trade-offs [J]. Biological Reviews, 2011, 86(2): 311-339.

[29] Hanke F D, Kelber A. The eye of the common octopus (*Octopus vulgaris*) [J]. Frontiers in Physiology, 2020, 10: 1637.

[30] Archdale M V, Anraku K. Feeding behavior in Scyphozoa, Crustacea and Cephalopoda [J]. Chemical Senses, 2005, 30(suppl_1): i303-i304.

[31] Levy G, Hochner B. Embodied organization of *Octopus vulgaris* morphology, vision, and locomotion [J]. Frontiers in Physiology, 2017, 8: 164.

[32] Svetlichny L, Isinibilir M, Mykitchak T, et al. Microplastic consumption and physiological response in *Acartia clausi* and *Centropages typicus*: possible roles of feeding mechanisms [J]. Regional Studies in Marine Science, 2021, 43: 101650.

[33] Katija K, Choy C A, Sherlock R E, et al. From the surface to the seafloor: how giant larvaceans transport microplastics into the deep sea [J]. Science Advances, 2017, 3(8): e1700715.

[34] Xu J, Li D. Feeding behavior responses of a juvenile hybrid grouper, *Epinephelus fuscoguttatus*♀ × *E. lanceolatus*♂, to microplastics [J]. Environmental Pollution, 2021, 268: 115648.

[35] Ory N C, Sobral P, Ferreira J L, et al. Amberstripe scad *Decapterus muroadsi* (Carangidae) fish ingest

blue microplastics resembling their copepod prey along the coast of Rapa Nui (Easter Island) in the South Pacific subtropical gyre [J]. Science of the Total Environment, 2017, 586: 430-437.

[36] Schuyler Q, Hardesty B D, Wilcox C, et al. Global analysis of anthropogenic debris ingestion by sea turtles [J]. Conservation Biology, 2014, 28(1): 129-139.

[37] Blight L K, Burger A E. Occurrence of plastic particles in seabirds from the eastern North Pacific [J]. Marine Pollution Bulletin, 1997, 34(5): 323-325.

[38] Colabuono F I, Taniguchi S, Montone R C. Polychlorinated biphenyls and organochlorine pesticides in plastics ingested by seabirds [J]. Marine Pollution Bulletin, 2010, 60(4): 630-634.

[39] Kim S W, Chae Y, Kim D, et al. Zebrafish can recognize microplastics as inedible materials: quantitative evidence of ingestion behavior [J]. Science of the Total Environment, 2019, 649: 156-162.

第 11 章

附着在海洋微塑料上的微生物

有关微塑料上附着微生物的研究，中国的研究始于李道季团队[1]。这项研究的动机基于这样一个问题：塑料表面附着的微生物是否具有降解塑料的潜力这一领域的研究，尤其在日本，已有不少研究人员关注和探索塑料的微生物降解作用，他们对较大尺寸的塑料进行了研究。因此，我们的研究可以看作是在其基础上的延续与拓展，只不过研究对象变为更小尺寸的微塑料。这些微塑料表面必然存在微生物，研究其意义在于了解这些微生物的降解速率和相关机制。

塑料进入海洋后，微生物会在其表面生长定殖形成"塑料圈"。Zettler 等[2]在北大西洋多个地点采集塑料，通过扫描电子显微镜来分析附着在塑料上的微生物群落特征，揭示了一个由异养生物、自养生物、捕食者和共生体组成的多样化微生物群落，并称之为"塑料圈"。该研究还表明微生物可能会降解微塑料，因为采用扫描电镜扫描微塑料表面的凹坑与细菌形状一致，小亚基 rRNA 的调查结果表明细菌群落中烃类降解细菌的存在。微塑料上附着的微生物还可能是潜在的条件致病菌。由于塑料较长的半衰期，"塑料圈"可能是海洋上新的生态圈，并且其疏水的表面也促进了微生物的定殖和生物被膜的形成。

"塑料圈"使人们认识到海洋微塑料同微生物的相互作用可能对海洋生态系统有重要且复杂的影响，主要包括：①微塑料表面可作为微生物的一个新栖息地，微塑料和微生物之间存在相互作用。一方面，微生物附着于微塑料表面可以形成生物被膜，使得微塑料同环境隔离，从而延缓塑料在理化作用下的分解；另一方面，附着于微塑料的微生物可能能够分解微塑料，从而减少海洋中的微塑料。②微塑料成为潜在的致病菌传播源。微塑料疏水等特性能够促进微生物的定殖，可能使得潜在的致病菌在其表面定殖，从而可能使其达到"致病浓度"。③塑料较长的半衰期，可以使附着微生物在生物被膜的保护下持久稳定地生存。借助洋流的作用，微生物可以进行远距离迁徙，从而引起可能的"微生物入侵事件"。④微塑料表面附着的细菌之间的基因水平转移，使耐药基因在细菌间传播，从而导致更多细菌变成耐药菌，进而使防治由细菌引起的疾病变得困难。

11.1 微生物和微塑料相互作用

微塑料表面的生物被膜是微生物选择性依附、易化和种间竞争的结果。如图 11-1 所示，风化过程可能有利于生物被膜的生长，因为其增加了微塑料表面可供微生物定殖的表面积，同时形成的生物被膜可能屏蔽光照对微塑料的降解作用。此外，微塑料上的生物被膜可能被微生物分解[3]。从材料的角度来看，微塑料表面粗糙度[4]、表面形状[5]、表面自由能[6]、表面电荷、静电相互作用[7]、表面疏水性[8]通常被认为是附着过程的相关参数。

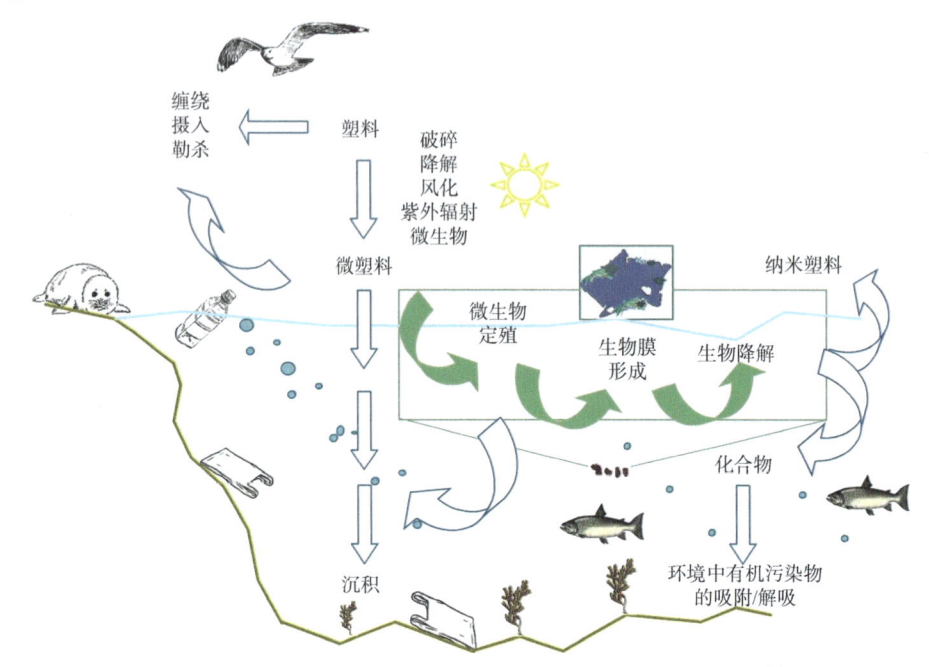

图 11-1　海洋微生物与微塑料在海洋环境中的潜在相互作用[9]

Lobelle 和 Cunliffe[10]将聚乙烯塑料浸泡在海水中，以研究生物被膜的早期形成过程。研究发现，微生物生物被膜在塑料上迅速生长，并与塑料理化性质的变化相吻合。在实验过程中，浸没的塑料疏水性下降，细菌很容易在塑料表面定殖。海洋生态环境中塑料上生物膜群落的组成随季节、地理位置和塑料基材类型的不同而变化[11]。Harrison 等[12]对亨伯河口三种类型沿海沉积物中的低密度聚乙烯（LDPE）微塑料进行了为期 14 天的微生物附着实验。研究发现，微塑料表面形成生物被膜的细菌具有特异性。这种特异性附着的细菌可能在海洋沉积物和水体之间有所不同。Oberbeckmann 等[13]对聚苯乙烯（PS）、聚乙烯（PE）两种成分的微塑料和木质颗粒按照海水（波罗的海沿岸）到淡水（污水处理厂）的环境梯度培养。研究发现，环境中的微生物是生物被膜群落中细菌生长发育的基础，微塑料表面的细菌具有特异性。对 PE、PS 和天然材料附着的生物被膜进行的研究表明，环境因素对生物被膜的形成具有明显影响，而生物被膜附着的材质是否为塑料及塑料的类型对生物被膜的形成并未构成显著影响[14]。Dussud 等[15]研究发现，与游离态细菌和有机物附着的细菌群落相比，塑料表面的细菌群落具有较多的细胞富集因子及更多的细菌多样性，并且有很多是能在生物被膜形成和发育中起重要作用的蓝藻。Michels 等[16]的研究也证明，微塑料表面能够迅速被微生物附着并产生生物被膜，同时生物被膜又能够进一步促进更多微生物的附着。

微塑料表面的生物群落是多样化的。有研究采用高通量测序技术，对暴露于中国沿海海水一年的聚丙烯（PP）和聚氯乙烯（PVC）微塑料附着微生物群落的演化阶段进行了研究。不同地理位置和暴露时间的塑料圈微生物群落组成显著不同。塑料中的优势菌群隶属 α 变形菌纲（Alphaproteobacteria），以红杆菌科（Rhodobacteraceae）居多，其次是 γ 变形菌纲（Gammaproteobacteria）[17]。Li 等[18]在舟山摘箬山岛用 PE 和聚对苯二甲酸乙二醇酯（PET）研究海洋微塑料中细菌群落的多样性和结构，暴露实验为期 3 个月。研究发现，微塑料表面形成的生物被膜中细菌组成明显取决于海洋栖息地和暴露时间，而不是微塑料类型。潮间带微塑料的细菌丰富度和多样性最高，并且发现存在于微塑料表面生物被膜中的芽孢杆菌可能具有降解微塑料的能力。Rosato 等[19]发现不同的微塑料颗粒，包括 PE、PET、PS、PP 和 PVC 等，其中 PVC 表面形成的生物被膜量最多。

虽然有许多利用非培养方法的研究表征了塑料相关的微生物生物膜[20]，但仍然缺乏针对微生物碳生物量的定量研究。李道季团队 Zhao 等[21]利用共聚焦激光扫描显微镜发现，在聚乙烯、聚丙烯、聚苯乙烯和玻璃基质上的早期生物膜发育表现出不同的细胞大小、丰度和碳生物量，而这些参数在成熟的生物膜中趋于稳定。令人意外的是，塑料基质在 8 周后展示出比玻璃更低的光合细胞体积比例。早期生物膜中硅藻比例最高，这可能会影响塑料碎片的垂直输运。总体而言，保守估计显示，全球范围内有 $2.1\times10^{21} \sim 3.4\times10^{21}$ 个细胞（相当于约 1%海洋表层微层的微生物细胞，总计 $1.5\times10^3 \sim 1.1\times10^4$ t 碳生物量）存在于塑料碎片中。作为海面水体中的一种非自然成分，塑料碎片所携带的大量细胞和生物量可能对生物多样性、本地生态功能和海洋的生物地球化学循环产生影响。

11.2　生物被膜与微塑料降解

细菌作为地球上适应性最强的生物类群之一，对环境有着独特的适应能力。细菌能适应高温、低温和高压环境，代谢方式多样，包括硫化细菌、硝化细菌等。塑料作为一种碳基有机物，可以被细菌作为碳源，以供自身的生长发育。Harrison 等[11]对 LDPE 附着生物被膜的研究发现，生物被膜中存在弓形菌属（*Arcobacter*）和科尔韦尔氏菌属（*Colwellia*）细菌，这两类菌属都与低温海洋环境中烃类污染物的降解有关（表 11-1）。

表 11-1　不同类型塑料的分解菌

微塑料类型	分解菌	参考文献
LDPE	弓形菌属（*Arcobacter*）和科尔韦尔氏菌属（*Colwellia*）	[11]
PE	阿氏肠杆菌（*Enterobacter asburiae* YT1）和芽孢杆菌属（*Bacillus* sp. YP1）	[22]
PET	芽孢杆菌属（*Bacillus*）	[23]
烃类	红杆菌属（*Erythrobacter*）	[24]
PP	假单胞菌属（*Pseudomonas* sp. ADL15）和红球菌属（*Rhodococcus* sp. ADL36）	[25]
PP	芽孢杆菌属（*Bacillus*）	[26]
微塑料	芽孢杆菌属（*Bacillus*）	[18]

Yang 等[22]研究表明 *Enterobacter asburiae* YT1 和 *Bacillus* 属细菌能够分解聚乙烯（图 11-2）。Auta 等[23]从红树林沉积物中分离出来 2 种 *Bacillus* 属细菌，并证明这两种细菌对 PE、PP、PS 和 PET 塑料具有良好的分解效率。Curren 和 Leong[24]对新加坡海岸线的微塑料进行研究，结果表明，人口聚集区的微塑料中含有更多的细菌。在重航运和重污染地区，*Erythrobacter* 属等烃类降解属细菌占主导地位。Habib 等[25]将南极土壤中的细菌假单胞菌属 *Pseudomonas* sp. ADL15 和红球菌属 *Rhodococcus* sp. ADL36 放在 PP 微塑料上进行了为期 40 天的生长和生物降解潜力的研究，根据 PP 微塑料的失重、每天的去除率常数和半衰期来监测降解情况，并利用傅里叶变换红外光谱对 PP 微塑料的结构变化进行分析，评价其生物降解的有效性，分析表明，PP 微塑料在南极菌株加入后官能团发生了显著变化。在中国东海同样也发现了以 PP 为唯一碳源的芽孢杆菌，塑料

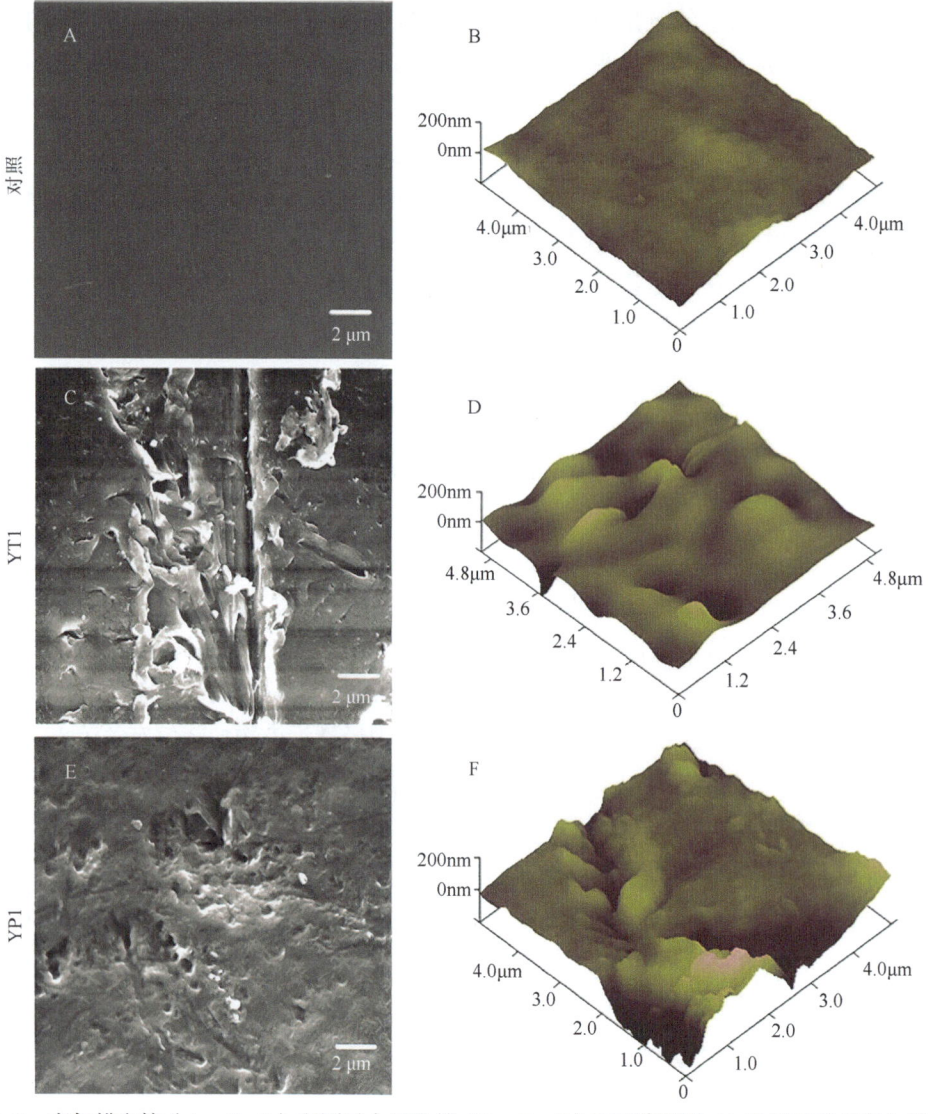

图 11-2　在扫描电镜（A、C、E）和原子力显微镜（B、D、F）下观察到的 28 天后无菌对照与培养了 *Enterobacter asburiae* YT1 和 *Bacillus* sp. YP1 菌株的 PE 片材的物理表面形貌[22]

的生物降解同样也发生于微塑料表面的生物被膜中[26]。Xu 等[17]发现微塑料表面具有多样化的生物群落,并通过扫描电镜分析发现微塑料有被微生物降解的迹象。Li 等[18]研究发现具有微塑料降解能力的芽孢杆菌可能在微塑料表面生物被膜中存在。

微塑料存在于河流和近海区域。然而,当微塑料进入海洋后,有关其表面附着的微生物种类变化的详细研究尚属空白。此外,关于塑料降解菌在这一过程中变化的研究也未见报道。李道季团队以中国澳门的河流和近海区域为例,研究了在澳门周围 4 个河流采样站和 4 个近海采样站中,附着在水面和微塑料上的细菌多样性和细菌种群组成[27]。同时,对塑料降解菌、塑料相关代谢过程及塑料相关酶进行了分析。研究结果表明,河流和近海区域微塑料附着的细菌与浮游细菌不同。微塑料表面主要细菌家族的比例从河流到河口持续增加。微塑料在河流和近海中均显著富集塑料降解菌。河流中微塑料表面细菌的塑料相关代谢途径比例高于近海水域。河流中的微塑料表面细菌可能引发更高的塑料降解率。盐度显著改变了塑料降解菌的分布。微塑料在海洋中可能降解更慢,对海洋生物和人类健康构成长期威胁。

11.3 微塑料与致病菌

海洋中存在多种可能致病的细菌,这些细菌可能附着于微塑料表面,并在微塑料表面的生物被膜中富集,从而达到"致病浓度"。常见的副溶血性弧菌等弧菌,对渔业生产和人体健康都有潜在的风险,已经是食品安全领域防治的重点。通过二代测序技术,Zettler 等[2]在微塑料表面的微生物群落中发现了与弧菌属(*Vibrio*)相关的序列。有研究在北海和波罗的海采集微塑料及水样进行了致病性弧菌的选择性富集,北海/波罗的海的 PE、PP 和 PS 等微塑料颗粒上都存在潜在致病性副溶血性弧菌,这证实了海洋微塑料中潜在致病菌的存在[25]。Kesy 等[13]研究表明,在 PE 和 PS 微塑料上形成的生物被膜中存在弧菌。弧菌可能是塑料表面早期生物被膜的形成菌(图 11-3)[28]。有研究在新加坡海岸线的微塑料中鉴定出弧菌、假单胞菌等潜在致病属[21]。还有研究在布雷斯特湾的微塑料表面检测出致病的弧菌属基因,另外在大多数微塑料表面都检测到牡蛎致病菌的灿烂弧菌(*Vibrio splendidus*)[26]。此外,微塑料中的致病菌对生物的致病性,以及微塑料对渔业生产的潜在风险仍需进一步研究。有研究在亚得里亚海北部海洋表层的微塑料附着的细菌中鉴定出鱼类致病性细菌杀鲑气单胞菌(*Aeromonas salmonicida*)。沙门氏菌是鱼类疾病的元凶,因此找到微塑料污染是否会导致鱼类疾病传播及其传播的方式至关重要[27]。

李道季团队对中国东南沿海海产养殖区域中的微塑料附着细菌群落进行了冬季和夏季两个季节的研究分析[29]。研究发现,该区域的微塑料样品及海水样品中存在多种潜在病原菌,并且部分类别的细菌丰度较高,如弧菌(*Vibrio*)和假单胞菌(*Pseudomonas*),其中一个微塑料样品中 *Vibrio* 占比高达 41.03%。在部分采样点海水样品中未检测到的潜在病原菌类别,在海洋微塑料样品中却有该类别的潜在病原菌的存在,海产养殖区域中微塑料表面潜在病原菌的丰度在夏季要显著高于冬季。该研究表明,在中国东南沿海海产养殖海域,微塑料附着微生物中潜在病原菌普遍存在,夏季海产养

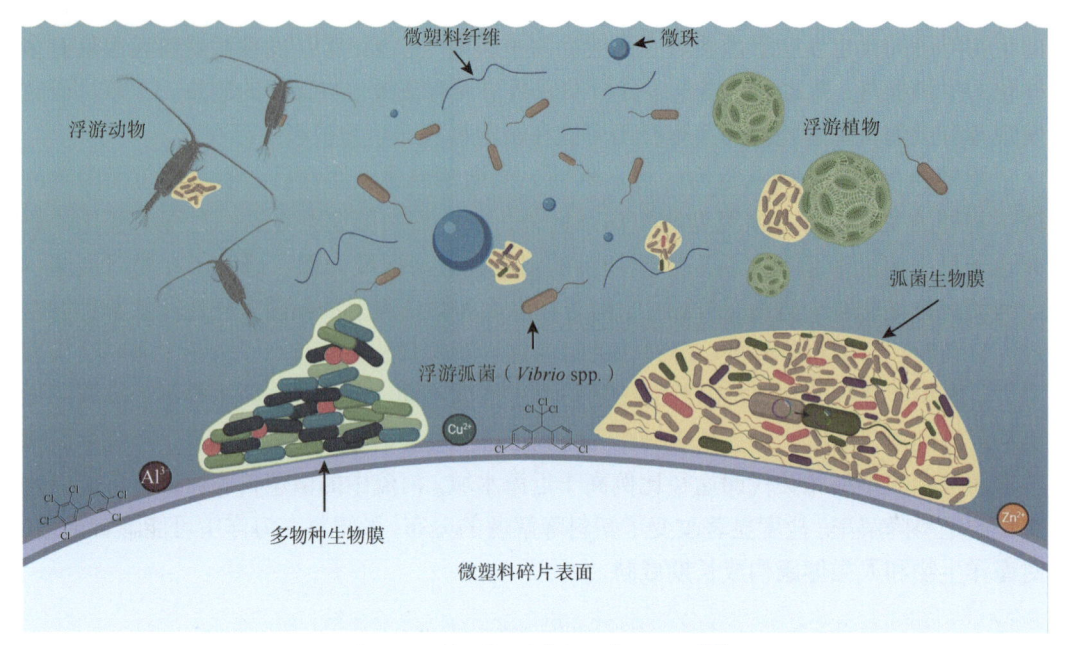

图 11-3 微生物-弧菌相互作用图示[28]

殖海域微塑料附着细菌群落中病原菌的丰度较高。海洋微塑料附着细菌群落组成与结构特征与水环境、季节、地理位置有关,与塑料的聚合物种类相关性不显著。海洋微塑料作为病原菌的一种传播介质,应当关注其对海洋环境及海产品安全的潜在危害[1]。

Hou 等[30]在中国象山港海水养殖网箱中的 PET 微塑料上也发现弧菌属的存在。此外,对附着于微塑料和岩石及叶子上的生物被膜的检测发现,只有微塑料生物被膜中存在 2 种人类致病菌:蒙氏假单胞菌(*Pseudomonas monteilii*)、门多萨假单胞菌(*Pseudomonas mendocina*),以及一种植物致病菌:丁香假单胞菌(*Pseudomonas syringae*),而在自然底物上形成的生物膜中未检测到致病菌。微塑料作为微生物的一种新型附着基质,可作为病原体从河流进入新环境中的载体,产生水环境风险并对人类健康产生不良影响[31]。因此,探究微塑料污染是否会导致疾病传播及如何导致疾病传播的答案至关重要。

11.4 微塑料与细菌迁徙

2011 年日本大地震引发海啸,引起一场史无前例的跨洋生物漂流事件。本研究记录了来自 16 门的 289 种日本沿海洋生物,它们在 6 年多的时间里通过物体穿越太平洋,跨越数千公里到达北美大陆和夏威夷群岛的海岸。这种扩散大多发生在不可生物降解的塑料表面,导致了有文献记载的最长的跨洋生存和沿海物种的漂流扩散[32]。如图 11-4 所示,海洋中的微塑料表面有大量细菌存在,这些附着于生物被膜中的细菌中存在致病菌。同天然材料(如木材、纤维素等)相比,塑料以其稳定的化学性质和难以降解的特性在促进微生物迁徙方面有独特的优势。塑料附着的生物被膜能为其中的微生物提供保护,从而使得附着其上的细菌能够通过洋流等途径进行远距离扩散。病原菌可能在微塑料表面富集后传播给潜在的宿主,从而导致更多的微生物引起疾病。附着于微塑料的微生物的迁徙，可能导致"微生物入侵事件"的发生。此外，塑料表面的细菌群落可能是动态的，能够迅速适应其变化的环境。微塑料在为生物生长提供空间的同时，也可以作为海洋微生物长距离迁移的载体[33]，使得细菌长距离迁徙变成可能。

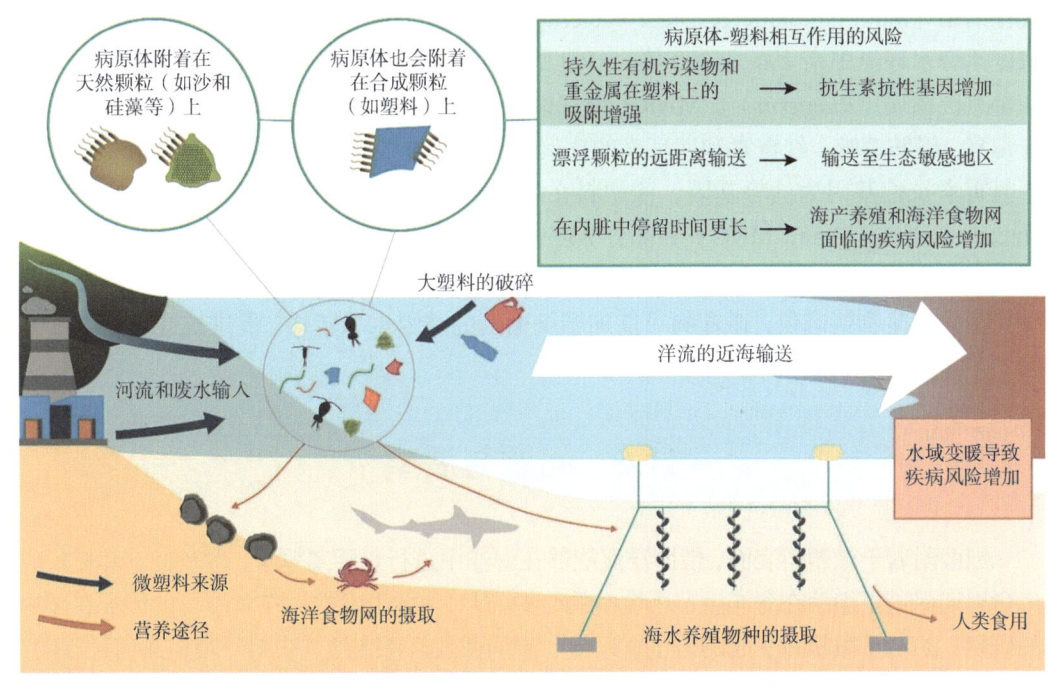

图 11-4　弧菌与海洋生态系统中微塑料颗粒相互作用的潜在风险[28]

11.5　微塑料与细菌耐药性

细菌的耐药性能使细菌对抗生素耐药性增强。耐药细菌的出现，使抗生素治疗细菌引起的疾病的有效性降低，使得人类面临疾病危机。Yang 等[34]利用北太平洋环流塑料颗粒的宏基因组数据，研究了微生物群落中耐药基因和金属抗性基因的多样性、丰度和共生关系，研究发现微塑料表面的生物被膜中出现了耐药基因，塑料上的微生物群落中耐药基因和金属抗性基因的含量都明显高于海水，而且塑料尺寸未影响抗性基因的丰度和多样性。

微塑料在海洋中的广泛分布、耐药基因和金属抗性基因的存在，可能会导致耐药基因在海洋中广泛传播。Arias-Andres 等[35]以外源性的红色荧光的大肠杆菌为供体菌株，引入绿色荧光的宽宿主范围的编码甲氧苄啶抗性的质粒 pKJK5，并比较在微塑料上形成生物被膜的菌群与游离态的菌群，研究表明，与游离态细菌相比，微塑料表面的细菌存在更频繁的质粒转移，并且有更多的基因水平转移发生。基因水平转移可显著影响全球范围内水生微生物群落的生态。通过微塑料传播具耐药性的抗生素，也可能对水生细菌的进化产生深远影响，并对人类健康造成不可忽视的危害。以浙江省嘉兴市的两条城市化河流为研究对象，Wang 等[36]分析了微塑料的细菌群落和浮游细菌群落的差异性，研究发现，微塑料上的细菌群落相对于淡水样品的丰度和多样性较低，分类组成明显不同，且其表面附着的生物被膜中的细菌基因与人类致病菌基因存在较高相关性，微塑料选择性富集抗生素抗性基因（antibiotic resistance gene，ARG）。微塑料中整合子-整合酶1类和2类基因的相对丰度更高，可能表明微塑料中存在更高水平的基因水平转移。对海水养殖区微塑料表面抗生素抗性细菌（antibiotic resistant bacteria，ARB）和多重抗生素抗性细菌（multi-antibiotic resistant bacteria，MARB）的研究表明，微塑料样品中ARB浓度比海水环境中高100～5000倍。ARB的种类主要为弧菌属、鼠尾菌属（*Muricauda*）和鲁杰氏菌属（*Ruegeria*）。MARB也在微塑料表面被发现。微塑料表面MARB中耐青霉素、磺胺噻唑、红霉素和四环素的比例高于水体中MARB。研究发现海水养殖系统中氯霉素抗性基因为优势基因，微塑料在海水养殖系统中可富集大部分金属抗性基因（metal resistance gene，MRG）和部分ARG，微塑料可以作为这些污染物的潜在汇[37]。另有研究发现饮用水源地下水中抗生素和微塑料的污染两者之间存在相关性[38]。作为一种新型的微生物生态位，微塑料可能加剧细菌间的基因水平转移，促进抗性基因在细菌间的传播，促进"超级细菌"出现[34]。

11.6　问题与展望

　　细菌附着于微塑料表面，借助洋流能够在海洋中进行长距离输运，微塑料以其较长的生命周期促进了细菌在海洋生态环境中的传播，但对由此引发的潜在风险目前仍未有详尽的研究，如对于微塑料引起的微生物迁徙、致病菌及病毒在迁徙中对环境造成何种影响，尤其是一些人类致病菌和能对渔业生产形成危害的致病菌。微塑料表面频繁的基因水平转移，在促进微生物生长发育的同时，由于微塑料能作为生物被膜的长期附着基质，细菌间的基因在微塑料表面比在生物基质表面能有更持久的交换。耐药基因的传播在微塑料表面可能导致的危害等问题都需要更多的研究。此外，"超级细菌"的出现，让人们担心未来无抗生素可用、医疗水平是否会跟不上病毒进化。在海洋中，微塑料表面耐药基因的出现及生物被膜中频繁的基因水平转移，对"超级细菌"的出现可能起促进作用。

　　然而，经过深入研究，我们发现这种传播模式存在一些问题。因为微生物在不同环境中的生长受到许多因素的制约，移植到新的环境并不总能成功。而且，微塑料本身的移动并非唯一途径，细菌完全可以通过水体自身迁移，不一定非要依附于微塑料才能传播。

　　因此，尽管存在上述复杂性，我们的研究重点仍然是探讨微塑料上的有害生物与微生物降解的机制及其潜在的影响。通过这一研究，我们希望更全面地揭示微塑料对海洋生态系统的作用与可能带来的风险。

参　考　文　献

[1] Jiang P, Zhao S, Zhu L, et al. Microplastic-associated bacterial assemblages in the intertidal zone of the Yangtze Estuary [J]. Science of the Total Environment, 2018, 624: 48-54.

[2] Zettler E R, Mincer T J, Amaral-Zettler L A. Life in the "plastisphere": microbial communities on plastic marine debris [J]. Environmental Science & Technology, 2013, 47(13): 7137-7146.

[3] Rummel C D, Jahnke A, Gorokhova E, et al. Impacts of biofilm formation on the fate and potential effects of microplastic in the aquatic environment [J]. Environmental Science & Technology Letters, 2017, 4(7): 258-267.

[4] Verran J, Boyd R D. The relationship between substratum surface roughness and microbiological and organic soiling: a review [J]. Biofouling, 2001, 17(1): 59-71.

[5] Kerr A, Cowling M. The effects of surface topography on the accumulation of biofouling [J]. Philosophical Magazine, 2003, 83(24): 2779-2795.

[6] Genin S N, Aitchison J S, Allen D G. Design of algal film photobioreactors: material surface energy effects on algal film productivity, colonization and lipid content [J]. Bioresource Technology, 2014, 155: 136-143.

[7] Song F, Koo H, Ren D. Effects of material properties on bacterial adhesion and biofilm formation [J]. Journal of Dental Research, 2015, 94(8): 1027-1034.

[8] Renner L D, Weibel D B. Physicochemical regulation of biofilm formation [J]. MRS Bulletin, 2011, 36(5): 347-355.

[9] Urbanek A K, Rymowicz W, Mirończuk A M. Degradation of plastics and plastic-degrading bacteria in cold marine habitats [J]. Applied Microbiology and Biotechnology, 2018, 102: 7669-7678.

[10] Lobelle D, Cunliffe M. Early microbial biofilm formation on marine plastic debris [J]. Marine Pollution Bulletin, 2011, 62(1): 197-200.

[11] Oberbeckmann S, Loeder M G, Gerdts G, et al. Spatial and seasonal variation in diversity and structure of microbial biofilms on marine plastics in Northern European waters [J]. FEMS Microbiology Ecology, 2014, 90(2): 478-492.

[12] Harrison J P, Schratzberger M, Sapp M, et al. Rapid bacterial colonization of low-density polyethylene microplastics in coastal sediment microcosms [J]. BMC Microbiology, 2014, 14(1): 1-15.

[13] Oberbeckmann S, Kreikemeyer B, Labrenz M. Environmental factors support the formation of specific bacterial assemblages on microplastics [J]. Frontiers in Microbiology, 2018, 8: 2709.

[14] Kesy K, Oberbeckmann S, Kreikemeyer B, et al. Spatial environmental heterogeneity determines young biofilm assemblages on microplastics in Baltic Sea mesocosms [J]. Frontiers in Microbiology, 2019, 10: 1665.

[15] Dussud C, Meistertzheim A, Conan P, et al. Evidence of niche partitioning among bacteria living on plastics, organic particles and surrounding seawaters [J]. Environmental Pollution, 2018, 236: 807-816.

[16] Michels J, Stippkugel A, Lenz M, et al. Rapid aggregation of biofilm-covered microplastics with marine biogenic particles [J]. Proceedings of the Royal Society B, 2018, 285(1885): 20181203.

[17] Xu X, Wang S, Gao F, et al. Marine microplastic-associated bacterial community succession in response to geography, exposure time, and plastic type in China's coastal seawaters [J]. Marine Pollution Bulletin, 2019, 145: 278-286.

[18] Li J, Huang W, Jiang R, et al. Are bacterial communities associated with microplastics influenced by marine habitats? [J]. Science of the Total Environment, 2020, 733: 139400.

[19] Rosato A, Barone M, Negroni A, et al. Microbial colonization of different microplastic types and biotransformation of sorbed PCBs by a marine anaerobic bacterial community [J]. Science of the Total Environment, 2020, 705: 135790.

[20] Sun X, Chen B, Xia B, et al. Impact of mariculture-derived microplastics on bacterial biofilm formation and their potential threat to mariculture: a case in situ study on the Sungo Bay, China [J]. Environmental Pollution, 2020, 262: 114336.

[21] Zhao S, Zettler E R, Amaral-Zettler L A, et al. Microbial carrying capacity and carbon biomass of plastic marine debris [J]. The ISME Journal, 2021, 15(1): 67-77.

[22] Yang J, Yang Y, Wu W-M, et al. Evidence of polyethylene biodegradation by bacterial strains from the guts of plastic-eating waxworms [J]. Environmental Science & Technology, 2014, 48(23): 13776-13784.

[23] Auta H, Emenike C, Fauziah S. Screening of *Bacillus* strains isolated from mangrove ecosystems in Peninsular Malaysia for microplastic degradation [J]. Environmental Pollution, 2017, 231: 1552-1559.

[24] Curren E, Leong S C Y. Profiles of bacterial assemblages from microplastics of tropical coastal environments [J]. Science of the Total Environment, 2019, 655: 313-320.

[25] Habib S, Iruthayam A, Abd Shukor M Y, et al. Biodeterioration of untreated polypropylene microplastic particles by Antarctic bacteria [J]. Polymers, 2020, 12(11): 2616.

[26] Wang X, Qu C, Wang W, et al. Complete genome sequence of marine *Bacillus* sp. Y-01, isolated from the plastics contamination in the Yellow Sea [J]. Marine Genomics, 2019, 43: 72-74.

[27] Dong X, Zhu L, He Y, et al. Salinity significantly reduces plastic-degrading bacteria from rivers to oceans [J]. Journal of Hazardous Materials, 2023, 451: 131125.

[28] Bowley J, Baker-Austin C, Porter A, et al. Oceanic hitchhikers–assessing pathogen risks from marine microplastic [J]. Trends in Microbiology, 2021, 29(2): 107-116.

[29] Dong X, Zhu L, Jiang P, et al. Seasonal biofilm formation on floating microplastics in coastal waters of intensified marinculture area [J]. Marine Pollution Bulletin, 2021, 171: 112914.

[30] Hou D, Hong M, Wang K, et al. Prokaryotic community succession and assembly on different types of microplastics in a mariculture cage [J]. Environmental Pollution, 2021, 268: 115756.

[31] Wu X, Pan J, Li M, et al. Selective enrichment of bacterial pathogens by microplastic biofilm [J]. Water Research, 2019, 165: 114979.

[32] Carlton J T, Chapman J W, Geller J B, et al. Tsunami-driven rafting: transoceanic species dispersal and implications for marine biogeography [J]. Science, 2017, 357(6358): 1402-1406.

[33] Viršek M K, Lovšin M N, Koren Š, et al. Microplastics as a vector for the transport of the bacterial fish pathogen species *Aeromonas salmonicida* [J]. Marine Pollution Bulletin, 2017, 125(1-2): 301-309.

[34] Yang Y, Liu G, Song W, et al. Plastics in the marine environment are reservoirs for antibiotic and metal resistance genes [J]. Environment International, 2019, 123: 79-86.

[35] Arias-Andres M, Klümper U, Rojas-Jimenez K, et al. Microplastic pollution increases gene exchange in aquatic ecosystems [J]. Environmental Pollution, 2018, 237: 253-261.

[36] Wang J, Qin X, Guo J, et al. Evidence of selective enrichment of bacterial assemblages and antibiotic resistant genes by microplastics in urban rivers [J]. Water Research, 2020, 183: 116113.

[37] Lu J, Wu J, Wang J. Metagenomic analysis on resistance genes in water and microplastics from a mariculture system [J]. Frontiers of Environmental Science & Engineering, 2022, 16: 1-13.

[38] Shi J, Dong Y, Shi Y, et al. Groundwater antibiotics and microplastics in a drinking-water source area, northern China: occurrence, spatial distribution, risk assessment, and correlation [J]. Environmental Research, 2022, 210: 112855.

第 12 章

海洋微塑料的毒理学效应

微塑料对海洋生物的毒性不仅源于微塑料本身,其携带的化学物质(内源性/外源性)会导致更严重的化学毒理危害。一方面,微塑料自身含有的有害化学物质,如生产过程中加入的塑化剂,可以增强塑料产品诸如抗热、抗氧化和抗微生物降解的性能,但是这些塑化剂对生物是有害的[1]。由于这些添加剂和塑料的结合大多数是物理吸附而非化学结合,因而它们很容易释放到环境中去,如邻苯二甲酸酯(PAE)、多溴联苯醚(PBDE)和双酚 A(BPA)等,并且容易富集在生物体内[2](表 12-1)。因此,当海洋生物误食微塑料后就会直接暴露在被释放的塑化剂中,已有研究表明,低至每升水体中纳克至微克级别的塑化剂就可导致负面的生物效应[3]。这些塑化剂可以干扰重要的生物过程,如干扰生物内分泌,最终影响生物的活动、繁殖、发展,并可能致癌[4]。另一方面,比表面积较大的微塑料作为一种传播载体,会吸附一些在水体传播的污染物,包括内分泌干扰物和持久性有机物。微塑料吸附的这些有害化学物质比周围水体中高几个数量级[5]。吸附这些有害物质的微塑料可能被输送到任何没有被污染的海洋生态系统,如极地区域,或被海洋生物摄食,从而把有害化学物质转移到生物体内,对生物造成更加严重的损害[6]。

表 12-1　塑料添加剂及其相关的辛醇-水分配系数(log K_{ow})[2]

名称	英文全称	缩写	log K_{ow}
邻苯二甲酸丁基苄酯	benzyl butyl phthalate	BBP	4.70
邻苯二甲基丁基苄基酯	butyl benzyl phthalate	BBzP	4.84
邻苯二甲酸二(2-乙基己基)酯	Di(2-ethylhexyl) phthalate	DEHP	7.73
邻苯二甲酸二乙酯	diethyl phthalate	DEP	2.54
邻苯二甲酸二异丁酯	diisobutyl phthalate	DiBP	4.27
邻苯二甲酸二异癸酯	diisodecyl phthalate	DiDP	9.46
邻苯二甲酸二异壬酯	diisononyl phthalate	DiNP	8.60
邻苯二甲酸二甲酯	dimethyl phthalate	DMP	1.61
邻苯二甲酸二甲氧基乙酯	dimethoxyethyl phthalate	DMEP	1.11
邻苯二甲酸二正丁酯	di-n-butyl phthalate	DnBP	4.27
邻苯二甲酸二正辛酯	di-n-octyl phthalate	DnOP	7.73
六溴环十二烷	hexabromocyclododecane	HBCD	5.07~5.47
多溴联苯醚	polybrominated-diphenyl-ether	PBDE	5.52~11.22
四溴双酚 A	tetrabromobisphenol A	TBBPA	4.5
双酚 A	bisphenol A	BPA	3.40
壬基酚	nonylphenol	NP	4.48~4.80

12.1 微塑料所含有害物质

邻苯二甲酸酯（PAE）作为典型的增塑剂，其生产始于 1920 年，用于增强聚氯乙烯（PVC）树脂的柔韧性，并且自 1950 年以来，其消费量就不断增加[7]。据统计，迄今 PAE 在世界范围内的消费量可达到 600 万~800 万 t/a[8]。在全球水体和沉积物中，DnBP 和 DEHP 所占的丰度是最高的（图 12-1）。PAE 在生物体内作为一种内分泌干扰物，主要对生物的生殖生理产生负面影响，如诱导睾丸和卵巢的组织学变化，降低海洋鱼类的排卵量、精子数量和受精率[9]，通过影响繁殖活动，从而损害甲壳类和两栖动物的发育并诱导遗传畸变[3]。

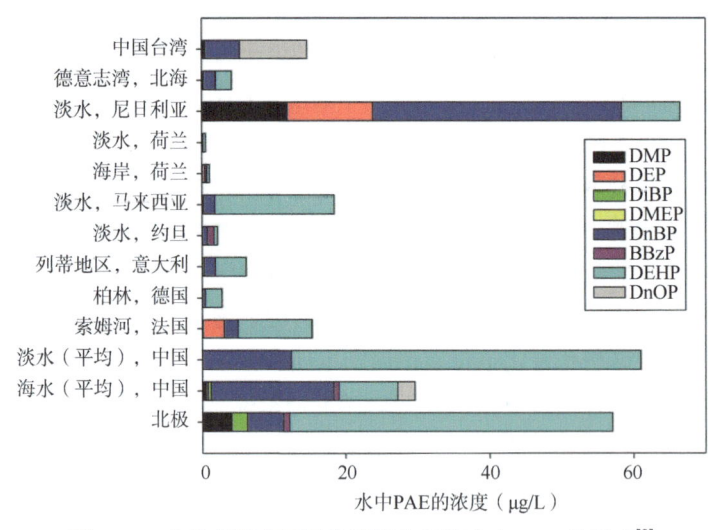

图 12-1 全球范围内不同类型淡水和海水中 PAE 的组成[8]

多溴联苯醚（PBDE）通常添加到塑料材料中以提高其阻燃性，降低着火风险，商用多溴联苯醚产品主要由五溴、八溴和十溴二苯醚组成。根据 2006 年溴科学与环境论坛（BSEF）的数据，至 2001 年，PBDE 的全球产量已经达到约 67 000t。并且自 1979 年 PBDE 首次在环境中被发现以来[10]，人们已经在深海，甚至北极和南极这些人迹罕至的地区，都发现 PBDE 的存在[11,12]。这些 PBDE 对生物具有潜在的毒性，如肝脏毒性[13]、生殖毒性[14]、神经毒性[15]等，并且低溴化二苯醚（BDE）通常比高溴化 BDE 具有更高的毒性[16]。

双酚 A（BPA）是一种高产量的工业化学品，用于生产聚碳酸酯塑料、环氧树脂和热敏纸等，已在工业中使用了 50 多年[17]。仅 2015 年的 BPA 全球消费量就达到约 770 万 t[18]。环境中的 BPA 不仅来源于该物质生产过程中产生的废水[19]，还可能通过市政污水处理厂、塑料垃圾降解、垃圾渗滤液和生活垃圾燃烧等途径进入环境中[20,21]。BPA 是一种内分泌干扰物，其浓度即使低于 1μg/m³ 也具有雌激素活性，会干扰动物的激素系统[22]，并且还具有致癌性[23]。

多环芳烃（PAH）是指含两个或两个以上苯环的芳烃。其天然来源主要包括森林和草原火灾、火山爆发等燃烧过程[24,25]。另外，人类活动产生的多环芳烃主要是源自石油工业（原油、煤焦油、沥青、页岩油、碳墨和各种工业矿物油在开采、运输、生产与使用过程中的泄漏及排放）[26]、食物烹饪过程和垃圾的焚烧[27]。至今已鉴定出 400 多种多环芳烃[28]，其中美国国家环境保护局将 16 种多环芳烃归类为优先污染物[29]。目前海水中 PAH 的浓度最高可达到 46 600ng/L[30]。这些 PAH 不仅有着强烈的致癌性[31]，还具有发育毒性、基因毒性、免疫毒性、氧化应激和内分泌干扰[32]。

多氯联苯（PCB）是一种有机卤化化合物，其因化学稳定性和相对易燃性，20 世纪 50 年代起在工业上被广泛使用，包括电气设备、密封剂、填缝剂、冷却剂和润滑剂[33]。虽然在 20 世纪 70 年代末被美国国家环境保护局禁止使用[34]，但是由于其高产量、广泛使用和持久性，它们已经在环境中无处不在[35]。并且它已被证实具有损害生殖、破坏内分泌和免疫系统及增加脊椎动物患癌症的风险[36, 37]。

12.2 微塑料吸附/解吸的有害物质

1984 年，特拉华大学学者 Rice 和 Gold[38]发现聚丙烯塑料易吸附疏水性有机化合物。之后在 2001 年，东京农业大学学者 Mato 等[39]使用聚丙烯树脂颗粒作为污染物的载体进行吸附动力学实验，发现多氯联苯和二氯二苯醚在塑料颗粒中积累的浓度比周围海水高出 $10^5 \sim 10^6$ 倍。接着在 2007 年，普利茅斯大学学者 Teuten 等[40]研究了三种微塑料对多环芳烃（菲）的吸附作用，发现聚乙烯＞聚丙烯＞聚氯乙烯，并解释了沉积物中菲的浓度高于水体的原因（图 12-2）。2011 年，英国联合利华安全与环境保障中心学者 Gouin 等[41]发现 log K_{OC}/log K_{PE-W}＞6.5（K_{OC} 为疏水性有机化学物质与水的分配系数、K_{PE-W} 为聚乙烯-水分配系数）的化学污染物更容易吸附到聚乙烯塑料上。之后在 2014 年，Velzeboer 等[42]研究发现纳米级微塑料的吸附能力比微米级塑料强 1~2 个数量级，这归

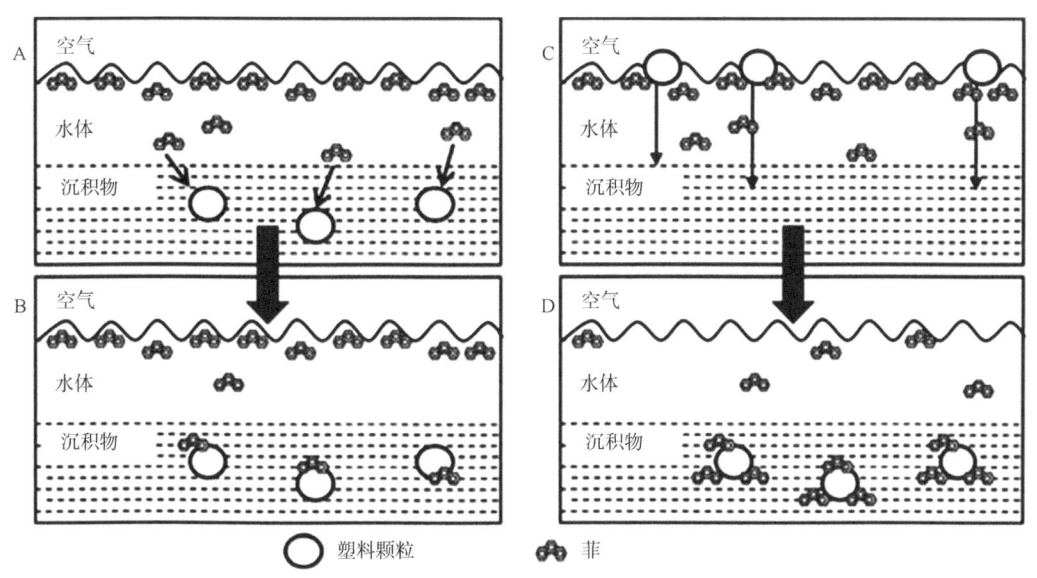

图 12-2 塑料对菲迁移的额外影响示意图

（A）沉积物中的塑料吸附菲，从而导致（B）菲沉积在沉积物中；（C）菲在海水表层吸附到塑料中并随后下沉，导致（D）菲积累在沉积物中。C 到 D 过程导致的沉积物中菲的浓度高于 A 到 B 过程[40]

因为纳米颗粒具有更高的表面体积比（图 12-3）。海洋生物摄取了附着污染物的微塑料后，其会在生物体内解吸。Bakir 等[43]研究表明，生物肠道表面活性剂的作用对提高塑料上吸附的污染物的解吸速率具有重要作用，肠道条件下的解吸量可能比海水中的解吸量高 30 倍。并且微塑料已被 von Moos 等[44]证明会进入生物的组织和细胞中（图 12-4、图 12-5）。这意味着塑料上附着的有毒污染物可直接与细胞发生相互作用，从而显著增强其潜在毒性。

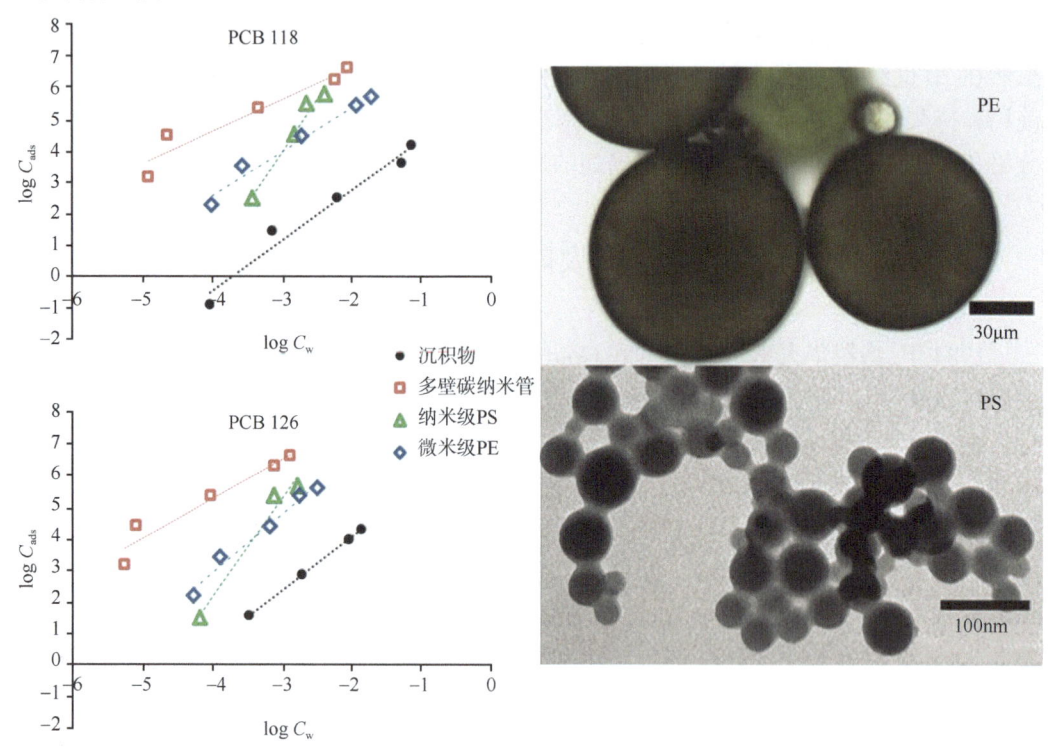

图 12-3　微米级聚乙烯（PE）和纳米级聚苯乙烯（PS）对 PCB 吸附能力的差异

等温线的构建和解释采用了 Freundlich 模型 $C_{ads} = K_f \times C_w^n$，其中 C_{ads} 是 PCB 吸附量（单位：mg/g），C_w 是溶液中 PE 和 PS 的浓度（单位：mg/L），常数 $\log K_f$ 和 n 由线性回归分析获得[42]

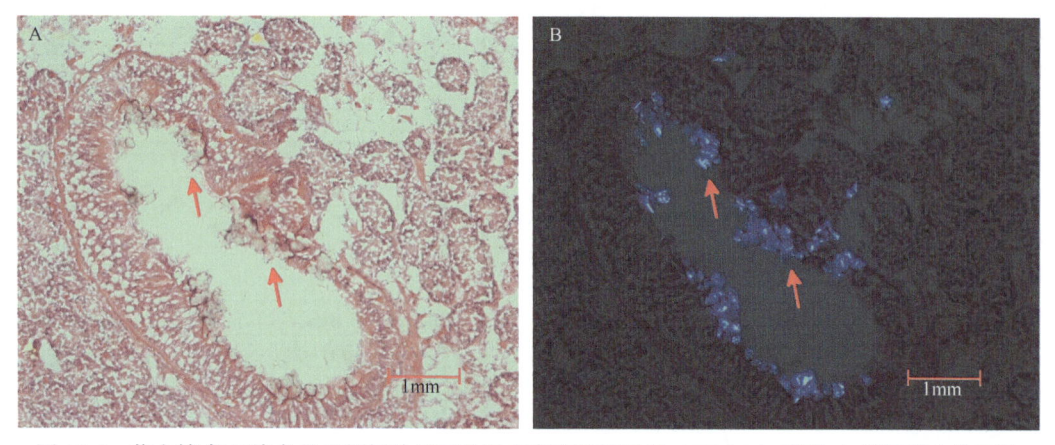

图 12-4　苏木精-伊红染色的组织切片显示贻贝在高密度聚乙烯（HDPE）暴露 3h 后肠道中的颗粒分布（箭头）

在正常显微镜的成像（A）和用偏振光覆盖下的成像（B）。微塑料颗粒（箭头）在偏振光（B）中呈蓝色[44]

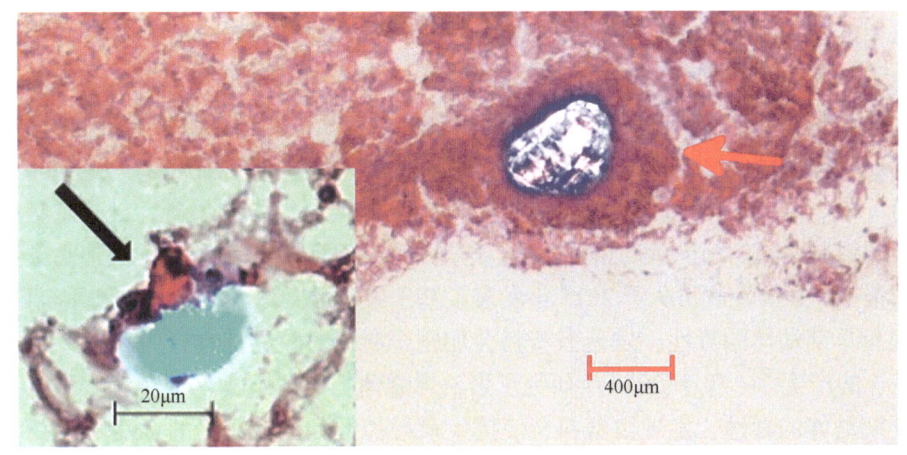

图 12-5　贻贝消化腺的液泡中聚集的 HDPE 颗粒（蓝色）周围形成粒细胞瘤，最后被结缔组织包裹（红色箭头）

左下角显示 HDPE 颗粒（蓝色）附着有单个嗜酸性粒细胞（红色、黑色箭头）[44]

12.3　微塑料的生态毒理学实验

针对微塑料进入生物组织的研究，有许多方面需要进一步思考。一些研究表明，微塑料能够进入生物体并被发现于组织中，但这一说法存在争议。例如，在 2012 年，von Moos 等[44]通过研究高浓度（2.5g/L）聚乙烯暴露下贻贝的组织学和生化指标响应，证明了微塑料对海洋生物的毒理学效应（图 12-4、图 12-5）。然而，实验室条件与自然环境差异巨大，微塑料在自然环境中的形态、大小和特性复杂多样，实验结果并不能简单推及到实际环境，使得相关结论的可信度受到质疑。例如，Townsend 等[45]强调，在城市湿地沉积物等自然环境中发现的微塑料类型往往不同于对照实验中使用的微塑料类型，强调次生微塑料比微珠等原生微塑料更为普遍。这表明实验室研究可能无法准确反映不同微塑料的环境动态。此外，通过组织切片或荧光标记等方法检测微塑料，这本身就存在局限性。例如，如何确保检测到的颗粒并非因实验操作过程或污染所致？微塑料在自然条件下是否真的能够轻易进入生物组织也需进一步验证。将荧光微塑料强行注入生物体内的实验未必能真实反映自然情境。因此，我们应以批判性态度评估这些实验结论，避免将实验室现象泛化为普遍规律，以更科学、更客观地引导微塑料研究方向，防止误导公众认知。

目前被认可的更多的是微塑料有概率会损害海洋动物的摄食和消化功能。研究表明，微塑料会阻碍食物在消化道中的运动，导致消化道堵塞和食物摄入缓慢[46]，以及消化吸收率的下降[47]。能量和营养摄入的不足会进一步影响海洋生物的生长、发育和繁殖[46]。并且，还有研究表明微塑料会引起生物的抗氧化和免疫响应[48]，还具有基因毒性和神经毒性[49, 50]。但是微塑料对生物几乎没有致死的毒性[51]。

然而，考虑到其中大部分是基于实验室内高浓度急性暴露的结果，现实环境中往往很难达到这种污染水平。而在现实环境中，近年来陆续有研究发现在海龟[52]、鲨鱼[53]和鲸鱼[54]等海洋生物中检测到较高浓度的邻苯二甲酸酯，如邻苯二甲酸二乙酯（DEP）、邻苯二甲酸二丁酯（DBP）、邻苯二甲酸二（2-乙基已基）酯（DEHP）及其代谢中间体。并且有研究还证明了生物消化系统中存在的化学物质主要是由其摄入了微塑料导致的[52]。因此微塑料对海洋物种的致死作用更多的可能是由其所携带的化合物引起的。

  2013年，葡萄牙波尔图大学学者Oliveira等[55]研究了聚乙烯微球（1~5μm）和多环芳烃（芘）对虾虎鱼（*Pomatoschistus microps*）的毒性。结果发现，处于微塑料暴露条件会延缓芘诱导的虾虎鱼幼鱼的死亡。这是最早关于微塑料和环境中其他污染物联合毒性的报道。紧接着该团队于2015年发表了基于聚乙烯微球（1~5μm）和重金属（铬）对虾虎鱼早期幼体的毒性，发现微塑料会加剧金属铬对鱼的捕食行为和乙酰胆碱酯酶（AChE）的产生[56]；又于2016年研究了聚乙烯微球（1~5μm）和抗生素头孢氨苄对虾虎鱼早期幼体的毒性，发现微塑料会使抗生素对神经和捕食行为的毒性增加[57]。2015年，Khan等[58]研究了聚乙烯微球和金属银对斑马鱼的毒性影响，发现微塑料会影响金属的生物利用度和吸收途径。其团队此后又发现聚乙烯微球会增强抗生素三氯生对水蚤的毒性[59]。而对微塑料和塑料添加剂联合作用影响的研究始于2017年同济大学的尹大强团队，他们研究了纳米塑料和双酚A联合作用对斑马鱼的神经毒性，并发现纳米塑料可增强双酚A的生物利用度并引起神经毒性[60]。2018年，Jeong等[61]研究了纳米聚苯乙烯微球和多溴联苯醚对轮虫的毒性，结果发现纳米塑料暴露会影响细胞膜防御机制，进而导致多溴联苯醚的毒性增强。这些结果表明，微塑料具有的毒性很大程度上取决于其自身携带或者在环境中吸附的有毒化合物。Thaysen等[62]对市场上包装塑料的毒性进行了研究。结果表明，暴露于塑料渗滤液会导致生物的死亡率上升。类似地，Li等[63]发现暴露于可回收塑料渗滤液的藤壶幼虫生长和存活能力减弱。甚至由于塑料中化学物质的释放，捕食者的捕食作用也会受到干扰[64]。近年来的研究还证实，与塑料相关的有毒化合物会在分子水平上干扰生物体内的激素活动[65-67]。因此，在研究微塑料的生态毒理学时，与塑料材料相关的有毒化合物的毒性作用是不可忽视的，不能简单地用导向性实验进行研究。

12.4 问题与展望

  由于微塑料种类众多，关于微塑料的毒理学效应，需要进行批判性分析。首先，海洋中的微塑料对环境和生物的毒性效应应基于不同类型塑料在环境中的实际浓度水平进行评价。对于近岸、近海和大洋不同区域的微塑料分布，应详细阐明其具体种类和浓度，以更准确地讨论其可能带来的生态和生物影响。简单地说，若不分种类和浓度极低，则吸附污染物的风险可能不足以引起关注。实际环境中微塑料类型众多，每种类型的密度、组分、形态、尺寸均具有特殊性，更重要的是环境中的微塑料会吸附各种有机污染物。迄今，室内可控实验使用的是尺寸和种类均一的塑料材质，这并不能很好地模拟真实环境的状态。必须在众多的环境特征中对微塑料进行演化规律的总结，特别是表面老化特征及表面携带电子、基团和附着的各种有机污染物特征，从而展现微塑料在海洋环境中的迁移演化规律，进而通过室内实验全面掌握并合理评估微塑料对重要生物类群的生理生态效应。

进一步地，需要对微塑料进入生物组织的过程提出质疑。针对一些研究所宣称的微塑料被切片或检测到进入组织，存在许多不确定因素需要澄清。例如，微塑料如何进入组织、何种机制促使其被吸收，这些都是要回答的问题。科学上需要基于可靠的数据和实验流程进行严谨论证，不能简单假设其效应。具体研究方法的局限性和假设前提也应得到充分的论证和批判性分析。

此外，针对塑料颗粒对生物体的影响，与其他相似大小的纳米颗粒进行对比实验是必要的。这种方法有助于排除非塑料颗粒可能引发的效应，并确定微塑料的独特性。这种对比可引导我们深入了解不同类型纳米颗粒的行为和毒理学效应，从而科学地质疑实验结论的普遍性。

对于微塑料的生态作用，某些特定情况下的研究值得认可。例如，在土壤环境中使用地膜的大量塑料可能会被蚯蚓消化降解。蚯蚓摄入土壤中的塑料并通过消化过程将其转化为小分子形式，这个过程在一定程度上说明了微生物与塑料的相互作用。类似的实验，如使用纳米颗粒喂养鱼类和低等生物并观察其体内塑料分布，也提供了某些毒理学效应的参考。

总之，微塑料毒理学研究应当建立在可靠的实验数据和科学方法的基础之上，对于不确定的结论和假设，需要采取批判性、科学性的态度加以检视。

参 考 文 献

[1] Cai Z, Li M, Zhu Z, et al. Biological degradation of plastics and microplastics: a recent perspective on associated mechanisms and influencing factors [J]. Microorganisms, 2023, 11(7): 1661.

[2] Hermabessiere L, Dehaut A, Paul-Pont I, et al. Occurrence and effects of plastic additives on marine environments and organisms: a review [J]. Chemosphere, 2017, 182: 781-793.

[3] Oehlmann J, Schulte-Oehlmann U, Kloas W, et al. A critical analysis of the biological impacts of plasticizers on wildlife [J]. Philosophical Transactions of the Royal Society B: Biological Sciences, 2009, 364(1526): 2047-2062.

[4] Eales J, Bethel A, Galloway T, et al. Human health impacts of exposure to phthalate plasticizers: an overview of reviews [J]. Environment International, 2022, 158: 106903.

[5] Yang X-D, Gong B, Chen W, et al. *In-situ* quantitative monitoring the organic contaminants uptake onto suspended microplastics in aquatic environments [J]. Water Research, 2022, 215: 118235.

[6] Rodrigues J P, Duarte A C, Santos-Echeandía J, et al. Significance of interactions between microplastics and POPs in the marine environment: a critical overview [J]. TrAC Trends in Analytical Chemistry, 2019, 111: 252-260.

[7] Kimber I, Dearman R J. An assessment of the ability of phthalates to influence immune and allergic responses [J]. Toxicology, 2010, 271(3): 73-82.

[8] Net S, Sempéré R, Delmont A, et al. Occurrence, fate, behavior and ecotoxicological state of phthalates in different environmental matrices [J]. Environmental Science & Technology, 2015, 49(7): 4019-4035.

[9] Ye T, Kang M, Huang Q, et al. Exposure to DEHP and MEHP from hatching to adulthood causes reproductive dysfunction and endocrine disruption in marine medaka (*Oryzias melastigma*) [J]. Aquatic Toxicology, 2014, 146: 115-126.

[10] DeCarlo V J. Studies on brominated chemicals in the environment [J]. Annals of the New York Academy of Sciences, 1979, 320(1): 678-681.

[11] Chiuchiolo A L, Dickhut R M, Cochran M A, et al. Persistent organic pollutants at the base of the Antarctic marine food web [J]. Environmental Science & Technology, 2004, 38(13): 3551-3557.

[12] De Wit C A, Alaee M, Muir D C. Levels and trends of brominated flame retardants in the Arctic [J]. Chemosphere, 2006, 64(2): 209-233.

[13] Yang J, Zhao H, Chan K M. Toxic effects of polybrominated diphenyl ethers (BDE 47 and 99) and localization of BDE-99–induced cyp1a mRNA in zebrafish larvae [J]. Toxicology Reports, 2017, 4: 614-624.

[14] Wang H, Tang X, Sha J, et al. The reproductive toxicity on the rotifer *Brachionus plicatilis* induced by BDE-47 and studies on the effective mechanism based on antioxidant defense system changes [J]. Chemosphere, 2015, 135: 129-137.

[15] Chen X, Huang C, Wang X, et al. BDE-47 disrupts axonal growth and motor behavior in developing zebrafish [J]. Aquatic Toxicology, 2012, 120: 35-44.

[16] Xie Z, Lu G, Qi P. Effects of BDE-209 and its mixtures with BDE-47 and BDE-99 on multiple biomarkers in *Carassius auratus* [J]. Environmental Toxicology and Pharmacology, 2014, 38(2): 554-561.

[17] Bousoumah R, Leso V, Iavicoli I, et al. Biomonitoring of occupational exposure to bisphenol A, bisphenol S and bisphenol F: a systematic review [J]. Science of the Total Environment, 2021, 783: 146905.

[18] Lehmler H-J, Liu B, Gadogbe M, et al. Exposure to bisphenol A, bisphenol F, and bisphenol S in US adults and children: the national health and nutrition examination survey 2013-2014 [J]. ACS Omega, 2018, 3(6): 6523-6532.

[19] Klečka G M, Staples C A, Clark K E, et al. Exposure analysis of bisphenol A in surface water systems in North America and Europe [J]. Environmental Science & Technology, 2009, 43(16): 6145-6150.

[20] Flint S, Markle T, Thompson S, et al. Bisphenol A exposure, effects, and policy: a wildlife perspective [J]. Journal of Environmental Management, 2012, 104: 19-34.

[21] Fu P, Kawamura K. Ubiquity of bisphenol A in the atmosphere [J]. Environmental Pollution, 2010, 158(10): 3138-3143.

[22] Rykowska I, Wasiak W. Properties, threats, and methods of analysis of bisphenol A and its derivatives [J]. Acta Chromatographica, 2006, 16: 7.

[23] Weber Lozada K, Keri R A. Bisphenol A increases mammary cancer risk in two distinct mouse models of breast cancer [J]. Biology of Reproduction, 2011, 85(3): 490-497.

[24] Shen H, Grist S, Nugegoda D. The PAH body burdens and biomarkers of wild mussels in Port Phillip Bay, Australia and their food safety implications [J]. Environmental Research, 2020, 188: 109827.

[25] Itoh N, Naya T, Kanai Y, et al. Historical changes in the aquatic environment and input of polycyclic aromatic hydrocarbons over 1000 years in Lake Kitaura, Japan [J]. Limnology, 2017, 18: 51-62.

[26] Hashemzadeh B, Idani E, Goudarzi G, et al. Effects of $PM_{2.5}$ and NO_2 on the 8-isoprostane and lung function indices of FVC and FEV1 in students of Ahvaz city, Iran [J]. Saudi Journal of Biological Sciences, 2019, 26(3): 473-480.

[27] Yang H-H, Chen C-M. Emission inventory and sources of polycyclic aromatic hydrocarbons in the atmosphere at a suburban area in Taiwan [J]. Chemosphere, 2004, 56(10): 879-887.

[28] Pan L, Ren J, Liu J. Responses of antioxidant systems and LPO level to benzo (a) pyrene and benzo (k) fluoranthene in the haemolymph of the scallop Chlamys ferrari [J]. Environmental Pollution, 2006, 141(3): 443-451.

[29] Fähnrich K A, Pravda M, Guilbault G G. Immunochemical detection of polycyclic aromatic hydrocarbons (PAHs) [J]. Analytical Letters, 2002, 35(8): 1269-1300.

[30] Falahudin D, Munawir K, Arifin Z, et al. Distribution and sources of polycyclic aromatic hydrocarbons (PAHs) in coastal waters of the Timor Sea [J]. Coastal Marine Science, 2012, 35(1): 112-121.

[31] Stading R, Gastelum G, Chu C, et al. Molecular mechanisms of pulmonary carcinogenesis by polycyclic aromatic hydrocarbons (PAHs): implications for human lung cancer [J]. Seminars in Cancer Biology, 2021, 76: 3-16.

[32] Zhao L, Zhou M, Zhao Y, et al. Potential toxicity risk assessment and priority control strategy for PAHs metabolism and transformation behaviors in the environment [J]. International Journal of Environmental Research and Public Health, 2022, 19(17): 10972.

[33] Parmar J, Qureshi A. Accounting of the use and emissions of polychlorinated biphenyl compounds (PCBs) in India, 1951-2100 [J]. Environmental Science & Technology, 2023, 57(12): 4763-4774.

[34] De Voogt P, Brinkman U. Production, properties and usage of polychlorinated biphenyls [M]// Kimbrough R D, Jensen A A. Halogenated Biphenyls, Terphenyls, Naphthalenes, Dibenzodioxins and Related Products. New York: Elsevier, 1989.

[35] Melymuk L, Blumenthal J, Sáňka O, et al. Persistent problem: global challenges to managing PCBs [J]. Environmental Science & Technology, 2022, 56(12): 9029-9040.

[36] Safe S H. Polychlorinated biphenyls (PCBs): environmental impact, biochemical and toxic responses, and implications for risk assessment [J]. Critical Reviews in Toxicology, 1994, 24(2): 87-149.

[37] Letcher R J, Bustnes J O, Dietz R, et al. Exposure and effects assessment of persistent organohalogen contaminants in arctic wildlife and fish [J]. Science of the Total Environment, 2010, 408(15): 2995-3043.

[38] Rice M R, Gold H S. Polypropylene as an adsorbent for trace organics in water [J]. Analytical Chemistry, 1984, 56(8): 1436-1440.

[39] Mato Y, Isobe T, Takada H, et al. Plastic resin pellets as a transport medium for toxic chemicals in the marine environment [J]. Environmental Science & Technology, 2001, 35(2): 318-324.

[40] Teuten E L, Rowland S J, Galloway T S, et al. Potential for plastics to transport hydrophobic contaminants [J]. Environmental Science & Technology, 2007, 41(22): 7759-7764.

[41] Gouin T, Roche N, Lohmann R, et al. A thermodynamic approach for assessing the environmental exposure of chemicals absorbed to microplastic [J]. Environmental Science & Technology, 2011, 45(4): 1466-1472.

[42] Velzeboer I, Kwadijk C, Koelmans A. Strong sorption of PCBs to nanoplastics, microplastics, carbon

nanotubes, and fullerenes [J]. Environmental Science & Technology, 2014, 48(9): 4869-4876.

[43] Bakir A, Rowland S J, Thompson R C. Enhanced desorption of persistent organic pollutants from microplastics under simulated physiological conditions [J]. Environmental Pollution, 2014, 185: 16-23.

[44] von Moos N, Burkhardt-Holm P, Köhler A. Uptake and effects of microplastics on cells and tissue of the blue mussel *Mytilus edulis* L. after an experimental exposure [J]. Environmental Science & Technology, 2012, 46(20): 11327-11335.

[45] Townsend K R, Lu H-C, Sharley D J, et al. Associations between microplastic pollution and land use in urban wetland sediments [J]. Environmental Science and Pollution Research, 2019, 26: 22551-22561.

[46] Botterell Z L, Beaumont N, Dorrington T, et al. Bioavailability and effects of microplastics on marine zooplankton: a review [J]. Environmental Pollution, 2019, 245: 98-110.

[47] Gardon T, Reisser C, Soyez C, et al. Microplastics affect energy balance and gametogenesis in the pearl oyster *Pinctada margaritifera* [J]. Environmental Science & Technology, 2018, 52(9): 5277-5286.

[48] Xu S, Ma J, Ji R, et al. Microplastics in aquatic environments: occurrence, accumulation, and biological effects [J]. Science of the Total Environment, 2020, 703: 134699.

[49] Sleight V A, Bakir A, Thompson R C, et al. Assessment of microplastic-sorbed contaminant bioavailability through analysis of biomarker gene expression in larval zebrafish [J]. Marine Pollution Bulletin, 2017, 116(1-2): 291-297.

[50] Barboza L G A, Vieira L R, Branco V, et al. Microplastics cause neurotoxicity, oxidative damage and energy-related changes and interact with the bioaccumulation of mercury in the European seabass, *Dicentrarchus labrax* (Linnaeus, 1758) [J]. Aquatic Toxicology, 2018, 195: 49-57.

[51] Miao L, Hou J, You G, et al. Acute effects of nanoplastics and microplastics on periphytic biofilms depending on particle size, concentration and surface modification [J]. Environmental Pollution, 2019, 255: 113300.

[52] Savoca D, Arculeo M, Barreca S, et al. Chasing phthalates in tissues of marine turtles from the Mediterranean sea [J]. Marine Pollution Bulletin, 2018, 127: 165-169.

[53] Fossi M C, Coppola D, Baini M, et al. Large filter feeding marine organisms as indicators of microplastic in the pelagic environment: the case studies of the Mediterranean basking shark (*Cetorhinus maximus*) and fin whale (*Balaenoptera physalus*) [J]. Marine Environmental Research, 2014, 100: 17-24.

[54] Fossi M C, Panti C, Guerranti C, et al. Are baleen whales exposed to the threat of microplastics? A case study of the Mediterranean fin whale (*Balaenoptera physalus*) [J]. Marine Pollution Bulletin, 2012, 64(11): 2374-2379.

[55] Oliveira M, Ribeiro A, Hylland K, et al. Single and combined effects of microplastics and pyrene on juveniles (0+ group) of the common goby *Pomatoschistus microps* (Teleostei, Gobiidae) [J]. Ecological Indicators, 2013, 34: 641-647.

[56] Luís L G, Ferreira P, Fonte E, et al. Does the presence of microplastics influence the acute toxicity of chromium (VI) to early juveniles of the common goby (*Pomatoschistus microps*)? A study with juveniles from two wild estuarine populations [J]. Aquatic Toxicology, 2015, 164: 163-174.

[57] Fonte E, Ferreira P, Guilhermino L. Temperature rise and microplastics interact with the toxicity of the antibiotic cefalexin to juveniles of the common goby (*Pomatoschistus microps*): post-exposure

predatory behaviour, acetylcholinesterase activity and lipid peroxidation [J]. Aquatic Toxicology, 2016, 180: 173-185.

[58] Khan F R, Syberg K, Shashoua Y, et al. Influence of polyethylene microplastic beads on the uptake and localization of silver in zebrafish (*Danio rerio*) [J]. Environmental Pollution, 2015, 206: 73-79.

[59] Syberg K, Nielsen A, Khan F R, et al. Microplastic potentiates triclosan toxicity to the marine copepod *Acartia tonsa* (Dana) [J]. Journal of Toxicology and Environmental Health, Part A, 2017, 80(23-24): 1369-1371.

[60] Chen Q, Yin D, Jia Y, et al. Enhanced uptake of BPA in the presence of nanoplastics can lead to neurotoxic effects in adult zebrafish [J]. Science of the Total Environment, 2017, 609: 1312-1321.

[61] Jeong C-B, Kang H-M, Lee Y H, et al. Nanoplastic ingestion enhances toxicity of persistent organic pollutants (POPs) in the monogonont rotifer *Brachionus koreanus* via multixenobiotic resistance (MXR) disruption [J]. Environmental Science & Technology, 2018, 52(19): 11411-11418.

[62] Thaysen C, Stevack K, Ruffolo R, et al. Leachate from expanded polystyrene cups is toxic to aquatic invertebrates (*Ceriodaphnia dubia*) [J]. Frontiers in Marine Science, 2018, 5: 71.

[63] Li H-X, Getzinger G J, Ferguson P L, et al. Effects of toxic leachate from commercial plastics on larval survival and settlement of the barnacle *Amphibalanus amphitrite* [J]. Environmental Science & Technology, 2016, 50(2): 924-931.

[64] Seuront L. Microplastic leachates impair behavioural vigilance and predator avoidance in a temperate intertidal gastropod [J]. Biology Letters, 2018, 14(11): 20180453.

[65] Burgos-Aceves M A, Cohen A, Smith Y, et al. MicroRNAs and their role on fish oxidative stress during xenobiotic environmental exposures [J]. Ecotoxicology and Environmental Safety, 2018, 148: 995-1000.

[66] Savoca S, Capillo G, Mancuso M, et al. Microplastics occurrence in the Tyrrhenian waters and in the gastrointestinal tract of two congener species of seabreams [J]. Environmental Toxicology and Pharmacology, 2019, 67: 35-41.

[67] Schirinzi G F, Pedà C, Battaglia P, et al. A new digestion approach for the extraction of microplastics from gastrointestinal tracts (GITs) of the common dolphinfish (*Coryphaena hippurus*) from the western Mediterranean Sea [J]. Journal of Hazardous Materials, 2020, 397: 122794.

第 13 章
海洋微塑料的生态环境风险评估

环境中无处不在的微塑料对生态系统和人类健康的潜在风险，已引起了公众、媒体、政府和科学界的广泛关注。虽然已有大量研究揭示了微塑料的某些毒性效应机制，如胃肠道堵塞、影响鱼类的摄食与发育，以及通过食物链增加有害化学物质的富集（媒介效应）等[1-4]。这些发现使微塑料被普遍认为对水生生态系统构成威胁。然而，尽管如此，微塑料的生态风险评估仍然存在许多不确定性，尤其是在其潜在危害的科学依据方面。

虽然现有的化学危害源的风险评估方法能较为明确地评估其危害性，但对于微塑料的生态风险评估，我们的理解仍处于初步阶段。微塑料在环境中的浓度、组成、添加剂成分等多种因素，都会影响其生态风险，因此单纯的浓度高低并不能直接作为判定其危害的依据。实际的风险评估应考虑微塑料的具体性质及它们对生态系统可能产生的长期影响。基于此，采用科学的方法和技术手段，评估微塑料的潜在生态风险显得尤为重要。这不仅有助于为相关政策的制定提供科学依据，也有助于促进公众对微塑料环境风险的理性认知。

13.1 微塑料对生态环境的潜在风险

塑料垃圾的管理不善导致了整个海洋环境的污染，使水生生物不断暴露在塑料污染中，对生物个体乃至整个海洋生态环境都构成了巨大威胁。目前，已有 10 万余项关于塑料垃圾及微塑料对食物网各个层面影响的研究，研究对象包括藻类、浮游动物、鱼类、鸟类和哺乳动物等[5-9]，产生的影响主要来自物理缠绕、病原微生物的漂流、摄入塑料碎片及塑料相关化学品的暴露[1-4]。

自 20 世纪 60 年代人类首次在海鸟体内发现塑料以来[10]，研究证实海洋生物持续遭受着塑料垃圾引发的风险。据报道，在许多海洋物种（包括海产物种）生命周期的所有阶段，它们的肠道和组织中都存在塑料碎片[11, 12]。这些塑料碎片不仅对它们造成物理损伤（缠绕、堵塞消化道），还可能会使它们接触塑料中所含的有害添加剂或附着的病原体，从而对它们造成化学、生物方面的危害[1]。此外，出没于世界各地的塑料垃圾及微塑料也可能作为有害微生物的"筏子"，将病原体等微生物运送到很远的地方，这可能会扩大物种的地理分布范围，并传播入侵物种和疾病[13]。数量庞大的塑料碎片还会覆盖红树林、泥滩和珊瑚礁[14, 15]，阻滞海草床的生长[16]，对栖息地生态造成不良影响。

塑料垃圾在环境压力源的作用下破碎成小的塑料颗粒，其中小于 5mm 的微塑料由于其尺寸在许多海洋生物的最佳猎物范围内,引发重点关注。野外实地调查表明,微塑料会被生活在水层和海底的各种海洋动物摄入[17],其中包括人类食用的生物(如鱼类和贝类)和那些发挥关键生态作用的生物(如浮游动物)。目前,有关微塑料环境风险的研究主要侧重于针对生物个体的急性毒性效应研究,但是对单个生物的影响如何在种群或生态水平上造成危害的研究仍有限[18]。

微塑料对生物体造成的物理影响同塑料垃圾类似,微塑料可能会划破生物体肠道造成机械损伤。实验表明,生物摄入的非常小的微塑料可能会穿过其肠道内壁并在组织中积累[19, 20],还可能会产生炎症等有害影响[21]。此外,微塑料已被证实可以吸附如多环芳烃(PAH)、多氯联苯(PCB)和二氯二苯三氯乙烷(DDT)等在内的持久性有机污染物(POP)及微量金属(如铜、铅等)[22, 23]。海洋生物可以直接摄食微塑料,或间接通过摄食其他含有微塑料的生物来摄入这些微塑料,越来越多的证据表明微塑料在食物链存在生物积累[24],这将会导致这些有害物质在食物链顶端的生物体内富集。

大大高于环境浓度的微塑料毒理实验显示,微塑料还会影响动物的组织和细胞受体,从而带来新的风险;微塑料中的内分泌干扰物添加剂,能够激活激素信号通路,改变动物的代谢和生殖系统[25]。实验室条件下,微塑料已被证明对甲壳类、软体类和多毛类造成多种生物效应[1],包括基因和蛋白质表达的变化、炎症、摄食行为中断、生长率下降、繁殖成功率下降、幼虫发育变化等。

海洋环境中塑料的存在有可能极大地改变海洋生态[26]。现有的塑料数量持续释放到海洋环境,使清除它的可能性几乎为零[27]。除了塑料的致命影响之外,微塑料的亚致命影响还可能导致初级生产和生长的减少,如果足够严重,可能会改变生态系统的功能[28]。生态过程受到了多大程度的影响,包括流向深海的通量,目前还不清楚。

13.2　海洋微塑料对人体健康的潜在风险

海洋环境中的塑料微粒和微纤维可以被食物链底部的生物摄入,通过食物链传递,在高级捕食生物中富集并达到非常高的浓度[29]。研究认为,悬浮在海水中的微塑料和纳米塑料颗粒会被牡蛎和贻贝等生物摄入,并可能在这些生物的器官(注意不是组织)中达到高浓度,虽然人类不会食用海洋生物的消化道,但人类通过食用受微塑料沾染的鱼类、贝类等海产品而可能间接地摄入微塑料[1, 12]。食品中微塑料的暴露不仅限于海产品,人类还可通过食用其他含有微塑料的食品[30]等摄入微塑料。接触有害微塑料及可能从中释放的有毒化学物质[1, 5, 20, 23, 31-33],这对食品安全造成了潜在威胁。

摄食是人体暴露于海洋微塑料的主要途径[34]。人类接触海洋微塑料主要是通过食用受污染的鱼类和贝类等海产品[35]。摄入微塑料可能通过多种机制损害人类健康,这些机制包括物理作用(如造成磨损、堵塞或细胞损伤)、化学成分(生产中使用的化学添加剂或从周围环境吸附的化学污染物)及作为致病菌的载体(如弧菌属和耐药菌),与微塑料颗粒相互作用的分子机制也可能因氧化应激、炎症反应和代谢紊乱而损害人类健康[33, 36]。

总体来说,人们对一个普通家庭中微塑料污染的背景水平及这些浓度是否有可能对人类健康造成损害的了解仍然很少。尽管各国政府和政府间机构在 6 次不同范围的评估中对微塑料产生影响的慢性毒性作用浓度和潜在毒理学机制进行了研究，但人们仍未充分了解它们的真实情况[1, 33]。

13.3　微塑料生态风险指示生物的争论

指示生物是指能提供生态系统或栖息地等环境质量信息的活生物体，利用指示生物作为环境健康的哨兵，能够提供大量污染物与压力源的定性和定量信息。尽管微塑料具有化学惰性，但由于微塑料无处不在且易被许多生物主动或被动摄食（具有生物可利用性），生物群作为监测微塑料的手段受到了越来越多的关注。已有多个室内毒理研究表明微塑料会对模式生物产生生长和能量抑制、死亡率升高、幼体存活率下降和生殖能力下降等不利影响。选择良好的指示生物的前提是，在环境中丰度（生物总量）高且分布广泛，环境耐受性强，有早期预警能力，还要有可识别的生物指标如毒性效应（从细胞到机体）。此外，生物监测数据还要能解释复杂环境因素的影响。

欧盟海洋战略框架指令（MSFD）监测指南表明，鱼胃肠道分析是评估微塑料污染的可行方法，如牛眼鲷（*Boops boops*）因其分布广泛、肠道较小及消化道中微塑料出现频率较高，被认为是地中海地区公认的塑料指示生物。《保护东北大西洋海洋环境公约》（OSPAR 公约）也提到基于海鸟[如暴风鹱（*Fulmarus glacialis*）]和海龟胃中的塑料碎片来监测海洋环境中塑料污染情况。但是上述生物的监测目标主要针对大于 1mm 的塑料碎片，如果将聚合物颗粒定位到更小尺寸，如 1mm 以下，就不太适合用作生态监测。

但是，微塑料生态风险评估中，指示生物的研究主要来源于实验室的发现，这些研究往往缺乏原位环境验证。对于实验室研究得出的指示生物，其可信度需要基于两个重要因素进行评估：首先，微塑料暴露浓度是否真实反映了该生物在其自然栖息环境中的情况，需与相应地区的微塑料浓度研究文献进行对比。如果实验室环境中的微塑料浓度远高于实际环境水平，则研究结论的外推性和可靠性将大打折扣。其次，实验监测时间的长短至关重要。若监测时间过短，微塑料可能尚未完全排出生物体外，从而高估其积累水平。因此，对于监测时间较短、缺乏累积性证据的研究结论，应保持科学审慎态度。

同时，对于互相矛盾的研究结论需进行具体分析。例如，有学者认为紫贻贝并非合适的指示生物，可能基于其对不同环境中的微塑料暴露反应不一致，从而难以提供稳定的环境污染指示信息。而另一位学者则提出，紫贻贝可以摄入并累积微塑料，反映环境的微塑料污染水平。这类争议表明，对同一种生物的指示性评估需要结合实验细节、环境变量及长期数据综合分析。

总结来看，目前发现的许多指示生物在其研究过程和实验操作中存在局限性，难以广泛应用。微塑料在生物体的胃肠道中停留时间较短，几乎不发生长期累积，但通过"进出动态平衡"可以在体内维持一定浓度。因此，利用生物体内的微塑料丰度作为生态风险指示也是一种可行方法。这种方法的可靠性与生物个体的生理特征，如进食量和肠道直径等因素密切相关。此外，使用生物免疫反应作为微塑料风险的指示指标时，也需要仔细分析微塑料携带的添加剂浓度。实验室条件下添加剂的浓度与自然环境是否相符，直接影响结果的准确性和可推广性。

基于上述分析，应结合不同环境和情境的特点，选择适宜的微塑料指示生物，进行合理的评估与图示说明，以推动微塑料生态风险评估的科学化与精确化。

13.4 微塑料生态环境风险评估方法

"生态风险评估"（ecological risk assessment，ERA）是环境风险评估的重要组成部分，是指针对潜在的生态风险，利用生物学、毒理学、生态学、环境学等多学科的综合知识，采用数学、概率论等风险分析的技术手段来预测、评价其对生态系统及其组分造成损伤的可能性和程度，并据此提出相应的措施。生态风险评估是近 30 年来逐渐兴起并得到发展的一个研究领域，而针对微塑料的生态风险评估在近几年才得到初步发展。生态风险评估主要通过危险源识别、暴露评估、效应评估、风险表征、风险预警和风险决策等环节开展。目前应用于微塑料环境风险评估的方法和工具主要包括建立模型、毒理学实验、概率风险评估法和风险熵值法等。图 13-1 展示了微塑料一般环境风险评估中的部分暴露和效应评估工具[37]。

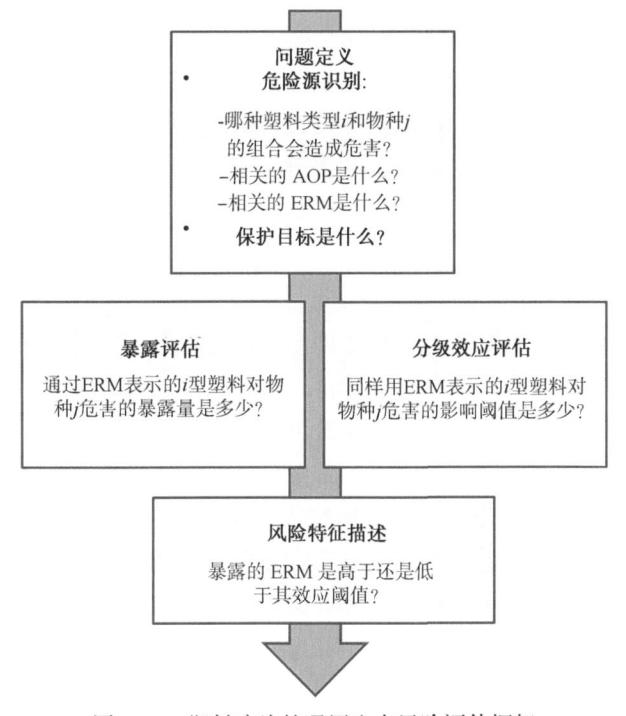

图 13-1　塑料碎片的通用生态风险评估框架

包括保护目标、问题定义、暴露评估、分级效应评估和风险特征描述。"ERM"是特定不利结果途径（AOP）的生态相关指标，涉及特定塑料颗粒类型（i）与特定物种或相关物种年龄组（j）之间的相互作用[37]

模型作为一种被广泛使用的定量反映生态风险程度的方法,可以在基本数据有限的情况下,明确风险源、风险受体及危害程度,运用函数关系式将风险的发生具体化,能够较好地表征危害事件和生态终点的相互关联性。由此可见,建立模型的方法在生态风险评估的各个环节都得到广泛应用。在风险评估的背景下,模型可用于评估微塑料的暴露情况。具体应用表现为模型可用于基于微塑料发生的数据的时空插值,并可指导其监测活动[1, 38];基于未来排放情景,模型可用于预测未来环境介质中的微塑料浓度,并可用于预测何时超过临界效应阈值[38];此外,可在其他污染物和其他颗粒类型模型研究的基础上建立微塑料的输运和归宿模型,揭示微塑料的输运及归宿。目前,这些模型都是理论上的或经验上的,虽然已经被其他颗粒类型验证过,但它们还没有被塑料颗粒完全验证过。

将暴露评估与效应评估相结合才能更准确全面地评估微塑料的实际生态环境风险。目前对于微塑料的效应评估主要通过生态毒理实验,以高剂量暴露实验为主,侧重于对水生生物的急性毒性效应的研究。通过实验检测生物对微塑料的耐受阈值和毒性终点,确定剂量-反应关系,为客观、合理监测环境中微塑料的浓度提供重要的资料[39]。近年来,大量学者通过对不同种类的生物开展毒理实验,试图揭示微塑料对生物的影响,为评估微塑料的生态风险提供科学依据。例如,微塑料的暴露会对降低哲水蚤、双壳贝类、青鳉等生物的摄食速率和繁殖率,对能量代谢、清除病原微生物等功能造成损伤[32, 40]。

风险表征是通过对暴露评估和效应评估综合分析后,对风险进行估计并描述风险大小。对微塑料的风险进行科学合理的表征是微塑料生态风险评估的最后一个环节,这个环节的开展是建立在前期大量暴露评估和效应评估的信息数据获取的基础上的。然而各部分存在的不确定性因素的影响可能会导致最终的风险评价结果不可靠。因此,对不确定性的定量化处理是风险评估必须解决的关键技术问题。目前,用于表征微塑料生态风险的方法主要有传统的概率风险评估法和风险熵值法等,这些方法也被广泛应用于单一污染物的生态风险评价。

概率风险评估法(probabilistic risk assessment,PRA)是最典型、应用最广的定量风险评价方法。Adam 等[31]将 PRA 应用于微塑料的生态环境风险评估中,并将其用来评价欧洲、北美洲和亚洲的淡水环境中微塑料的生态风险,该方法是一种比较污染物暴露率与生态毒性概率分布的方法,根据二者是否重叠进行评估。方法中的暴露评估基于实测环境浓度(MEC)的累积暴露概率曲线,而生态毒性评估则是在物种敏感度分布(SSD)的基础上进行了改进,设计出概率物种敏感度分布(PSSD)用其进行生态毒性评估,然后根据污染物暴露率与生态毒性概率分布的重叠范围判断生态风险程度。虽然此项研究可能会因为不同实验室在微塑料的前处理方面所用的方法不同而出现一些数据偏差,但是 PRA 可以整合同一时间点中所有可用的污染数据,即使存在微塑料的环境丰度波动大等的情况,也能较可靠地评估出微塑料在水体中的总体情况。

风险熵值法(risk quotient,RQ)是 Zhang 等[41]提出的微塑料生态风险评估方法,并将其用于我国南宁市邕江的微塑料生态风险研究中。该方法在运用欧盟的物种敏感度分布法的基础上,通过收集相关的数据建立模型,进而推导出环境中微塑料的预测无效应浓度(PNEC)[38],以 PNEC 为微塑料背景值,通过计算每个采样点实际测得的微塑料浓度与 PNEC 的比值分别得出各个采样点的风险熵值。该方法能预测出水中微塑料的安全阈值及评价水体中的微塑料风险等级,也能为水质标准的制定提供一定的指导作用。

13.5 海洋微塑料生态环境风险评估框架

尽管目前对微塑料的风险评估涉及多元领域、多样的评估方法,但仍存在很多问题。基于此,2019 年 5 月联合国环境规划署(UNEP)在瑞士日内瓦召开了联合国海洋环境保护科学问题联合专家组(GESAMP)海洋塑料和微塑料风险评估国际研讨会,专门讨论制定与海洋环境中的塑料垃圾和微塑料有关的环境与人类健康风险问题及评估方法等。为国际社会未来海洋塑料垃圾和微塑料对环境、生态与人类健康影响及风险评估、决策和行动等提供工作指南。微塑料的复杂性使得对其可能产生的风险进行评估充满了挑战,考虑到其有可能对社会、经济和环境造成的后果,GESAMP 认为目前没有一种方法适合评估与海洋塑料垃圾和微塑料有关的各种潜在危害及暴露途径。相反,制定一个"风险评估框架"可能更为合适。

目前,科学家已经提出一些有关微塑料的风险评估框架[42,43]。这些研究指出对微塑料进行生态环境风险评估的难点和复杂性,同时也提供一些一般的策略。然而,这些框架尚未包括应对这些挑战所需的理论和工具。首先,这些框架简化了微塑料的多样性,忽略了类别中实际存在的相当大的差异;其次,其没有针对目前有限的质量数据或数据无法进行比较的现状实施策略;此外,目前所提议的框架未包含效应阈值成分,忽略了粒子与化学效应间的剂量依赖性,也没有对添加剂和环境物质进行准确区分。

针对上述不足,Koelmans 等[36]在其最新的研究中提出一个通用的适用于环境和人类健康的微塑料风险评估框架,该框架提供了一个新方法,在众多天然颗粒的背景下解释微塑料颗粒的多维度。这个框架主要包括三个新元素:①使用 pdf 文件来描述毒理学上相关的颗粒特征,这样就无须用类别进行简化;②使用质量保证/质量控制(QA/QC)筛选方法来评估暴露和效应数据是否适用于目的;③使用一个计算框架来评估通过所有可能途径接触塑料的化学物质的情况。

该框架指出对微塑料的风险评估需要三个层次的信息(图 13-2)。第一,在过程层面采取步骤,其中包括定义问题、设计暴露和效应评估、风险特征描述及输入数据筛选的质量保证和控制。第二,根据一个特定的问题定义,应该确定对生物群不利影响的机制。由于微塑料是一种多种污染物的混合物,它通过不同的效应机制同时产生影响。这些机制中的每一种都与生态或毒理学相关终点相关联,并通过该机制的生态或毒理学相关剂量指标(全面风险管理 ERM 或整体风险管理 TRM)进行量化。第三,由于剂量指标只与连续体的一部分相关,因此需要从涵盖整个连续体的暴露数据中提取。

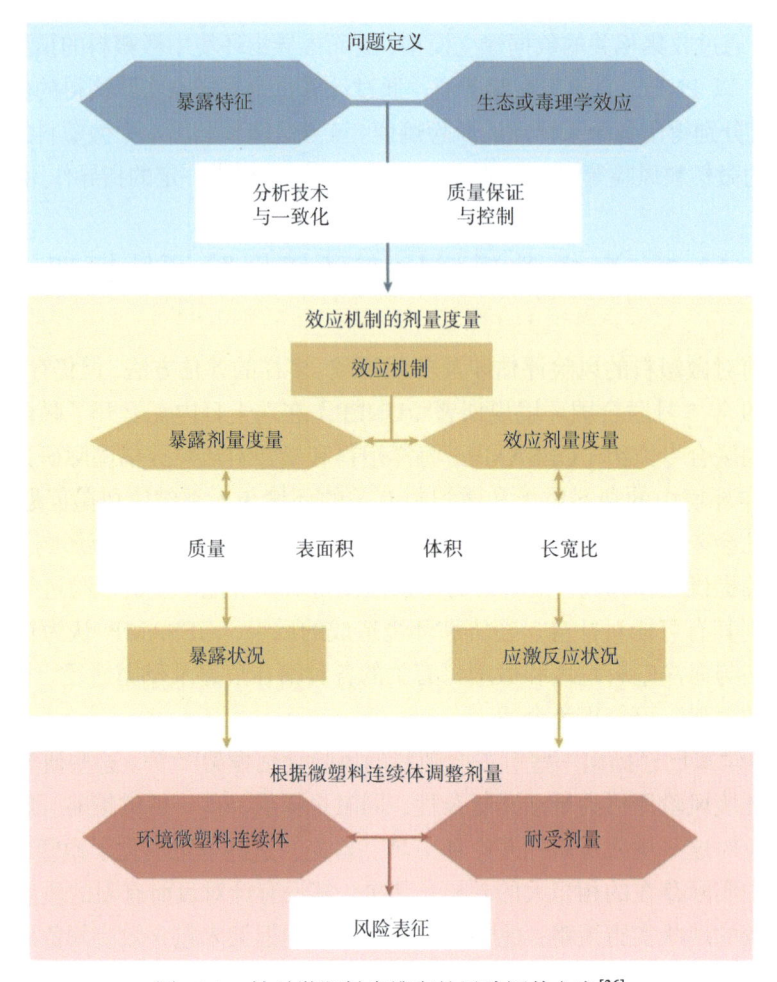

图 13-2　针对微塑料多维度的风险评估方案[36]

13.6　问题与展望

在微塑料的生态风险评估方面，现有的研究方法和认识存在许多问题。首先，风险评估核心不仅在于微塑料的环境浓度及其分布，还应关注其理化性质、暴露途径与生物响应。如果微塑料在某一地区的浓度较高，那么这个地区的风险自然也被认为较高。反之，若浓度较低，则认为风险较小。然而，这种评估方法并没有充分考虑微塑料的具体性质及其对生态环境的实际影响。浓度高不必然导致风险高，应结合生态暴露阈值和毒性效应来判断风险等级。

更重要的是，微塑料是否对环境有害，还需明确区分"有害"和"有风险"。风险的评估是基于浓度和潜在危害，而有害则意味着已经证明对生态系统或生物体造成了实际伤害。微塑料作为污染物的定义过于笼统，且其对环境的影响并没有明确的科学证据。因此，尽管微塑料被认定为新型污染物，但其实际危害并未被充分验证。特别是当微塑料的浓度非常低时，它对环境和生物的影响可忽略不计。

在实际应用中，一些实验方法存在严重问题。部分实验采用非生态暴露途径评估微塑料毒性，其生态相关性仍需审慎对待。这类实验的结果往往不具备现实意义，因为它们不能准确反映自然环境中的微塑料暴露情况。此外，微塑料本身并非一种"剧毒"物质，绝大多数的微塑料是由不同种类的塑料构成；相反，它们的毒性往往来自其携带的添加剂和污染物，这些添加剂和污染物会对生物体产生有害影响[44]。因此，风险评估必须更加精细，明确哪些添加剂可能是有害的，并严格限制其在环境中的浓度。

此外，微塑料在海洋中的生态风险评估不仅需要考虑它们的物理浓度，还要考虑其潜在的化学风险。尤其是微塑料中的添加剂，可能对环境造成长期影响，这些添加剂的释放量和在海洋中的浓度必须被纳入风险评估体系。研究人员在进行微塑料风险评估时，应先明确添加剂的类型、浓度及它们在环境中的实际释放情况。只有在这些数据明确的基础上，才能开展有效的风险评估。

总结来说，微塑料的生态风险评估应当建立在科学的数据和实际的环境条件下，而不是依赖于某些未经充分验证的实验结果或主观推测。风险评估的目标应当是对微塑料的潜在影响做出科学、客观的预测，而不是简单地根据浓度的高低做出风险的判断。同时，微塑料的毒性评估也应当更加严谨，明确区分"有害"和"有风险"之间的区别，避免将未验证的假设视为事实。

参 考 文 献

[1] Anbumani S, Kakkar P. Ecotoxicological effects of microplastics on biota: a review [J]. Environmental Science and Pollution Research, 2018, 25: 14373-14396.

[2] Alimba C G, Faggio C. Microplastics in the marine environment: current trends in environmental pollution and mechanisms of toxicological profile [J]. Environmental Toxicology and Pharmacology, 2019, 68: 61-74.

[3] Syberg K, Hansen S F, Christensen T B, et al. Risk perception of plastic pollution: importance of stakeholder involvement and citizen science [J]. Freshwater Microplastics: Emerging Environmental Contaminants, 2018: 203-221.

[4] Lusher A, Hollman P, Mendoza-Hill J. Microplastics in Fisheries and Aquaculture: Status of Knowledge on Their Occurrence And Implications for Aquatic Organisms and Food Safety [M]. Rome: FAO, 2017.

[5] Avio C G, Gorbi S, Milan M, et al. Pollutants bioavailability and toxicological risk from microplastics to marine mussels [J]. Environmental Pollution, 2015, 198: 211-222.

[6] Waite H R, Donnelly M J, Walters L J. Quantity and types of microplastics in the organic tissues of the eastern oyster *Crassostrea virginica* and Atlantic mud crab *Panopeus herbstii* from a Florida estuary [J]. Marine Pollution Bulletin, 2018, 129(1): 179-185.

[7] Fossi M C, Coppola D, Baini M, et al. Large filter feeding marine organisms as indicators of microplastic in the pelagic environment: the case studies of the Mediterranean basking shark (*Cetorhinus maximus*) and fin whale (*Balaenoptera physalus*) [J]. Marine Environmental Research, 2014, 100: 17-24.

[8] Woods J S, Rødder G, Verones F. An effect factor approach for quantifying the entanglement impact on marine species of macroplastic debris within life cycle impact assessment [J]. Ecological Indicators, 2019, 99: 61-66.

[9] Boerger C M, Lattin G L, Moore S L, et al. Plastic ingestion by planktivorous fishes in the North Pacific Central Gyre [J]. Marine Pollution Bulletin, 2010, 60(12): 2275-2278.

[10] Rochman C M, Tahir A, Williams S L, et al. Anthropogenic debris in seafood: plastic debris and fibers from textiles in fish and bivalves sold for human consumption [J]. Scientific Reports, 2015, 5(1): 1-10.

[11] Prinz N, Korez Š. Understanding how microplastics affect marine biota on the cellular level is important for assessing ecosystem function: a review [C]//Jungblut S, Liebich V, Bode-Dalby M. YOUMARES 9-The Oceans: Our Research, Our Future. Proceedings of the 2018 conference for YOUng MArine REsearcher in Oldenburg, Germany. Oldenburg: Springer, 2020.

[12] Zettler E R, Mincer T J, Amaral-Zettler L A. Life in the "plastisphere": microbial communities on plastic marine debris [J]. Environmental Science & Technology, 2013, 47(13): 7137-7146.

[13] Galloway T S, Lewis C N. Marine microplastics spell big problems for future generations [J]. Proceedings of the National Academy of Sciences, 2016, 113(9): 2331-2333.

[14] Jiao M, Ren L, Wang Y, et al. Mangrove forest: an important coastal ecosystem to intercept river microplastics [J]. Environmental Research, 2022, 210: 112939.

[15] Zhang W, Ok Y S, Bank M S, et al. Macro- and microplastics as complex threats to coral reef ecosystems [J]. Environment International, 2023, 174: 107914.

[16] Balestri E, Menicagli V, Vallerini F, et al. Biodegradable plastic bags on the seafloor: a future threat for seagrass meadows? [J]. Science of the Total Environment, 2017, 605: 755-763.

[17] Katija K, Choy C A, Sherlock R E, et al. From the surface to the seafloor: how giant larvaceans transport microplastics into the deep sea [J]. Science Advances, 2017, 3(8): e1700715.

[18] Galloway T S, Cole M, Lewis C. Interactions of microplastic debris throughout the marine ecosystem [J]. Nature Ecology & Evolution, 2017, 1(5): 0116.

[19] Lim X. Microplastics are everywhere–but are they harmful [J]. Nature, 2021, 593(7857): 22-25.

[20] Kim J-H, Yu Y-B, Choi J-H. Toxic effects on bioaccumulation, hematological parameters, oxidative stress, immune responses and neurotoxicity in fish exposed to microplastics: a review [J]. Journal of Hazardous Materials, 2021, 413: 125423.

[21] Hirt N, Body-Malapel M. Immunotoxicity and intestinal effects of nano- and microplastics: a review of the literature [J]. Particle and Fibre Toxicology, 2020, 17: 1-22.

[22] Wang L-C, Chun-Te Lin J, Dong C-D, et al. The sorption of persistent organic pollutants in microplastics from the coastal environment [J]. Journal of Hazardous Materials, 2021, 420: 126658.

[23] Bradney L, Wijesekara H, Palansooriya K N, et al. Particulate plastics as a vector for toxic trace-element uptake by aquatic and terrestrial organisms and human health risk [J]. Environment International, 2019, 131: 104937.

[24] Krause S, Baranov V, Nel H A, et al. Gathering at the top? Environmental controls of microplastic uptake and biomagnification in freshwater food webs [J]. Environmental Pollution, 2021, 268: 115750.

[25] Deng Y, Chen H, Huang Y, et al. Polystyrene microplastics affect the reproductive performance of male mice and lipid homeostasis in their offspring [J]. Environmental Science & Technology Letters, 2022, 9(9): 752-757.

[26] Horton A A, Barnes D K. Microplastic pollution in a rapidly changing world: implications for remote and vulnerable marine ecosystems [J]. Science of The Total Environment, 2020, 738: 140349.

[27] Turan N B, Erkan H S, Engin G O. Current status of studies on microplastics in the world's marine environments [J]. Journal of Cleaner Production, 2021, 327: 129394.

[28] Kvale K, Prowe A, Chien C-T, et al. Zooplankton grazing of microplastic can accelerate global loss of ocean oxygen [J]. Nature Communications, 2021, 12(1): 2358.

[29] Au S Y, Lee C M, Weinstein J E, et al. Trophic transfer of microplastics in aquatic ecosystems: identifying critical research needs [J]. Integrated Environmental Assessment and Management, 2017, 13(3): 505-509.

[30] Lee H, Kunz A, Shim W J, et al. Microplastic contamination of table salts from Taiwan, including a global review [J]. Scientific Reports, 2019, 9(1): 10145.

[31] Adam V, Yang T, Nowack B. Toward an ecotoxicological risk assessment of microplastics: comparison of available hazard and exposure data in freshwaters [J]. Environmental Toxicology and Chemistry, 2019, 38(2): 436-447.

[32] Huang L, Zhang W, Zhou W, et al. Behaviour, a potential bioindicator for toxicity analysis of waterborne microplastics: a review [J]. TrAC Trends in Analytical Chemistry, 2023: 117044.

[33] Shi Q, Tang J, Liu R, et al. Toxicity *in vitro* reveals potential impacts of microplastics and nanoplastics on human health: a review [J]. Critical Reviews in Environmental Science and Technology, 2022, 52(21): 3863-3895.

[34] Al Mamun A, Prasetya T A E, Dewi I R, et al. Microplastics in human food chains: food becoming a threat to health safety [J]. Science of the Total Environment, 2023, 858: 159834.

[35] Landrigan P J, Stegeman J J, Fleming L E, et al. Human health and ocean pollution [J]. Annals of Global Health, 2020, 86(1): 1-64.

[36] Koelmans A A, Redondo-Hasselerharm P E, Nor N H M, et al. Risk assessment of microplastic particles [J]. Nature Reviews Materials, 2022, 7(2): 138-152.

[37] Koelmans A A, Besseling E, Foekema E, et al. Risks of plastic debris: unravelling fact, opinion, perception, and belief [J]. Environmental Science & Technology, 2017, 51(20): 11513-11519.

[38] Everaert G, Van Cauwenberghe L, De Rijcke M, et al. Risk assessment of microplastics in the ocean: Modelling approach and first conclusions [J]. Environmental Pollution, 2018, 242: 1930-1938.

[39] Koelmans A A, Kooi M, Law K L, et al. All is not lost: deriving a top-down mass budget of plastic at sea [J]. Environmental Research Letters, 2017, 12(11): 114028.

[40] Fu L, Xi M, Nicholaus R, et al. Behaviors and biochemical responses of macroinvertebrate *Corbicula fluminea* to polystyrene microplastics [J]. Science of the Total Environment, 2022, 813: 152617.

[41] Zhang X, Leng Y, Liu X, et al. Microplastics' pollution and risk assessment in an urban river: a case study in the Yongjiang River, Nanning City, South China [J]. Exposure and Health, 2020, 12: 141-151.

[42] Noventa S, Boyles M S, Seifert A, et al. Paradigms to assess the human health risks of nano- and microplastics [J]. Microplastics and Nanoplastics, 2021, 1(1): 1-27.

[43] Gouin T, Becker R A, Collot A G, et al. Toward the development and application of an environmental risk assessment framework for microplastic [J]. Environmental Toxicology and Chemistry, 2019, 38(10): 2087-2100.

[44] Karakolis E G, Nguyen B, You J B, et al. Digestible fluorescent coatings for cumulative quantification of microplastic ingestion [J]. Environmental Science & Technology Letters, 2018, 5(2): 62-67.

| 第 14 章 |

海洋微塑料的光降解机制

微塑料的光降解机制是当前塑料环境行为研究中的关键但仍具挑战性的领域。已有大量研究集中于物理和化学降解过程，其中光降解是一个非常重要的方面。光降解过程中，塑料分子的化学键受到光的影响，特别是紫外线的照射，其能量足以打断某些化学键，从而引发聚合物的分解。不同塑料中的化学键结构差异决定了其所需的能量水平。因此，降解过程在纳米尺度上表现出更快的速率，因为随着颗粒变小，其表面积增大，使其更易受到光照影响。这一过程表明，微塑料降解速率随着颗粒尺寸的减小而加快。

海上漂浮着数以万亿计的塑料碎片，但它们仅占每年进入海洋塑料的 1%～2%。这些"失踪"塑料的命运及其对海洋生物的影响在很大程度上仍不得而知[1]。在远离海洋的地方，塑料降解已经被研究了几十年，包括生物降解（主要为微生物）、热降解和光降解[2]。在地球表面的低到中等温度下，生物降解和热降解进行得很慢，这使得紫外线照射成为决定塑料降解速率最重要的因素[2]。光降解通过裂解反应降低聚合物的分子量，通过交联反应形成新型非低聚物结构，氧化聚合为碳氢化合物，并产生气体产物，如 CO 和 CO_2 及一系列低分子量的氧化产物[3, 4]，其中一些可以被微生物利用[2]。早期研究在非海洋环境中假设，阳光驱动的光反应是海洋中浮力塑料的一个重要汇[5]。如果考虑到海洋塑料在大洋亚热带环流中积累时[6-8]，阳光对海上光降解塑料的潜力十分明显，这些环流接收到达地球表面约 55%的紫外线[9]，尺寸大于 1mm 的浮力塑料绝大多数时间漂浮在海面上[10]。然而，海洋塑料光化学降解的直接实验证据仍然很少。

14.1 物理和化学特征对光降解的影响

塑料的密度等物理特性、化学结构及相关添加剂是决定塑料在海洋中光降解速率的主要因素。由于产量高，且密度较海水低，聚乙烯（PE）、聚丙烯（PP）、聚苯乙烯（PS）是海洋表面拖网样品中最主要的微塑料种类。

温度已被公认为是影响海洋表面漂浮塑料的光氧化率的重要因素之一。在过去的 10 年中，全球亚热带环流区（大致在 23.5°N～40°N、23.5°S～40°S 附近）海表温度为 17.5～26.2℃，平均海表温度为 21℃。依据早前的研究报道，如果温度升高 10℃，降解速率将增加一倍。但这需要更直接的实验证据。未来的实验研究应在相关的环境条件下，对不同种类塑料在海上产生溶解有机碳（DOC）的影响做出更现实的评价。

此外，塑料颗粒的光降解率也影响污染物在聚合物表面的停留过程，这限制了紫外线对塑料的作用。Andrady 等[11-13]的代表性研究发现塑料大块垃圾碎裂成次级微塑料主要是由于在太阳紫外线辐射下的广泛氧化作用。海洋区域在塑料的氧化潜力方面存在差异，导致了它们在风化和碎裂能力上的显著区域偏差。通过比较沙滩区和上层远洋区的氧化环境（包括漂浮的塑料），可以认为后者往往会抑制光氧化碎裂。因此，海水中发现的大量微塑料更有可能源自沙滩或陆地，随后被转移到水中，而不是通过漂浮塑料的风化生成的。在实验室加速进行的海水塑料风化实验中，塑料在实验条件下表现出较高的碎裂效率，某些情况下甚至会出现塑料碎屑的光溶解现象，但这些结果并不能可靠地推广到自然海洋环境中的风化条件。

在海洋环境中，暴露在环境相关光线下的微塑料会释放出以二羧酸为主的氧化型低分子量化合物[4]、乙烯和温室气体甲烷[14]。暴露在紫外线下，也可以将发泡聚苯乙烯（EPS）微塑料光解成纳米塑料（30nm～2μm）[15]，产生的塑料碎片微小到连海上作业都不一定能检测出来（现场工作中的有效阈值>335μm）。有研究称，当塑料首次被添加到海水中时，DOC 会以脉冲形式释放，但释放速率在黑暗和阳光条件下无太大差别[16]。DOC 被量化为能通过亚微米过滤器的有机碳[17]。因此，尽管来自微塑料的 DOC 可能包括 2μm 以下的纳米颗粒及真正可以溶解的化合物[16]，但 DOC 的产生无疑代表了海洋塑料预算中在尺寸水平上的损失（即>335μm）。

天然 DOC 是海洋食物网底部微生物的主要碳来源[18]，并构成了全球碳的主要储存库，约与大气 CO_2 汇等大[17]。Romera-Castillo 等[16]研究表明，从塑料中浸出的 DOC 也可被微生物吸收，由塑料释放的可溶性有机碳可能会介入海洋碳循环过程，进而影响微生物群落结构和微生物生态。

Romera-Castillo 等[16]最早研究了 PE 和 PP 中的 DOC 释放。在此基础上，Zhu 等[1]将 PS 添加到消费后聚合物中，其中包括来自北太平洋环流的塑料碎片的中性样本。此外，在模拟阳光下辐照样品约 2 个月，用以捕捉塑料溶解动力学。选择塑料聚合物是因为它们普遍存在于海洋表层样本中[19]，并且密度低于海水（密度：海水约 1.05g/cm^3；PE 0.91～0.94g/cm^3；PP 0.83～0.85g/cm^3；PS 可变，但低于 1g/cm^3）[5]。对于这些实验，塑料质量和碳的损耗会在实验结束时确定，而对于 DOC 在整个过程中进行监测，从而提供塑料光解和 DOC 积累的时间序列。光学显微镜、电子显微镜和傅里叶变换红外光谱（FTIR）可用于评估塑料的物理和化学光降解。消费后 PS、PP 和 PE 及标准 PE（PE$_{std}$）的光化学辐照过程中塑料质量、碳含量和碳质量及 DOC 生成的初始、最终和损失，以及辐照期间的北太平洋环流（NPG$_{light}$）和暗培养期间的北太平洋环流（NPG$_{dark}$）塑料的初始、最终和损失，消费后塑料和标准微塑料在黑暗期间的培养数据如表 14-1 所示[1]。

表 14-1　消费后发泡聚苯乙烯（EPS）、聚丙烯（PP）和聚乙烯（PE）及聚乙烯标准品（PE$_{std}$）在光化学辐照期间的初始、最终和塑料质量损失、碳含量和碳质量及溶解有机碳（DOC）等的产生情况，以及北太平洋环流塑料在辐照期间（NPG$_{light}$）和暗培养期间（NPG$_{dark}$）的情况

		EPS	PP	PE	PE$_{std}$	NPG$_{light}$	NPG$_{dark}$
初始的	表面积对体积比（cm^{-1}）	12	44	36	33	22	22
	塑料质量（mg）	47	334	298	2256	1887	1881

续表

		EPS	PP	PE	PE$_{std}$	NPG$_{light}$	NPG$_{dark}$
初始的	塑料的碳含量（%C）	90±1	86.6±0.5	86±1	86.3±0.3	83±1	83±1
	塑料的碳（mg）	42±1	289±2	256±3	1947±6	1560±30	1560±30
最终的	塑料质量（mg）	44	322	297	2249	1762	1875
	塑料的碳含量（%C）	88±1	84.5±0.6	87.1±0.9	85.4±0.2	n.d.	n.d.
	塑料的碳（mg）	38.6±0.5	273±2	259±3	1920±4	1460±30	1550±30
塑料损失	塑料质量损失（mg）	2.5	11.5	1.3	6.8	125	6.0
	塑料质量损失（%）	5.40	3.45	0.45	0.30	6.62	0.32
	塑料碳损失（mg）	3.5±0.5	17±2	−3±3	26±6	100±27	0±30
	塑料碳损失（%）	8±1	5.8±0.7	−1±1	1.4±0.3	7±2	0±2
DOC 产量	DOC 产量（mg）	2.87±0.04	11.32±0.09	0.28±0.06	9.3±0.1	25.3±0.3	2.16±0.05
	DOC 产量（初始塑料碳的%）	6.8±0.1	3.91±0.03	0.11±0.02	0.48±0.01	1.62±0.02	0.14±0.00
	按 DOC 计的塑料碳损失（%）	80±20	70±10	0±120	40±20	20±30	0±500

注：n.d.表示未确定；误差以±标准偏差（精确到1）表示，未报告误差时，标准偏差小于报告值的 0.1%。

塑料碎片的化学组成、结构和表面积可能是影响氧化降解速率的主要因素。各种塑料添加剂在生产过程中可以改变聚合物的基本性能或提高它们的规格，如耐久性、延展性、硬度、耐风化度等，这可能有助于消费后的 PE 和纯 PE 标准样品之间的 DOC 生产的差距。在 EPS 的结构中，苯环容易吸收高能紫外线。此外，气球状结构的 EPS 可通过促进紫外线辐射的穿透及自由基和氧气供应增量扩散来增强氧化反应。表面消融已被提议作为氧化降解的破碎机理。如图 14-1 所示，EPS、PP 和 PE 标准样品在扫描电子显微镜拍摄的图像中显示出大量的裂缝、断裂、薄片和凹坑[1]。PE 的扫描电镜图像变化不大，与线性碳的生成相对应。PE 主链中的次级碳原子使其在抵挡非生物的攻击方面更有优势。此外，PE[96kcal/(mol·300nm)] 与 PP[77kcal/(mol·370nm)] 和 PS[90kcal/(mol·318nm)]相比，需要更高的化学键解离能。

漂浮在黑暗中无菌海水上，消费后聚合物和标准聚合物没有损失可测量的碳、没有浸出可测量的 DOC 或显示任何可见的化学降解迹象。结果表明，EPS、PE 和 PP 样品在无菌无光条件下是稳定的。虽然来自北太平洋环流的塑料碎片在黑暗中确实浸出了 DOC，但浸出率比在光下低。在实验室辐照之前，来自北太平洋环流的 PE 和 PP 塑料碎片出现了微裂纹和羰基吸光度，与海上的氧化一样[20]。塑料的光氧化可以增强其随后的有机物浸出[21]。因此，北太平洋环流塑料碎片在黑暗中缓慢浸出 DOC，可能与这些塑料在海上预暴露于光氧化或其他形式的海上风化有关。对黑暗中塑性质量损失率的线性外推表明，样本中 100%的北太平洋环流塑料碎片将在 58 年内损失，微塑料中约 44%的碳最终会成为 DOC。

模拟阳光降解了所有研究的塑料，通过扫描电子显微镜能观察到碎片，通过 FTIR 可观察到羰基含量的增加及溶解，即 DOC 的累积。在光照下，北太平洋环流塑料碎片

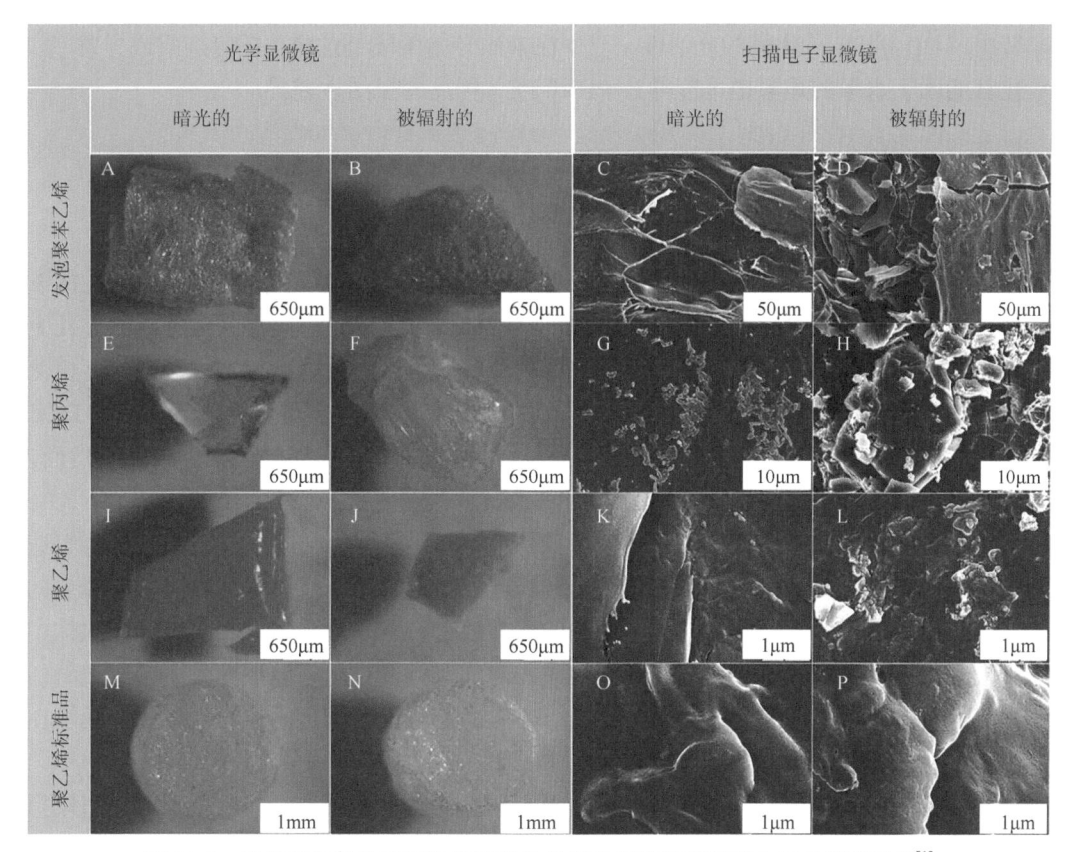

图 14-1　暗光和辐射处理后微塑料样品的光学显微镜和扫描电子显微镜照片[1]

释放 DOC 的速率比在黑暗中高 10 倍，表明这种混合聚合物天然样品易受光化学降解的影响。在相同的辐照条件下，不同塑料的 DOC 生成速率和动力学不同。由于光化学需要吸收光，塑料的表面积与体积比（$SA:V$）可能是决定降解速率的一个重要因素。然而，$SA:V$ 并不能解释反应速率的趋势。例如，EPS 样品的 $SA:V$ 最低，但光活性最高，而 PP、PE 和 PE$_{std}$ 样品的 $SA:V$ 比率相似，但光活性差异很大。与 $SA:V$ 相比，塑料的化学性质很可能调节了塑料的光降解效率。当光被吸收产生自由基，然后攻击和氧化塑料时，光反应就开始了[4]。一种化学品在地球表面直接光降解的敏感性由其吸收阳光的能力决定，特别是在太阳光谱的高能紫外线波长（280~400nm）下，而光的吸收率又取决于化合物中共轭生色基团的存在[4]。

例如，赋予天然 DOC 颜色的芳香生色团是天然水中紫外线的主要吸收剂[22]。当它们吸收阳光时，这些溶解的芳香化合物在表层海洋中迅速优先地被光降解[23, 24]。在所研究的塑料中，只有聚苯乙烯含有芳香生色团[4]。因此，与所研究的其他塑料相比，EPS 中存在可直接引发光反应的芳香族阳光吸收结构，这可能是 EPS 微塑料光降解性增强的原因。

PP 和 PE 不包含共轭生色基团[25]。因此，完全纯净的 PP 和 PE 既不应吸收阳光，也不应具有光活性。然而，在非海洋环境中，PP 和 PE 的光活性有充分的记录，并被认为是由于存在聚合物内生色杂质或结构异常[25]。这些杂质或异常可以解释在此处辐照的非芳香族 PP 和 PE 微塑料的光活性，至少在辐照开始阶段是这样。任何杂质或异常（如氧化官能团）水平的差异也可能导致 PE 和 PE$_{std}$ 样品的光活性差异。

14.2　问题与展望

　　阳光可以在短时间内从海水中去除一些聚合物，如 EPS 和 PP 这类最具光敏性的微塑料。而对于其他较难被光降解的微塑料，如 PE，即使留在海面上，也可能需要几十年到几百年的时间来降解。这些塑料在海洋中降解时，会释放出具有生物活性的有机化合物，在目前的研究中一般会以总 DOC 的形式进行测量。与天然可生物降解的海洋 DOC 相比，尽管部分 DOC 具生物可利用性，但其在海洋 DOC 总库中的占比仍较低。然而，其中一些有机物或其共轭反应可能会抑制微生物活性[1]。

　　塑料在海洋中分布的尺寸特征、质量变化与化学组成等，塑料在海水中的光降解速率、相关机制和释放过程有哪些，以及光对海洋中塑料进行反应作用的过程中所释放的副产品化学性质及影响是什么，这些问题的答案还有待未来更多探索。研究天然水体中每种颗粒的表面积和体积、浮力和光学性质的比值，可以更准确地估算海洋废弃塑料的DOC 产率。探究海洋表层光在塑料转变为有机碳的过程中所起的作用，对评估其潜在的生态效应具有重要意义。

　　实验室中可以使用石英管结合共聚焦显微拉曼等方法进行光降解实验，但真正模拟自然环境中复杂的降解条件仍面临挑战。塑料的降解并非简单的加法累积，也并不是所有塑料都无法降解。许多塑料实际上会随着时间在自然环境中分解、碎裂成更小的颗粒。例如，老化的塑料袋往往只需轻轻触碰就会碎裂成粉末，这表明该塑料已经进入老化与结构降解阶段。人们常说塑料会在环境中累积上百年甚至千年，实际上这种说法存在较大的误导性，部分塑料的降解时间远低于这些预期。

　　降解过程的本质涉及复杂的化学变化，包括塑料的链断裂及其内部结构的变化。对于一些塑料来说，水或海水中也会有助于其降解[26]。塑料在海洋环境中的最终去向和降解速率对于理解海洋污染的累积情况至关重要。基于当前研究，塑料的降解速率和累积过程存在显著差异[27]，应当避免夸大其负面影响，科学分析塑料降解与循环利用的实际情况。

参　考　文　献

[1] Zhu L, Zhao S, Bittar T B, et al. Photochemical dissolution of buoyant microplastics to dissolved organic carbon: rates and microbial impacts [J]. Journal of Hazardous Materials, 2020, 383: 121065.

[2] Hakkarainen M, Albertsson A-C. Environmental degradation of polyethylene [J]. Long Term Properties of Polyolefins, 2004, 169: 177-200.

[3] Ranby B, Lucki J. New aspects of photodegradation and photooxidation of polystyrene [J]. Pure and Applied Chemistry 19th, 1980, 52(2): 295-303.

[4] Gewert B, Plassmann M, Sandblom O, et al. Identification of chain scission products released to water by plastic exposed to ultraviolet light [J]. Environmental Science & Technology Letters, 2018, 5(5): 272-276.

[5] Andrady A L. Persistence of plastic litter in the oceans [J]. Marine Anthropogenic Litter, 2015: 57-72.

[6] Eriksen M, Lebreton L C, Carson H S, et al. Plastic pollution in the world's oceans: more than 5 trillion plastic pieces weighing over 250,000 tons afloat at sea [J]. PLoS One, 2014, 9(12): e111913.

[7] Cózar A, Echevarría F, González-Gordillo J I, et al. Plastic debris in the open ocean [J]. Proceedings of the National Academy of Sciences, 2014, 111(28): 10239-10244.

[8] van Sebille E, Wilcox C, Lebreton L, et al. A global inventory of small floating plastic debris [J]. Environmental Research Letters, 2015, 10(12): 124006.

[9] Powers L C, Brandes J A, Stubbins A, et al. MoDIE: moderate dissolved inorganic carbon (DI13C) isotope enrichment for improved evaluation of DIC photochemical production in natural waters [J]. Marine Chemistry, 2017, 194: 1-9.

[10] Enders K, Lenz R, Stedmon C A, et al. Abundance, size and polymer composition of marine microplastics ≥10μm in the Atlantic Ocean and their modelled vertical distribution [J]. Marine Pollution Bulletin, 2015, 100(1): 70-81.

[11] Andrady A, Barnes P, Bornman J, et al. Oxidation and fragmentation of plastics in a changing environment; from UV-radiation to biological degradation [J]. Science of the Total Environment, 2022, 851: 158022.

[12] Andrady A, Pegram J, Song Y. Studies on enhanced degradable plastics. II. Weathering of enhanced photodegradable polyethylenes under marine and freshwater floating exposure [J]. Journal of Environmental Polymer Degradation, 1993, 1: 117-126.

[13] Andrady A L. Weathering and fragmentation of plastic debris in the ocean environment [J]. Marine Pollution Bulletin, 2022, 180: 113761.

[14] Royer S-J, Ferrón S, Wilson S T, et al. Production of methane and ethylene from plastic in the environment [J]. PLoS One, 2018, 13(8): e0200574.

[15] Lambert S, Wagner M. Characterisation of nanoplastics during the degradation of polystyrene [J]. Chemosphere, 2016, 145: 265-268.

[16] Romera-Castillo C, Pinto M, Langer T M, et al. Dissolved organic carbon leaching from plastics stimulates microbial activity in the ocean [J]. Nature Communications, 2018, 9(1): 1430.

[17] Dittmar T, Stubbins A. 12.6-Dissolved organic matter in aquatic systems [J]. Treatise on Geochemistry, 2014, 2: 125-156.

[18] Moran M A, Kujawinski E B, Stubbins A, et al. Deciphering ocean carbon in a changing world [J]. Proceedings of the National Academy of Sciences, 2016, 113(12): 3143-3151.

[19] Lebreton L, Slat B, Ferrari F, et al. Evidence that the Great Pacific Garbage Patch is rapidly accumulating plastic [J]. Scientific Reports, 2018, 8(1): 1-15.

[20] Brandon J, Goldstein M, Ohman M D. Long-term aging and degradation of microplastic particles: comparing in situ oceanic and experimental weathering patterns [J]. Marine Pollution Bulletin, 2016, 110(1): 299-308.

[21] Eyheraguibel B, Leremboure M, Traikia M, et al. Environmental scenarii for the degradation of

oxo-polymers [J]. Chemosphere, 2018, 198: 182-190.

[22] Kitidis V, Stubbins A P, Uher G, et al. Variability of chromophoric organic matter in surface waters of the Atlantic Ocean [J]. Deep Sea Research Part II: Topical Studies in Oceanography, 2006, 53(14-16): 1666-1684.

[23] Mopper K, Kieber D J, Stubbins A. Marine photochemistry of organic matter: processes and impacts [J]. Biogeochemistry of Marine Dissolved Organic Matter, 2015: 389-450.

[24] Stubbins A, Dittmar T. Low volume quantification of dissolved organic carbon and dissolved nitrogen [J]. Limnology and Oceanography: Methods, 2012, 10(5): 347-352.

[25] Gewert B, Plassmann M M, MacLeod M. Pathways for degradation of plastic polymers floating in the marine environment [J]. Environmental Science: Processes & Impacts, 2015, 17(9): 1513-1521.

[26] Liu T-Y, Huang D, Xu P-Y, et al. Biobased seawater-degradable poly (butylene succinate-*L*-lactide) copolyesters: exploration of degradation performance and degradation mechanism in natural seawater [J]. ACS Sustainable Chemistry & Engineering, 2022, 10(10): 3191-3202.

[27] Min K, Cuiffi J D, Mathers R T. Ranking environmental degradation trends of plastic marine debris based on physical properties and molecular structure [J]. Nature Communications, 2020, 11(1): 727.

第 15 章
微纳塑料的研究

自 20 世纪 40 年代塑料开始大规模生产以来，存在于水环境中的塑料污染问题日益严峻。伴随着塑料的各种降解过程，微小塑料的数量在不断增加。由于塑料微粒尺寸特殊，像浮游动物这种极微小的生物也能接触到它们，并且塑料微粒可能对这些生物造成物理学和毒理学上的危害[1]。近年来，人们越来越关注这种难以用肉眼观测到的微塑料对环境的影响。然而，鉴于目前纳米塑料的检测方法仍处于发展的早期阶段，自然环境中也难以发现纳米塑料的存在，因此还没有统一可靠的方法对纳米塑料进行收集检测。纳米塑料对环境的影响机制和危害程度尚未明确，这需要对纳米塑料的来源、归宿和影响进行彻底的评估。微纳塑料的研究是当前环境科学领域中的重要议题之一，但仍存在很多未解之谜。特别是在纳米尺度上，微塑料的存在形式、降解机制和毒性等问题尚未得到充分阐明。目前的研究大多集中在塑料降解过程中的纳米级别变化，但如何理解和研究这些纳米塑料在自然环境中的行为仍然是一个挑战。

纳米塑料的产生通常与塑料降解过程密切相关，尤其是紫外线等外部环境因素的作用[2]。塑料分子在降解过程中逐渐分裂成更小的颗粒，颗粒的粒径与形态特征显著影响其迁移行为和潜在生态毒性。值得注意的是，纳米塑料可能在形成后迅速降解，导致难以在自然环境中捕捉其完整生命周期。因此，纳米塑料的研究并非总是能够在其纳米阶段观察到完整的生命周期，部分塑料颗粒的生命周期非常短暂。

因此，纳米塑料研究的未来需要更加科学严谨的实验设计和更广泛的国际合作，特别是在纳米塑料的降解机制、毒性评估及其在自然环境中的迁移行为等方面。我们需要克服当前研究中的许多困难，明确纳米塑料的生态风险，并针对这一问题提出切实可行的应对措施。

15.1 纳米塑料的定义

目前，有关纳米塑料尺寸的界定依然存在争议。依据纳米材料和纳米技术中常用的阈值，纳米塑料的尺寸范围定义在 1~100nm[3]，而现在一般采用的是 Hartmann 等[4]推荐的纳米塑料定义（<1000nm）。在纳米技术和材料科学领域，"纳米塑料"一词也用于那些含有赋予材料特定性能的纳米级添加剂的塑料[5]。

关于"微塑料（microplastic）"和"微垃圾（microlitter）"的定义，不同的研究人员之间存在分歧。在大多数关于开放水域的研究中，微塑料是用浮游生物网测量的，尺寸小于网目孔径的颗粒可以免于拦截[1]。Gregory 和 Andrady[6]将微垃圾定义为可通过 500μm 孔径筛网但可以被 67μm 滤网保留的近乎肉眼不可见的颗粒,而比这更大的粒子称为中垃圾[7-9]。类似地,关于"纳米塑料(nanoplastic)""微塑料(microplastic)""中塑料(mesoplastic)""大塑料(macroplastic)"的定义,不同的研究人员之间存在分歧。图 15-1 是对以往科学文献和机构报告中对微纳塑料碎片进行分类的例子的不完全统计。

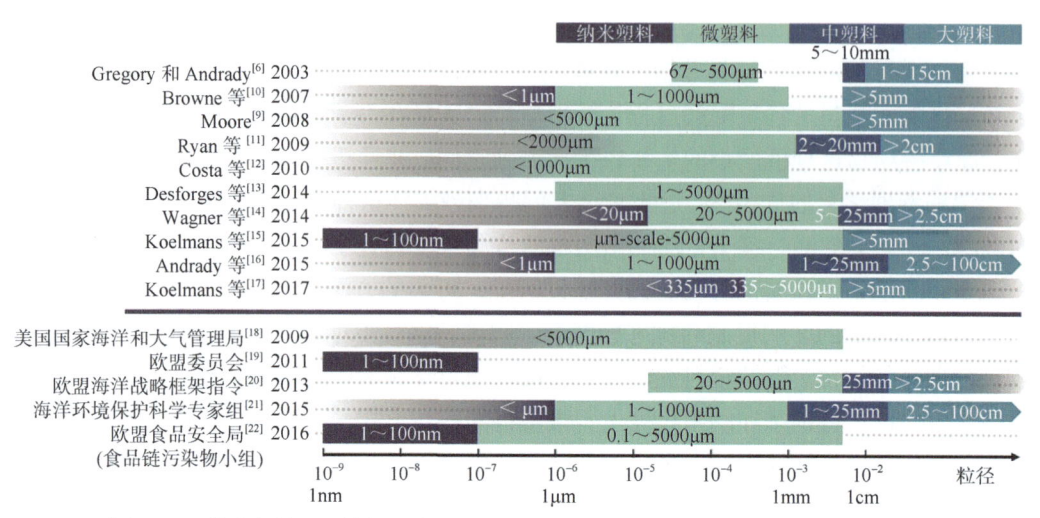

图 15-1　科学文献和机构报告中应用(和/或定义)的塑料碎片大小分类差异示例

Hartmann 等[4]就关于"塑料碎片是什么"提出了图 15-2 中的框架,该框架区分了塑料碎片基本特性的定义标准和分类的辅助标准。

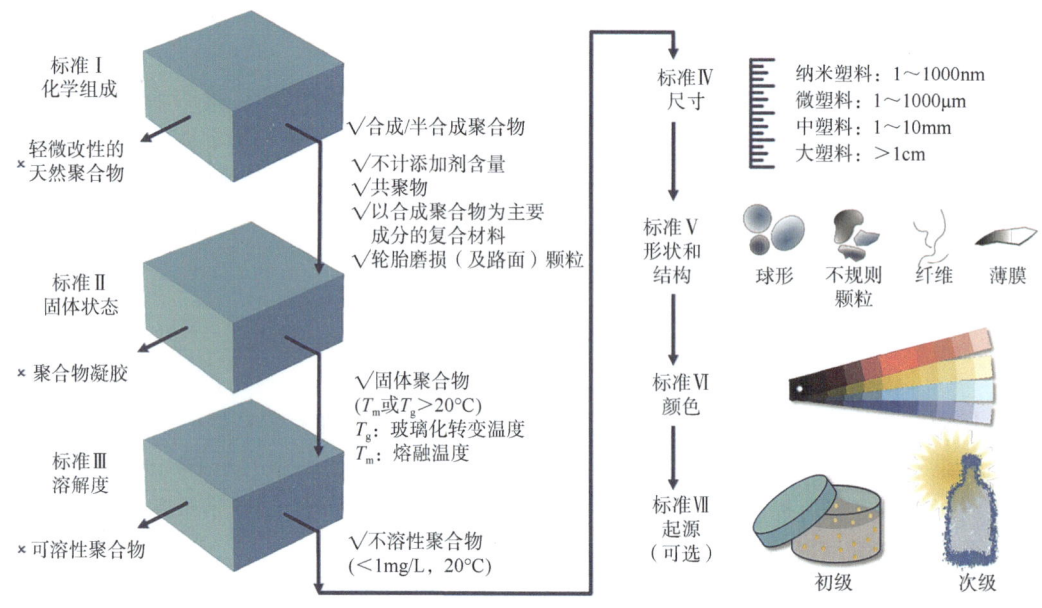

图 15-2　微纳塑料的定义和分类框架[4]

15.2 纳米塑料的来源和归趋

微纳塑料来源于塑料的直接输入，如微米级大小的颗粒物，或是通过污水处理进入环境的化妆品塑料微珠和衣服纤维，还包括来自进入河流、径流、潮汐、大气等环境中的大塑料的破碎风化[1]。塑料的生产趋势、使用模式和不断变化的人口数量，会导致海洋环境中塑料碎片和微塑料的增多。微纳塑料产生的主要机制可能与海滩环境中塑料的风化破裂和表面脆化有关[23]。

Dawson 等[24]强调，微塑料还可通过生物过程（如南极磷虾等生物的消化过程）碎裂成纳米塑料，这表明在自然环境中，微塑料转化为纳米塑料的过程比以前的文献记载更为普遍。这一破碎过程引发了有关纳米塑料的命运和生态影响的问题，强调了进一步研究其在环境中的行为的必要性。此外，Liu 等[25]还讨论了导致微塑料形成纳米塑料的环境过程，指出风化和降解可产生小于 1μm 的颗粒，这些颗粒具有不同的传输特性和反应性。这凸显了研究纳米塑料的复杂性，因为它们的行为可能与较大的微塑料大相径庭。

纳米塑料在环境中必然表现出不同于微米级塑料的特性和行为。当塑料颗粒从微米尺寸变为纳米级时，其物理和化学性质均会发生显著变化。由于尺寸的缩小，比表面积增大，从而可能影响其化学键的牢固性，使其更容易被氧化和降解。从微米级降解至 500nm 的过程可能持续数年，而进一步从 500nm 降解至 100nm 的时间可能仅需数天甚至更短。极小的纳米塑料往往在环境中停留时间极短，可能只存在几秒或几天，随后迅速降解并消失。

不同类型的塑料的降解行为因其化学结构、聚合形式及添加剂而异。塑料通常为长链聚合物，结构类似压实的"毛线团"，高密度塑料由于结构紧密，降解速度更慢。随着降解，塑料的结构逐渐松散，形成更多空隙，使其进一步裂解成更小的分子单元。当塑料的长链断裂为单体分子，如聚乙烯推测会最终降解为乙烯，这些单体通常为气体，容易逸散到空气中。

15.3 纳米塑料的鉴定方法

微塑料可以通过使用光学显微镜、电子显微镜、拉曼光谱和红外光谱进行鉴别。而对纳米塑料而言，降解作用极大地降低了聚合物的平均分子量，因此会削弱材料的机械完整性。降解严重时，塑料会变得很脆，易碎成粉末状。风化氧化后的塑料会存在一些共同特征：塑料表面变色（通常变黄）；结晶度百分比增加；机械性能变化，如拉伸性能等。图 15-3 显示了用于分离微纳塑料的采样方法。

15.4 纳米塑料潜在的危害

持久性有机污染物以低浓度普遍存在于海水中，通过微纳塑料被吸收分配。持久性有

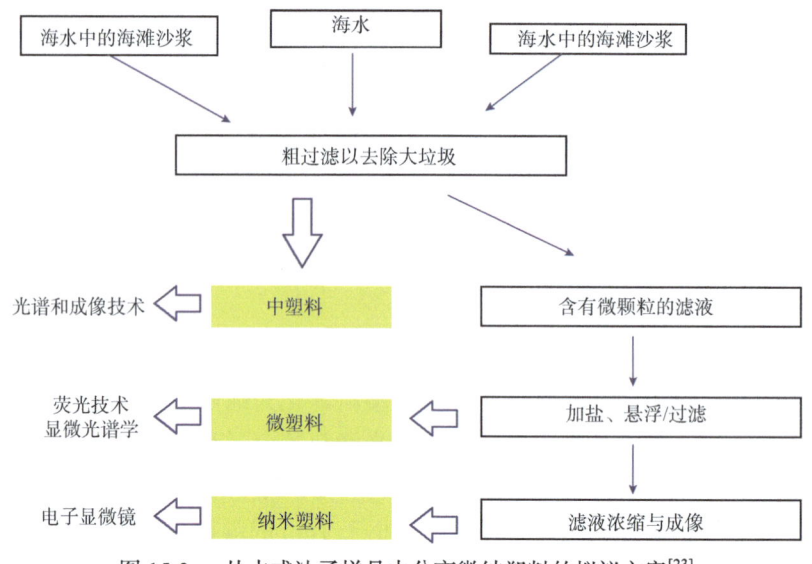

图 15-3　从水或沙子样品中分离微纳塑料的拟议方案[23]

机污染物的疏水性使其在微纳塑料垃圾中的浓度比在海水中更高，达到了几个量级[26]。这些被海洋生物摄入的塑料污染物为持久性有机污染物进入海洋食物网提供了途径。

纳米塑料与微米级和厘米级塑料在环境行为与生态效应上可能具有显著差异。由于纳米塑料比表面积更高，或许会增强对有毒化合物异常的吸附亲和力[27]。此外，由于纳米塑料尺寸更小，被生物摄入及在生物体组织中积累的可能性就会增加，一旦微塑料通过细胞膜，就会在生物体内累积颗粒并产生化学毒性效应[28]。一些动物，如贻贝，会在摄入微塑料后保留颗粒[29]；海洋蠕虫在摄入少量微塑料后，其生理过程和储存能量的能力都会受到损害[30]。而纳米塑料颗粒同样可以被滤食性动物摄入[31]，但它们是否会产生与微塑料相同的生理影响尚不可知。

当前关于纳米塑料的研究还存在许多问题，尤其是它们在环境中的存在形式及其潜在危害。例如，纳米塑料是否能够穿透生物体内的屏障（如血脑屏障），以及它们是否能携带有害化学物质并通过食物链传递，这仍然是研究中的关键问题。许多关于纳米塑料潜在风险的观点仍缺乏系统证据支持，部分研究结果甚至缺乏科学依据。探究纳米塑料的环境行为需借助高精度仪器与标准化实验流程，以确保获得科学可信的数据。研究人员应避免外部污染的干扰，准确了解不同类型的纳米塑料在自然环境中的存在形态与转化过程。对于塑料降解行为的研究，应从其分子结构和化学特性出发，结合实际环境条件，以科学和系统的方式进行评估和推理，避免夸大或片面解读其潜在风险。

此外，纳米材料在环境中的毒性问题也受到广泛关注。虽然某些纳米物质如纳米银被广泛应用于抗菌领域，但它们的长期环境影响和潜在毒性仍需要深入研究。许多研究仍在探索纳米颗粒是否通过物理或化学方式携带有害添加剂，并对环境和生物造成威胁。然而，目前大多数关于纳米塑料的研究结果仍然存在较大的不确定性。

15.5 问题与展望

15.5.1 研究方面

近年来，微塑料研究在国际上已取得了显著成果，但目前纳米塑料在环境中的存在形式仍然未知。纳米塑料对生物乃至整个生态系统的作用、对人类健康的影响等关键科学问题尚未解决，其研究主要存在以下问题。

1. 环境中的纳米塑料研究尚缺乏统一有效的分析技术标准

在定量检测纳米塑料的研究中，有两项研究量化了海水和雪样本中纳米塑料的浓度，但测定过程中使用的质谱法会破坏塑料的形貌，因此没有在形态方面进行研究。尽管纳米塑料已被证实存在，但我们仍不清楚纳米塑料在自然环境中的实际存在形式。绝大多数的纳米塑料来源于塑料材料的侵蚀和破碎降解过程，或是由更大的塑料碎片形成，纳米塑料浓度会随着时间的推移而增加[32]。不同大小、形状、密度、聚合物类型的纳米塑料及其他自然和人为材料可能会形成异质聚集体[33, 34]。

纳米塑料在环境中的存在形态具有未知性和复杂性，这使得对纳米塑料的采集、提取和预处理等过程变得困难。目前最强大的前处理方法如非对称场流分离（AF4）/离心场流分离（CF3）是基于标准纳米塑料或商用微塑料降解纳米塑料，不适用于复杂现场样品的纳米塑料检测。这使得环境中的纳米塑料难以检测，得到的结果也缺乏可比性。

2. 对纳米塑料的潜在生态风险和毒理学危害仍不清楚

天然纳米颗粒已被证明于环境中无处不在[35]。然而，目前大多数的纳米塑料研究仍基于实验室环境，测定的也是纳米塑料标准品，缺乏环境中的纳米塑料数据，因此难以确定在自然条件下，纳米塑料的来源是什么、是否能长期稳定存在、浓度如何，是否会对生物体和生态系统造成重大威胁，也鲜有证据证实纳米塑料对人体健康有直接影响。纳米塑料增加了许多其他人为元素，如微量金属、有机污染物和非聚合物纳米材料等，因而可能成为生态污染源。

迄今对于纳米塑料或中塑料，还需采用更清晰和标准化的尺寸定义方式。纳米塑料能否在自然环境中持续存在、以何种形式存在，仍需要更进一步的研究。现有的方法依然不能准确全面地测定纳米塑料的各项性质。对于微塑料来说，未来的方向是开发检测水层和沉积物中微小塑料和纳米塑料的适当方法；扩大对微塑料在水层中的命运和行为的认知，包括碎片化和生物污染的影响[36]；优化和实施常规的高通量纳米分析系统，该系统能够同时测定纳米粒子的化学特性和形态，并采用自动定量算法，以更好地比较不同领域的研究结果。若能使纳米塑料和非塑料颗粒完全分离，也将极大地简化后续的检测[37]。

15.5.2 政策方面

生产和使用环节缺少管控。减源节流，首先要从源头上消减不必要的塑料生产，减少塑料用具的使用，多使用环保材料，日常积极配合垃圾分类处理，推动塑料垃圾的绿色循环，提高资源化利用率。

塑料垃圾回收处理技术不完善。目前常用的填埋、焚烧等方式需投入大量资金。高效的塑料污染治理技术缺乏且无法得到广泛普及[38]。

公众参与度不高，环境教育仍未普及。加强开展环境保护宣传，提高公众的环保意识，促使其改变不良消费行为，组织开展公众塑料清洁活动。

参 考 文 献

[1] Law K L, Thompson R C. Microplastics in the seas [J]. Science, 2014, 345(6193): 144-145.

[2] Alimi O S, Farner Budarz J, Hernandez L M, et al. Microplastics and nanoplastics in aquatic environments: aggregation, deposition, and enhanced contaminant transport [J]. Environmental Science & Technology, 2018, 52(4): 1704-1724.

[3] Wagner S, Reemtsma T. Things we know and don't know about nanoplastic in the environment [J]. Nature Nanotechnology, 2019, 14(4): 300-301.

[4] Hartmann N B, Huffer T, Thompson R C, et al. Are we speaking the same language? Recommendations for a definition and categorization framework for plastic debris [J]. Environmental Science & Technology, 2019, 53(3): 1039-1047.

[5] Bussière P-O, Peyroux J, Chadeyron G, et al. Influence of functional nanoparticles on the photostability of polymer materials: recent progress and further applications [J]. Polymer Degradation Stability, 2013, 98(12): 2411-2418.

[6] Gregory M R, Andrady A L. Plastics in the marine environment [J]. Plastics and the Environment, 2003: 379-401.

[7] Betts K. Why small plastic particles may pose a big problem in the oceans [J]. Environmental Science & Technology, 2008, 42(24): 8995.

[8] Fendall L S, Sewell M A. Contributing to marine pollution by washing your face: microplastics in facial cleansers [J]. Marine Pollution Bulletin, 2009, 58(8): 1225-1228.

[9] Moore C J. Synthetic polymers in the marine environment: a rapidly increasing, long-term threat [J]. Environmental Research, 2008, 108(2): 131-139.

[10] Browne M A, Galloway T, Thompson R. Microplastic–an emerging contaminant of potential concern? [J]. Integrated Environmental Assessment Management, 2007, 3(4): 559-561.

[11] Ryan P G, Moore C J, van Franeker J A, et al. Monitoring the abundance of plastic debris in the marine environment [J]. Philosophical Transactions of the Royal Society B: Biological Sciences, 2009, 364(1526): 1999-2012.

[12] Costa M F, Ivar do Sul J A, Silva-Cavalcanti J S, et al. On the importance of size of plastic fragments and pellets on the strandline: a snapshot of a Brazilian beach [J]. Environmental Monitoring Assessment, 2010, 168: 299-304.

[13] Desforges J-P W, Galbraith M, Dangerfield N, et al. Widespread distribution of microplastics in subsurface seawater in the NE Pacific Ocean [J]. Marine Pollution Bulletin, 2014, 79(1-2): 94-99.

[14] Wagner M, Scherer C, Alvarez-Muñoz D, et al. Microplastics in freshwater ecosystems: what we know

and what we need to know [J]. Environmental Sciences Europe, 2014, 26(1): 1-9.

[15] Koelmans A A, Besseling E, Shim W J. Nanoplastics in the aquatic environment. Critical review [J]. Marine Anthropogenic Litter, 2015: 325-340.

[16] Andrady A L. Plastics and Environmental Sustainability [M]. Hoboken: John Wiley & Sons, 2015.

[17] Koelmans A A, Kooi M, Law K L, et al. All is not lost: deriving a top-down mass budget of plastic at sea [J]. Environmental Research Letters, 2017, 12(11): 114028.

[18] Arthur C, Baker J E, Bamford H A. Proceedings of the International Research Workshop on the Occurrence, Effects, and Fate of Microplastic Marine Debris [C]. Tacoma: University of Washington Tacoma, 2009.

[19] European Commission. Commission recommendation of 18 October 2011 on the definition of nanomaterial [J]. Official Journal of the European Union, 2011, 275: 38.

[20] MSFD Technical Subgroup on Marine Litter. Guidance on Monitoring of Marine Litter in European Seas: a Guidance Document within the Common Implementation Strategy for the Marine Strategy Framework Directive [M]. Luxembourg: Publications Office of the European Union, 2013.

[21] Kershaw P, Rochman C. Sources, fate and effects of microplastics in the marine environment: part 2 of a global assessment [R]. Reports and Studies-IMO/FAO/Unesco-IOC/WMO/IAEA/UN/UNEP Joint Group of Experts on the Scientific Aspects of Marine Environmental Protection (GESAMP) Eng No 93, 2015.

[22] Chain EPoCitF. Presence of microplastics and nanoplastics in food, with particular focus on seafood [J]. EFSA Journal, 2016, 14(6): e04501.

[23] Andrady A L. Microplastics in the marine environment [J]. Marine Pollution Bulletin, 2011, 62(8): 1596-1605.

[24] Dawson A L, Kawaguchi S, King C K, et al. Turning microplastics into nanoplastics through digestive fragmentation by Antarctic krill [J]. Nature Communications, 2018, 9(1): 1001.

[25] Liu J, Zhang T, Tian L, et al. Aging significantly affects mobility and contaminant-mobilizing ability of nanoplastics in saturated loamy sand [J]. Environmental Science & Technology, 2019, 53(10): 5805-5815.

[26] Andrady A L. The plastic in microplastics: a review [J]. Marine Pollution Bulletin, 2017, 119(1): 12-22.

[27] Velzeboer I, Kwadijk C, Koelmans A. Strong sorption of PCBs to nanoplastics, microplastics, carbon nanotubes, and fullerenes [J]. Environmental Science & Technology, 2014, 48(9): 4869-4876.

[28] Nowack B, Ranville J F, Diamond S, et al. Potential scenarios for nanomaterial release and subsequent alteration in the environment [J]. Environmental Toxicology Chemistry, 2012, 31(1): 50-59.

[29] Browne M A, Dissanayake A, Galloway T S, et al. Ingested microscopic plastic translocates to the circulatory system of the mussel, *Mytilus edulis* (L.) [J]. Environmental Science & Technology, 2008, 42(13): 5026-5031.

[30] Wright S L, Rowe D, Thompson R C, et al. Microplastic ingestion decreases energy reserves in marine worms [J]. Current Biology, 2013, 23(23): R1031-R1033.

[31] Ward J E, Kach D J. Marine aggregates facilitate ingestion of nanoparticles by suspension-feeding bivalves [J]. Marine Environmental Research, 2009, 68(3): 137-142.

[32] Lambert S, Wagner M. Characterisation of nanoplastics during the degradation of polystyrene [J].

Chemosphere, 2016, 145: 265-268.
[33] Planken K L, Cölfen H. Analytical ultracentrifugation of colloids [J]. Nanoscale, 2010, 2(10): 1849-1869.
[34] Pansare V J, Tien D, Thoniyot P, et al. Ultrafiltration of nanoparticle colloids [J]. Journal of Membrane Science, 2017, 538: 41-49.
[35] Wiesner M R, Lowry G V, Casman E, et al. Meditations on the ubiquity and mutability of nano-sized materials in the environment [J]. ACS Nano, 2011, 5(11): 8466-8470.
[36] Cole M, Lindeque P, Halsband C, et al. Microplastics as contaminants in the marine environment: a review [J]. Marine Pollution Bulletin, 2011, 62(12): 2588-2597.
[37] Cai H, Xu E G, Du F, et al. Analysis of environmental nanoplastics: progress and challenges [J]. Chemical Engineering Journal, 2021, 410: 128208.
[38] 李道季, 朱礼鑫, 常思远, 等. 海洋微塑料污染研究发展态势及存在问题 [J]. 华东师范大学学报, 2019, (3): 174-185.

第 16 章
人体微纳塑料研究现状及存在的主要问题

微纳塑料在自然界中广泛存在，已成为人们关注的热点问题。然而，由于缺乏关键的人体微纳塑料暴露数据，人们对微纳塑料进入人体可能带来的健康风险了解尚浅。目前的研究显示，微纳塑料在人体的多个部位存在。然而，人体微纳塑料的实验分析方法尚未统一，主要差异在于样品前处理和检测手段，这增加了对微纳塑料在人体中的分布、转移、积累和排出进行系统性研究的难度。此外，纳米塑料（小于 1μm）的研究还面临一些难以克服的技术障碍。微纳塑料标准品的实验研究结果虽然具有指导性，但并不能全面反映真实环境中微纳塑料的暴露风险，因此在科学上并不具有普遍意义。本书旨在为人体微纳塑料的实验分析方法和风险评估的标准化提供指导方向。

近年来，许多学者对微塑料进行了研究，报道了其在自然界的存在。目前把粒径在 1μm 以下的微塑料归为纳米塑料[1]。微纳塑料（micro and nanoplastic，M-NP）已被检测到存在于食品、调味品、日常护理产品、饮用水及大气中[2-5]。研究者认为微纳塑料可以通过饮食和呼吸等途径进入人体[6]。此外，在输液产品和医疗器械中也发现了微纳塑料，其会通过静脉输液进入人体，可能对人体产生更持久、更严重的健康风险[7-9]。然而，由于缺乏关键的人体微纳塑料暴露数据，人们对微纳塑料进入人体所带来的健康风险的认识还不够深入。目前，微纳塑料研究的分析技术仍存在难以逾越的技术阻碍，如当使用光谱法进行检测时，虽然可以同时获得单个颗粒的粒径特征及光谱特征等信息，但是光谱法的检测下限大多在几微米到几十微米不等，对人体内纳米塑料的检测存在技术障碍[8, 10, 11]。有研究者使用气相色谱-质谱联用法在人体血液中检测到了纳米塑料，但是这种方法并不能获得塑料颗粒的物理特征，且不能获得颗粒的数量信息[12]。此外，微纳塑料标准品实验研究在多大程度上能反映真实环境的微纳塑料污染特征；在研究方法的科学性没有得到充分的验证之前，导向性的研究结果是否具有普遍的科学意义；是否经得起科学的可重复实验的检验。这些问题需要进一步探讨。微纳塑料标准品与真实环境中的塑料存在差异，如粒径分布、形状、材质构成及老化程度等，并且环境中塑料浓度的检测方案还没有确定，这就使得不同检测方法下的微纳塑料的环境浓度存在系统性差异[13]。对于微纳塑料的毒理学研究，塑料的环境浓度检测方法并没有统一的标准，研究者更倾向于使用一定质量浓度的 20μm 以下的标准品对生物体进行暴露，而检测到的环境中的塑料粒径则多为 20μm 以上，这就导致毒理学暴露实验中小粒径微纳塑料的暴露浓度高于真实环境浓度，从而使实验结果的科学性普遍降低[14, 15]。微纳塑料实验分析方法和风险评估标准化的实现仍然是人们面临的重要挑战。

目前，人体微纳塑料研究已经取得初步进展，研究人员致力于改进微纳塑料的检测方法，以提高人体微纳塑料检测结果的准确性和科学性（表16-1）。研究表明，微纳塑料存在于人体各个部位，包括呼吸系统、消化系统、生殖系统和循环系统等。然而，由于样品前处理和检测方法的差异，不同研究得出的微纳塑料丰度、粒径范围、材质类型和形状等结果存在系统性差异。呼吸系统、消化系统和生殖系统与外部环境相连，因此，在这些部位检测到的微纳塑料很可能是通过特定腔道进入人体并滞留其中。一部分微纳塑料会随着痰液、粪便和尿液等排出体外，另一部分则可能长期滞留在这些腔道中。只有当微纳塑料粒径小于10μm时，才有可能跨系统进入循环系统并扩散至全身[6]。在与外界不直接连通的组织或器官中发现微纳塑料，可能有两种来源：通过呼吸、消化和生殖系统的上皮组织进入循环系统，但可能会被人体免疫系统阻止；通过静脉注射直接进入循环系统，如静脉滴注，这可能是发现人类血液中存在微塑料的最可能途径。在呼吸道、消化道和生殖道中的微纳塑料容易随着人体的正常生理活动被排出体外。如果人体组织中有微纳塑料，也会因为人类的免疫保护作用而被清除。只有当微纳塑料通过某种特殊方式进入人体的封闭组织（如血液）时，才很难通过代谢作用排出体外，从而在人体内长期积累，导致健康风险。

表16-1 人体微纳塑料的研究现状

样品	丰度	形状	尺寸（μm）	材质类型	检测方法	文献
痰液	39.5个/10mL（18.75～91.75个/10mL）	纤维	20～500	PU, CPE	FTIR, LDIR	[16]
肺	0.85个/g	颗粒，纤维	1.60～16.80	PP, PE, 棉	Raman	[17]
	（0.69±0.84）个/g	纤维，碎片，薄膜	12～2475	PP, PET, 人造丝	FTIR	[18]
	28.4个/g	纤维，碎片	0.8～1750	棉, PET, 苯氧树脂	Raman, FTIR, SEM/EDS, LDIR	[19]
下呼吸道（BALF）	纤维：（9.18±2.45）个/100mL 颗粒：（0.57±0.27）个/100mL	纤维，颗粒	1730±150, 140～9960	PP, 人造丝, PET	SEM-EDS, FTIR	[20]
唾液	0.33个/（人·d）	纤维	<100	—	Raman	[21]
结肠	（28.1±15.4）个/g	纤维	800～1600	PC, PA, PP	FTIR, SEM-EDS	[22]
脾	0.9个/g	—	3～29.5μm	—	Raman	[10]
肝	3.2个/g	碎片，球体	3～29.5μm	PET, PS, PVC	Raman	[10]
粪便	20个 ww/10g	碎片，薄膜	50～500	PP, PET, PE	FTIR	[23]
	1～36个 dw/g	—	20～800	PP, PET, PS	FTIR	[24]
	—	纤维，碎片	50～300	PVB, PBT	Raman	[25]
	28～41.8个/（g·dm）	薄膜，纤维，碎片，颗粒	—	PET, PA, PP	Raman	[26]
	3.33～13.99μg/g	—	—	PE, PP, PS	Raman	[2]
	6.94～16.55μg/g	—	—	PP, PE, PS	Raman	[27]
	20.4～138.9个/g	纤维，碎片	40.2～4812.9	PS, PP, PE	Raman	[28]

续表

样品	丰度	形状	尺寸（μm）	材质类型	检测方法	文献
粪便	PET：2200～16000ng/g PC：37～620ng/g	—	—	PET，PC	HPLC	[24]
粪便和尿液	粪便：691.14μg/g 尿液：11.05μg/mL	碎片，纤维，薄膜	0.22～446.03	PE，PET，PP	LDIR，TD-GC-MS	[29]
乳汁	0～2.72 个/g	碎片，球体	2～12	PE，PVC，PP	Raman	[11]
胎盘	0.13 个/g	碎片，球体	5～10	PP	Raman	[30]
	—	碎片	2.1～18.5	—	SEM-EDS	[31]
	0.28～9.55 个/g，(2.70±2.65) 个/g	碎片，纤维	20.34～307.29	PVC，PP，PBS	LDIR	[32]
	—	—	>50	PE，PP，PS	FTIR	[33]
精液	0～2.5 个/mL	碎片，球体	2～6	PP，PS，PET	Raman	[34]
心脏	0～75 504 个/g	—	20～469	PET，PU，PE	LDIR	[35]
血液	1.6μg/mL	—	>0.7	PET，PE，PS	Py-GC-MS	[12]
	0～622 个/mL	—	20～184	PA，PET，PU	LDIR	[35]
	PE：(21.7±24.5)μg/mg PVC：(5.2±2.4)μg/mg	—	<0.2	PE，PVC	Py-GC-MS	[36]
	1070ng/mL	—	>0.3	PE，PVC，PET	Py-GC-MS	[37]
血栓	1～15 个/g	碎片	2.1～26.0	PE	Raman	[38]

综上所述，人体微纳塑料的研究进展为人们更好地了解微纳塑料在人体内的存在和潜在健康风险提供了重要的参考。然而，微纳塑料作为异物，要充分认识动物界的免疫机制的排异作用。由于研究方法的差异和技术挑战，现在人体各部位的微纳塑料暴露水平还无法统一比较，了解微纳塑料在人体的积累和扩散机制还存在困难，人们仍需进一步探索标准化的研究方法和评估标准，以确保研究结果的可靠性和可重复性。

本章梳理了人体微纳塑料研究的现状、研究方法存在的主要问题、动物模型的微纳塑料标准品暴露实验的局限性及微纳塑料研究的标准化方案与研究前景。

16.1 人体各部位微纳塑料特征

16.1.1 人体呼吸系统中的微塑料研究

在人的呼吸系统中，包括痰液[16]、肺[17-19]和下呼吸道（肺泡灌洗液，BALF）[20]已经发现了微塑料。痰液样品的前处理方法包括使用68%的HNO_3进行消解，然后用NaOH进行皂化，再用$ZnCl_2$溶液进行密度分离；经过孔径为0.45μm的银膜过滤后，通过显微傅里叶变换红外光谱（μFTIR）和激光红外成像系统（LDIR）两种检测手段在样品中检测到了20～500μm的纤维状微塑料，丰度为1.9～9.2个/mL，主要材质类型包括聚氨酯（PU）和氯化聚乙烯（CPE）[16]。痰液是呼吸道受到刺激而分泌的液体，包括黏液和各种异物。在痰液中检测到微塑料，表明部分进入呼吸道的微塑料会被人体当作异物排出体外。Amato-Lourenço 等[17]使用蛋白酶对肺组织进行消解，然后用 $ZnCl_2$ 溶液进行浮选；样品经过孔径为 0.45μm 的银膜过滤后，通过显微拉曼（μRaman）检测到了 1.6～5.56μm 的颗粒和 8.12～16.8μm 的纤维状微塑料，丰度为 0.85 个/g，主要材质类型为聚丙烯（PP）和聚乙烯（PE）等。Jenner 等[18]和 Chen 等[19]的研究中，肺组织使用了 30% 的 H_2O_2 进行消解；经过孔径为 0.02μm 的氧化铝膜过滤。Jenner 等[18]通过 μFTIR 检测到了样品中 12～2475μm 的纤维、碎片和薄膜状微塑料，丰度为（0.69±0.84）个/g，主要材质类型为 PP、聚对苯二甲酸乙二醇酯（PET）和人造丝等；Chen 等[19]通过 μFTIR、μRaman 和 LDIR 等手段检测到了样品中 0.8～1750μm 的纤维和碎片状微塑料，主要材质类型为 PET 和苯氧基树脂等。在肺泡灌洗液中通过 μFTIR 检测到了 0.14～9.96mm 的微纤维，丰度为（9.18±2.45）个/100mL，以及颗粒状微塑料，丰度为（0.57±0.27）个/100mL，主要材质类型为 PP、人造丝和 PET[20]。

在呼吸系统微塑料的研究中，除肺泡灌洗液样品外，其他样品都进行了前处理。前处理方法的差异导致了不同研究中微塑料的损失和环境污染情况的差异。研究者使用的滤膜孔径也并不统一，这使得各个研究结果之间难以进行横向比较。即使 Jenner 等[18]和 Chen 等[19]对肺组织样品使用了相似的前处理方法，但由于检测方法的差异，他们检测到的微塑料粒径下限也存在差异，从而使丰度的横向对比失去了普遍的科学意义。

吸烟会增加痰液中微塑料的积累。在人体痰液微塑料的研究中发现，与不吸烟者相比，吸烟者痰液中微塑料的种类更多[16]。这一现象可能是由于吸烟导致气道黏膜受损和呼吸道感染，从而增加了痰液分泌，使进入呼吸道的微塑料更容易被黏附。

肺部微塑料的积累量与样本提供者的肺部健康状况、年龄和吸烟状况有关。在肺癌和肺切除患者的肺组织样品中检测到了长达 2mm 以上的纤维状微塑料和碎片[18]。在肺部肿瘤组织中微塑料的数量是正常组织的 2 倍[19]。由于肺部器官，如支气管与肺部组织不是一回事，很难把复杂的支气管与肺部组织分离开来，这些微塑料还应该是支气管中的。此外，在肺部炎症、咯血和肺部肿瘤患者的肺泡灌洗液中也检测到了粒径大于 1.5mm 的纤维状微塑料。下呼吸道（肺泡灌洗液）中微塑料的丰度与样本提供者的年龄和吸烟状况有关，高龄和吸烟者的肺泡灌洗液中微塑料的丰度显著增加[20]。微塑料在肺部疾病、高龄和吸烟者的肺部积累量较大，可能与样本提供者的呼吸系统清除异物能力减弱、肺活量降低和阻塞性肺病有关。

综上所述，微塑料存在于呼吸系统中。在痰液中发现微塑料表明微塑料会刺激呼吸道分泌痰液，并随痰液排出体外。在肺组织样品中发现微塑料并不能说明微塑料已经进入了组织内部，这些微塑料很可能滞留于肺泡和气管，因为在肺泡灌洗液中也发现了微塑料的存在。此外，呼吸系统的疾病和功能减弱及吸烟都会增加微塑料在呼吸系统中的积累，而微塑料在呼吸系统中的滞留可能进一步加重呼吸系统的健康状况。然而，目前还没有证据表明呼吸系统的疾病是由微塑料滞留直接导致的。呼吸系统中纳米塑料的研究数据还比较缺乏，这可能并不是由于纳米塑料不存在于呼吸系统，而是由于检测技术方面还需要进一步提高。

16.1.2 人体消化系统中的微纳塑料研究

微纳塑料已在人的消化系统中被检测到，包括唾液[21]、消化道[22, 39]和粪便[2, 23-29, 33, 40]。唾液样品经过 2μm 滤膜过滤后，使用 μRaman 检测到小于 100μm 的纤维状微塑料，丰度为 0.33 个/（人·d）[21]。结肠组织经 10% KOH 消解后，通过 0.45μm 的纤维素膜过滤，使用 μFTIR、热针测试和扫描电镜与能谱分析系统（SEM-EDS）检测到 0.8～1.6mm 的纤维状微塑料，丰度为（28.1±15.4）个/g，主要材质为聚碳酸酯（PC）、聚酰胺（PA）和 PP[22]。在人的小肠和大肠样品中，使用 LDIR 检测到 20μm 以上的微塑料，丰度分别为（9.45±13.13）个/g 和（7.91±7.00）个/g[39]。然而，目前尚无证据表明 10μm 以上的微塑料可以穿过肠壁进入组织内部[6]。

研究者对人体粪便样品进行了大量研究，各研究的前处理方法、过滤器孔径和检测方法存在差异。粪便样品中微塑料的丰度范围为 1～41.8 个/g，粒径范围为 20～4812.9μm，主要材质为 PP、PE 和 PET 等常见类型[2, 23-28, 40]。此外研究者使用热脱附-气相色谱-质谱（TD-GC-MS）在人的粪便和尿液中检测到了粒径低至 0.22μm 的纳米塑料[29]。这说明纳米塑料依旧可以被人体排出体外。

目前的研究表明，微纳塑料存在于人的消化道中，一部分通过唾液被排出，另一部分随食物进入消化系统并被排出体外。随着技术的进步，研究者将对微纳塑料在人体中的迁移和归趋的了解更加深入。

综上所述，微纳塑料虽然在人体的消化系统中存在，但目前尚无证据表明在人体内微纳塑料会穿过肠壁进入组织内部对人体产生负面影响。粪便样品中微纳塑料的丰度和粒径存在差异，这可能是由前处理方法、过滤器孔径和检测方法的差异所致。

16.1.3 人体生殖系统中的微塑料研究

人的生殖系统中也检测到了微塑料，如胎盘[31-33, 41]、乳汁[11]和精液[34]。Ragusa 等[41]将胎盘组织用 10% KOH 消解后，经孔径为 1.6μm 玻璃纤维膜过滤，通过 μRaman 检测到样品中 5～10μm 的球形和不规则形状的微塑料 0.13 个/g，主要材质类型为 PP。使用相同的前处理和检测方法，他们在人的乳汁中检测到 2～12μm 不规则形状和球形的微塑料 0～2.72 个/g，主要材质类型为 PE、聚氯乙烯（PVC）和 PP[11]。他们还用 SEM-EDS 对人的胎盘组织样品中的微塑料进行了观察，发现粒径为 2.1～18.5μm 的不规则状微塑料，然而这次研究并没有提供微塑料的光谱信息，其准确性有待进一步确定[31]。Zhu 等[32]将胎盘组织用 10% KOH 进行消解，再用甲酸钾溶液（1.50g/cm^3）进行浮选，经孔径 10μm 的不锈钢滤膜过滤后，通过 LDIR 检测发现样品中 20.34～307.29μm 的碎片和纤维状微塑料，丰度为（2.70±2.65）个/g，主要材质类型包括 PVC、PP 和聚丁二酸丁二醇酯（PBS）等。Zhu 等[32]在人体胎盘中检测到的微塑料的丰度比 Ragusa 等[41]的研究高出一个数量级。出现这一现象，除样品自身微塑料含量的差异外，他们在前处理方法、使用的滤膜孔径及检测方法上都存在较大差异，这可能是导致结果差异较大的主要原因。理论上，人体胎盘中如真的有微塑料，最可能的来源是药物注射输入。

16.1.4 人体循环系统及其他密闭器官中的微纳塑料研究

微纳塑料已在人的循环系统，如血液[12]、血栓[38]和心脏[35]中被发现。血液样品通过热裂解气相色谱-质谱仪（pyrolysis-gas chromatography-mass spectrometry，Py-GC-MS）检测到了大于 0.7μm 的微纳塑料 1.6μg/mL，主要材质类型为 PET、PE 和聚苯乙烯（PS）等[12]。其他研究者使用 Py-GC-MS 在血液样品中还检测到了大于 0.3μm 的微纳塑料[37]。血栓样品通过 30% KOH 消解，用孔径为 0.7μm 的玻璃纤维膜进行过滤，通过 μRaman 检测到了 2.1~26.0μm 不规则形状的微塑料，丰度为 1~15 个/g，主要材质类型为 PE；在 26 个血栓样本中，有 21 个酞菁颗粒，仅有 1 个微塑料颗粒[38]。在人的心脏及周围组织中，通过 LDIR 检测到最大直径为 469μm 的微塑料，包括 PET（77%）和 PU（12%），在术后的血液样本中也检测到了最大直径为 184μm 的微塑料，主要材质类型为 PA[35]。

一项研究通过 Py-GC-MS、电子显微镜（electron microscope）和稳定同位素分析（stable isotope analysis）联合检测，在颈动脉狭窄患者切除的颈动脉斑块中发现了 PE[（21.7±24.5）μg]，其中，少部分患者的样品中还发现了 PVC[（5.2±2.4）μg]；研究还发现在颈动脉中检测到微纳塑料的患者 3 年后的死亡率高于没检测到的患者。该研究还表明纳米塑料（＜200nm）更可能会在动脉粥样硬化部位聚集[36]。

Horvatits 等[10]使用 KOH、次氯酸钠、30% H_2O_2 和丙酮对人的肝、肾和脾脏组织进行前处理，用孔径为 0.45μm 的银膜过滤样品，然后通过 μRaman 检测，在肝脏和脾脏中发现 3~29.5μm 的碎片状和球形的微塑料，丰度分别为 3.2 个/g 和 0.9 个/g，主要材质类型为 PET、PS 和 PVC 等。肝组织的病变会增加组织中微塑料积累的风险。与没有潜在肝病的患者相比，患有肝硬化者的肝组织中微塑料的丰度明显偏高。

如果不考虑环境微纳塑料污染，人体循环系统中微纳塑料可能还有两个来源：一方面，这些微纳塑料可能是由粒径更小的纳米塑料聚集而成；另一方面，这些微纳塑料很可能并不是来自人的摄入或吸入，而更可能是由于微纳塑料直接通过静脉输入。已有研究发现，在静脉输液的过程中输液产品及输液器中的微纳塑料可能会直接进入人体。例如，有研究检测到输液过程中会有 PVC 纳米塑料进入人体[8, 42]。还有研究检测到输液产品中存在微塑料[7, 9]。有研究发现，即使通过输液器中的过滤装置过滤，仍然会有微塑料通过静脉输液直接进入人体循环系统，并且在输液的过程中，输液器的过滤装置并不能完全去除微塑料[43]。这些进入人体的塑料会直接汇集到上下腔静脉，再来到右心房，在参与肺循环后进行体循环，将携带微纳塑料的血液送至全身各部。

虽然微纳塑料可能已经遍布人体的全身各个部位，但并不能说明它们会导致严重的健康问题。人类维持正常生命活动的过程中，环境中成千上万种物质都可能以各种各样的方式进入人体，包括各种不溶或难溶性颗粒，而微纳塑料可能只占其中的一部分，而且人体一定会产生一种对外来异物微塑料的免疫清除机制。另外，人体健康状况受多种因素的影响，包括自身的机体健康状况、饮食、外界环境中的病原体乃至心理因素等。因此，目前的研究只说明微纳塑料在人体中存在，并不能说明微纳塑料进入人体是导致人体健康状况下降的主要因素。当然，任何物质的过度暴露都可能引起人体的应激反应，但是微纳塑料标准品的过量暴露得出的导向性结果的普遍科学意义可能是有限的。人类早已生活在遍布微纳塑料的环境中，然而现在还没有大规模疾病的暴发是由微纳塑料进入人体引起的，说明目前人类的微纳塑料暴露水平可能还没有达到引发严重健康风险的阈值（图 16-1）。

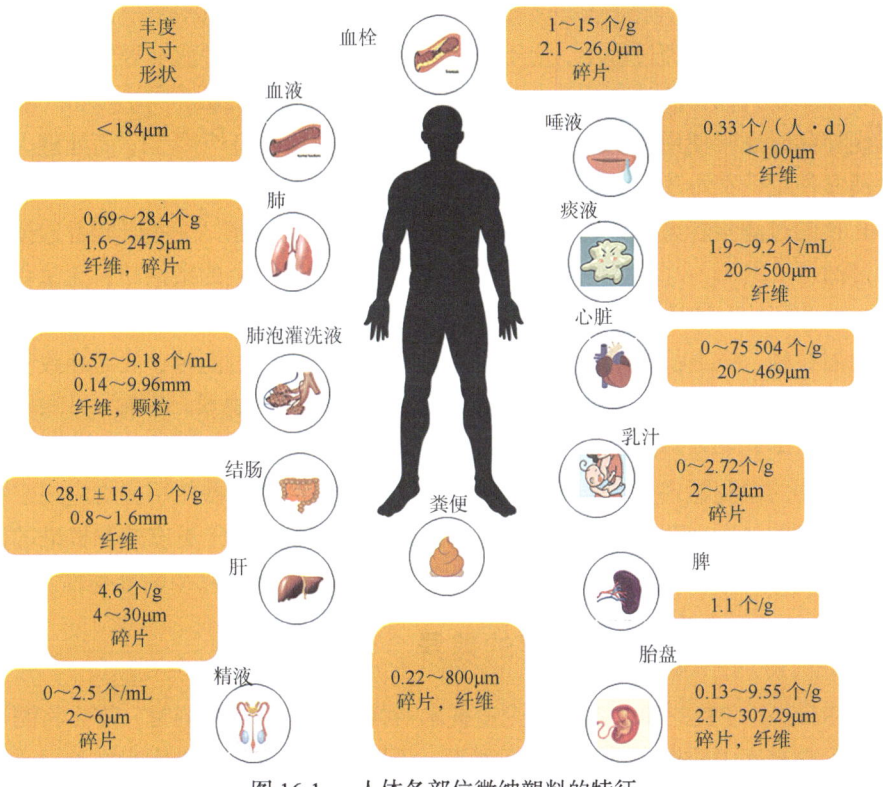

图 16-1 人体各部位微纳塑料的特征

16.2 人体微纳塑料研究方法存在的问题

16.2.1 前处理方法的差异

为了方便检测人体样品中的微纳塑料，通常需要进行前处理以去除样品中的有机质干扰。然而，目前并没有统一的标准前处理方法。不同的研究根据不同的样品特点和检测方法选择了不同的前处理方法。在人体微纳塑料研究中，常用的消解方法是使用 KOH 或 H_2O_2 等溶液进行消解。对于难以消解的样品，会使用芬顿试剂或 HNO_3 进行消解，有的甚至采用多种消解液混合消解或多步消解。为了进一步分离样品中的微纳塑料，部分研究还进行了密度分离-浮选。不同浮选液密度的差异也会在一定程度上影响实验结果。

虽然前处理可以更好地暴露微塑料以便于检测，但在前处理过程中多次转移样品可能导致样品中微纳塑料的丢失，并增加环境中的塑料对样品的污染。此外，前处理的方法和步骤的差异也会导致不同程度的系统误差。非标准化的前处理方法增加了不同研究结果横向比较的难度。

为了解决这个问题，需要建立统一的前处理标准方法。这样可以确保不同研究之间使用相同的前处理方法，减少系统误差，并提高研究结果的可比性。

16.2.2　过滤器孔径的差异

在人体样本的前处理过程中，使用不同孔径的过滤器进行过滤会导致实验结果产生系统性差异。在人体样品的研究中，过滤器的孔径范围从 0.02μm[18]到 50μm[23, 33]不等。处理粪便样品时通常使用较大孔径的过滤器（50μm 和 30μm）[23, 28, 33]，而处理人体组织样品时通常使用孔径小于 10μm 的过滤器[17, 18]。粪便样品中有机杂质较多且难以去除，使用小孔径的过滤器容易导致堵塞。因此，为了更顺畅地过滤，一些研究者选择了孔径较大的过滤器。然而，这种做法使粪便样品中小于过滤器孔径的微纳塑料无法保留。此外，使用大孔径的过滤器过滤样品更容易造成样品中纤维状塑料的损失，因为即使粒径大于过滤器孔径，纤维状塑料在过滤过程中也可能随滤液被过滤掉，从而导致实验数据的不准确。不同的检测方法可能会选择不同孔径和材质的过滤器。目前，过滤器的材质主要包括金属类和非塑料纤维类，如银滤膜、氧化铝滤膜、玻璃纤维膜或混合纤维素膜。由于不同仪器的检测原理和检测下限的差异，较为合理的过滤器使用标准应规定相同检测方法使用相同材质和孔径的过滤器。过滤器标准的统一有赖于更有效和标准的微纳塑料前处理方法，既要保证实验过程的可操作性，也要保证实验结果的准确性。

16.2.3　标准谱库和匹配度的差异

使用 Raman、FTIR 和 LDIR 等光谱技术对样品进行分析检测时，需要将测得的样品谱图与标准谱库中的谱图进行比对。然而，不同研究使用的光谱库存在差异，导致微纳塑料的定性和定量分析结果出现系统性差异。例如，有的研究使用 PS 微塑料和混合微塑料标准品自制的光谱库[16]；有的研究使用了 SLoPP Library of Microplastics 和 KnowItAll software 的拉曼光谱库[30]；还有的研究使用了 SLoPP 和 SLoPP-E44 光谱库，以及自建的合成材料光谱库[10]。由于缺乏统一的标准光谱库，不同光谱库中的光谱数量和质量存在较大差异。这种差异会导致微纳塑料的检测结果在材质类型和丰度等方面出现较大的系统误差。因此，为了确保微纳塑料分析结果的科学性，建立统一的标准光谱库至关重要。未来的研究应致力于制定统一的塑料标准光谱库。

此外，在进行微纳塑料确认时，不同研究中测得的光谱与光谱库中的标准光谱的匹配度选择也存在差异，这会导致微纳塑料的定性和定量分析出现巨大的系统误差。在选择光谱匹配度时，需要权衡匹配度的准确性和可接受的误差范围。目前，大多数研究中，Raman 光谱的匹配度选择在 70%～80%，FTIR 的匹配度一般选择 70%以上，而 LDIR 光谱的匹配度选择在 65%～90%[16, 32]。为了提高微纳塑料分析的准确性，未来的研究中需要统一光谱匹配度，以确保微纳塑料的定性和定量分析结果的科学性。

要想使光谱法的微纳塑料的检测结果具有普遍的科学意义，需要建立统一的标准谱库，并在相同的检测仪器下使用相同的匹配度进行微纳塑料的材质确认。此外，多种检测手段的联合使用可以提高检测结果的科学性。需要注意的是，目前光谱法大多只能检测到微米塑料,虽然拉曼光谱可以检测到纳米塑料,但当检测到的粒子接近仪器的检测下限时,其准确性可能会降低。因此,要想检测纳米塑料,仍然需要更先进的检测分析技术。

综上所述,为了提高微塑料分析的准确性和可比性,应建立标准的光谱库,并制定统一的光谱匹配度选择标准。此外,多种检测手段的联合使用和发展更先进的技术可以进一步提高微纳塑料分析的能力。

16.3 动物模型实验研究微纳塑料进入组织的局限

Deng 等[14]研究发现,经实验室微塑料标准品暴露后,小鼠体内积累了 5μm 和 20μm 的 PS 微塑料,并影响其能量和脂质代谢及氧化应激反应。需要注意的是,该研究中使用的微塑料暴露浓度可能远高于环境中的微塑料浓度。他们的微塑料暴露浓度是根据 2015 年 Eerkes-Medrano 等[44]报道的 1m³ 淡水中微塑料浓度(约 10^5 个/m³)设定的,并且水中检测到的大多是粒径大于 300μm 的微塑料。在该研究中,小鼠每天被喂食 5μm 的微塑料,剂量高达 $1×10^6$ 个。然而,小鼠每天的饮水量仅约为 10mL,这意味着该研究中微塑料的暴露浓度可能比环境浓度高出 6 个数量级,且粒径与环境中的微塑料也存在差异。

Garcia 等[15]研究发现,小鼠摄入 PS 或混合聚合物微球(4~5μm,2mg/周和 4mg/周)后,在其大脑、肝脏和肾脏中检测到了这些塑料微球。需要注意的是,该研究中微塑料的暴露浓度并非环境中的真实浓度,而是根据 2021 年 Senathirajah 等[45]进行的全球人类微塑料摄入质量评估得出的。由于与人体摄入微塑料相关的研究有限,数据集还不够丰富,再加上微塑料分析缺乏标准方法和评估算法本身的误差,使得评估结果可能与真实的人体微塑料摄入量存在差异。在摄入质量评估中,使用体积加权因子获得了微塑料的加权平均粒径为 494μm。而 Garcia 等[15]使用的用于小鼠实验室暴露的塑料微球粒径比质量评估的粒径小约两个数量级。这导致在相同的质量下,实验室暴露所使用的微塑料数量远高于评估得出的人体摄入的微塑料数量。此外,小鼠和人类也存在巨大的体型差异。因此,他们的研究可能无法完全说明真实环境浓度下微塑料是否能穿越人类肠道屏障进入其他组织。

此外,Besseling 等[46]评估了纳米 PS 对浮游动物的生长、死亡率、繁殖和畸形的影响。其研究发现暴露的水蚤表现出体型减小和繁殖障碍,并且新生个体的数量减少,体型变小,畸形率高达 68%。这似乎说明了纳米塑料的生物毒性,但值得注意的是,这项研究中的纳米塑料暴露浓度比目前所知的海水和淡水中的塑料浓度高得多。这种超高浓度的纳米塑料暴露并不符合实际环境中纳米塑料的存在情况,这一导向性实验结果的现实意义和科学普遍性存在争议。

16.4 问题与展望

16.4.1 样品量少

人体样品的取样涉及一系列伦理问题,因此某些样本的取样量可能并不充足。例如,血栓每个样本的取样量仅为 1g[38]。肺组织样品的取样量在不同研究中存在差异：Amato-Lourenço 等[17]的研究中每个样本的取样量为 2.04~4.45g，Jenner 等[18]的研究中为 0.79~13.33g，而 Chen 等[19]的研究中每个样本的取样量仅为（44±32）mg。肝、肾和脾中每个样本的取样量为 0.7~7.1g。在 Ragusa 等[41]的研究中胎盘组织的取样量为（23.3±5.7）g，而 Zhu 等[32]的研究中每个样本的样品量仅为 1g。对于粪便样品，Schwabl 等[23]的研究中每个样本的取样量为 7g，而 Ho 等[28]的研究中每个样本的取样量仅为（0.32±0.14）g。

不同研究中每份样本的取样量存在差异也会导致实验结果的普遍性和科学性存在差异。微纳塑料在人体中并不是均匀分布的，因此，过少的样本取样量可能会影响实验结果的准确性和科学性。为了更准确地了解人体中微塑料的暴露情况，需要开展更多的研究并获得更多的数据支持。为了解决样本取样量不足的问题，建议在未来的研究中增加样本量。此外，还需要制定统一的取样量标准，以确保不同研究之间的可比性和结果的准确性。

16.4.2 质量控制

微纳塑料存在于各种环境中，人体样品的取样过程可能会导致微纳塑料的污染。实验过程中微纳塑料的污染主要来自两个方面：实验环境空气中和实验用具、试剂中的微纳塑料污染。

为了防止交叉污染，我们建议采取以下措施：首先，在实验过程中，严格要求实验人员穿着棉质实验服并佩戴无粉丁腈手套，以减少微纳塑料的引入。其次，对所有液体试剂和冲洗用超纯水进行过滤，以去除其中的微纳塑料颗粒。此外，尽量减少使用塑料制品，用玻璃或金属制品代替，以减少实验用具中的微塑料污染。在实验前，使用过滤后的超纯水对实验用具进行多次冲洗；在实验过程中，使用的玻璃及金属器具应置于马弗炉内以 450℃以上高温去除微纳塑料；为了保持实验环境没有微纳塑料污染，整个实验过程应在超净工作台进行，以减少空气中的微纳塑料污染。实验需设置空白对照，以确保实验结果的科学性。

回收率实验即通过加入标准品制成标样，标样分析过程与真实样品分析过程相同，以矫正实验过程中的系统及人为误差。因此，回收率实验是质量控制的一个重要手段。在本章涉及的研究中，只有很少一部分研究进行了回收率实验。前处理的过程包括消解、过滤和浮选等步骤。在前处理的操作过程中，有时在样品转移时会造成微纳塑料的损失；在浮选过程中，配置的浮选液密度可能存在差异，这会导致微纳塑料的回收率也存在差异；在微纳塑料检测的过程中也会存在系统误差和人为误差；此外，环境中的微纳塑料对样品的污染可能导致实验结果对微纳塑料的高估。因此，回收率实验在确保实验结果的准确性方面扮演着重要角色。在人类胎盘微塑料的研究中，研究者将黄色荧光微球（50~210μm）和经过尼罗红染色的 PA 碎片（60~330μm）混合并加入样品中，通过重复样品前处理和分析过程进行回收率实验，测得的回收率为 88.00%±10.58%[32]；为了确定 Py-GC-MS 测得的血液中微纳塑料的回收率，研究者将 5 种微塑料标准品加入血液样本中进行 Py-GC-MS 分析，测得的回收率为 68%~114%[12]；在人类痰液微塑料的研究中，研究者通过在 700℃高温下煅烧土壤制作无微塑料污染的样品，然后向样品中加入 8 种微塑料（PVC、PE、PS、PP、PU、PET、PA6 和橡胶）进行回收率实验，结果显示除了 PVC 和 PU 的回收率为 87%和 84%，其他种类微塑料的回收率均在 90%以上[16]；在人类粪便样品中加入 PS（250μm）、PE（150μm）和 PVC（75μm）3 种类型的微塑料，进行前处理和微塑料分析，测得这 3 种微塑料的回收率分别为 100%、100%和93.33%[25]；用高效液相色谱（HPLC）检测粪便中的微纳塑料时，样品中 PET 和 PC 的回收率均大于 95%[24]。目前，在进行样品回收率实验时，不同研究所使用的加标塑料的密度、形状和粒径并没有统一标准，这也导致回收率实验的准确性降低。因此，建议在进行回收率实验时，所选加标塑料应至少包含不同密度、不同形状，并且最小粒径与检测下限相近[47]。

16.4.3 纳米塑料研究的挑战

纳米塑料更易在人体中扩散和积累，可能对人体造成更大的负面影响。然而，目前的检测手段对于纳米微塑料的分析仍相对困难。例如，LDIR 的检测下限一般为 10μm，FTIR 一般也是检测 10μm 以上的微塑料，而 Raman 的检测下限虽然可以达到 1μm，但对于纳米塑料的检测仍然非常困难。因此，需要克服技术障碍，以便对纳米塑料进行更深入的研究。

表面增强拉曼散射（SERS）技术是一种非侵入性的分子特异性光谱技术，具有对分子的高灵敏度和易于快速表征的特点[48]。研究者使用 Klarite 芯片作为基底，成功检测到了粒径最小为 360nm 的亚纳米塑料[49]。在 SERS 检测中，纳米塑料颗粒与 SERS 基底之间的接触至关重要，因为热点的数量和目标样品在热点结构中的位置直接影响 SERS 信号的强度。因此，通过利用建模/模拟工具来设计适用于纳米粒子检测的 SERS 平台，可以进一步提高纳米塑料检测的效率和准确性[50]。

除了 SERS 技术，原子力显微镜（AFM）和混合 AFM 技术也被应用于纳米塑料的表征。AFM 通过使用细小的尖端（典型的尖端直径为 5~10nm）扫描纳米级样品表面，可以分析粒子的数量、粒径和形状[51, 52]。与传统的电子显微镜相比，AFM 的探针成像技术可以避免样品损伤和伪影的产生。当采用原子力显微镜-红外光谱（AFM-IR）技术时，还可以鉴定微塑料和纳米塑料的化学成分[53]。

综上所述，尽管纳米塑料的检测仍面临一些挑战，但 SERS、AFM 和 AFM-IR 等技术为纳米塑料的检测提供了有效的解决方案。然而，目前的技术主要集中在纳米塑料的标准品检测，对于环境中的纳米塑料的检测仍存在一定难度。因此，未来的研究需要进一步改进样品分离纯化的方法，以实现对人体内纳米塑料的准确检测。

16.4.4 展望

未来，随着技术的不断进步和研究的深入开展，有望在以下几个方面取得突破：一是建立更加统一和标准化的人体微纳塑料研究方法，包括前处理、检测和分析等各个环节，减少因方法差异导致的结果不确定性，提高不同研究之间的可比性；二是开发更先进的纳米塑料检测技术，克服现有技术的局限性，实现对纳米塑料更精准、高效的检测，尤其是在复杂的人体环境样本中的检测；三是深入研究微纳塑料在人体中的积累和扩散机制，明确其与人体健康之间的关系，为制定合理的健康风险评估和管理策略提供科学依据；四是加强多学科交叉研究，整合环境科学、医学、材料科学等多个领域的知识和技术，全面深入地探究人体微纳塑料问题，推动该领域研究向纵深发展。同时，在研究过程中也需要充分考虑伦理问题，确保研究的合法性和合理性，为人类健康和环境保护提供更有力的支持。

参 考 文 献

[1] Sharma V K, Ma X, Lichtfouse E, et al. Nanoplastics are potentially more dangerous than microplastics [J]. Environmental Chemistry Letters, 2023, 21(4): 1933-1936.

[2] Luqman A, Nugrahapraja H, Wahyuono R A, et al. Microplastic contamination in human stools, foods, and drinking water associated with Indonesian coastal population [J]. Environments, 2021, 8(12): 138.

[3] Schymanski D, Goldbeck C, Humpf H-U, et al. Analysis of microplastics in water by micro-Raman spectroscopy: release of plastic particles from different packaging into mineral water [J]. Water Research, 2018, 129: 154-162.

[4] Di Fiore C, Sammartino M P, Giannattasio C, et al. Microplastic contamination in commercial salt: an issue for their sampling and quantification [J]. Food Chemistry, 2023, 404: 134682.

[5] Beaurepaire M, Dris R, Gasperi J, et al. Microplastics in the atmospheric compartment: a comprehensive review on methods, results on their occurrence and determining factors [J]. Current Opinion in Food Science, 2021, 41: 159-168.

[6] Vethaak A D, Legler J. Microplastics and human health [J]. Science, 2021, 371(6530): 672-674.

[7] Çağlayan U, Gündoğdu S, Ramos T M, et al. Intravenous hypertonic fluids as a source of human microplastic exposure [J]. Environmental Toxicology and Pharmacology, 2024, 107: 104411.

[8] Li P, Li Q, Lai Y, et al. Direct entry of micro(nano)plastics into human blood circulatory system by intravenous infusion [J]. iScience, 2023, 26(12): 108454.

[9] Zhu L, Ma M, Sun X, et al. Microplastics entry into the blood by infusion therapy: few but a direct pathway [J]. Environmental Science & Technology Letters, 2023, 11(2): 67-72.

[10] Horvatits T, Tamminga M, Liu B, et al. Microplastics detected in cirrhotic liver tissue [J]. eBioMedicine, 2022, 82: 104147.

[11] Ragusa A, Notarstefano V, Svelato A, et al. Raman microspectroscopy detection and characterisation of microplastics in human breastmilk [J]. Polymers, 2022, 14(13): 2700.

[12] Leslie H A, Van Velzen M J M, Brandsma S H, et al. Discovery and quantification of plastic particle pollution in human blood [J]. Environment International, 2022, 163: 107199.

[13] 崔铁峰, 张杰, 卢灿然, 等. 微塑料的测定方法以及对水生生物的生态毒理效应 [J]. 河北大学学报(自然科学版), 2024, 44(1): 84-91.

[14] Deng Y, Zhang Y, Lemos B, et al. Tissue accumulation of microplastics in mice and biomarker

responses suggest widespread health risks of exposure [J]. Scientific Reports, 2017, 7(1): 46687.

[15] Garcia M M, Romero A S, Merkley S D, et al. *In vivo* tissue distribution of polystyrene or mixed polymer microspheres and metabolomic analysis after oral exposure in mice [J]. Environmental Health Perspectives, 2024, 132(4): 47005.

[16] Huang S, Huang X, Bi R, et al. Detection and analysis of microplastics in human sputum [J]. Environmental Science & Technology, 2022, 56(4): 2476-2486.

[17] Amato-Lourenço L F, Carvalho-Oliveira R, Júnior G R, et al. Presence of airborne microplastics in human lung tissue [J]. Journal of Hazardous Materials, 2021, 416: 126124.

[18] Jenner L C, Rotchell J M, Bennett R T, et al. Detection of microplastics in human lung tissue using μFTIR spectroscopy [J]. Science of the Total Environment, 2022, 831: 154907.

[19] Chen Q, Gao J, Yu H, et al. An emerging role of microplastics in the etiology of lung ground glass nodules [J]. Environmental Sciences Europe, 2022, 34(1): 25.

[20] Baeza-Martínez C. First evidence of microplastics isolated in European citizens' lower airway [J]. Journal of Hazardous Materials, 2022, 438: 129439.

[21] Abbasi S, Turner A. Human exposure to microplastics: a study in Iran [J]. Journal of Hazardous Materials, 2021, 403: 123799.

[22] Ibrahim Y S, Tuan Anuar S, Azmi A A, et al. Detection of microplastics in human colectomy specimens [J]. JGH Open, 2021, 5(1): 116-121.

[23] Schwabl P, Köppel S, Königshofer P, et al. Detection of various microplastics in human stool: a prospective case series [J]. Annals of Internal Medicine, 2019, 171(7): 453-457.

[24] Zhang J, Wang L, Trasande L, et al. Occurrence of polyethylene terephthalate and polycarbonate microplastics in infant and adult feces [J]. Environmental Science & Technology Letters, 2021, 8(11): 989-994.

[25] Yan Z, Zhao H, Zhao Y, et al. An efficient method for extracting microplastics from feces of different species [J]. Journal of Hazardous Materials, 2020, 384: 121489.

[26] Yan Z, Liu Y, Zhang T, et al. Analysis of microplastics in human feces reveals a correlation between fecal microplastics and inflammatory bowel disease status [J]. Environmental Science & Technology, 2022, 56(1): 414-421.

[27] Wibowo A T, Nugrahapraja H, Wahyuono R A, et al. Microplastic contamination in the human gastrointestinal tract and daily consumables associated with an Indonesian farming community [J]. Sustainability, 2021, 13(22): 12840.

[28] Ho Y W, Lim J Y, Yeoh Y K, et al. Preliminary findings of the high quantity of microplastics in faeces of Hong Kong residents [J]. Toxics, 2022, 10(414): 414.

[29] Zhu L, Wu Z, Dong J, et al. Unveiling small-sized plastic particles hidden behind large-sized ones in human excretion and their potential sources [J]. Environmental Science & Technology, 2024, 58(27): 11901-11911.

[30] Ragusa A, Svelato A, Santacroce C, et al. Plasticenta: first evidence of microplastics in human placenta [J]. Environment International, 2021, 146: 106274.

[31] Ragusa A, Matta M, Cristiano L, et al. Deeply in plasticenta: presence of microplastics in the intracellular compartment of human placentas [J]. International Journal of Environmental Research and

Public Health, 2022, 19(18): 11593.

[32] Zhu L, Zhu J, Zuo R, et al. Identification of microplastics in human placenta using laser direct infrared spectroscopy [J]. Science of the Total Environment, 2023, 856: 159060.

[33] Braun T, Ehrlich L, Henrich W, et al. Detection of microplastic in human placenta and meconium in a clinical setting [J]. Pharmaceutics, 2021, 13(7): 921.

[34] Montano L, Giorgini E, Notarstefano V, et al. Raman microspectroscopy evidence of microplastics in human semen[J]. Science of the Total Environment, 2023: 165922.

[35] Yang Y, Xie E, Du Z, et al. Detection of various microplastics in patients undergoing cardiac surgery [J]. Environmental Science & Technology, 2023, 57(30): 10911-10918.

[36] Marfella R, Prattichizzo F, Sardu C, et al. Microplastics and nanoplastics in atheromas and cardiovascular events [J]. New England Journal of Medicine, 2024, 390(10): 900-910.

[37] Brits M, Van Velzen M J M, Sefiloglu F Ö, et al. Quantitation of micro and nanoplastics in human blood by pyrolysis-gas chromatography-mass spectrometry [J]. Microplastics and Nanoplastics, 2024, 4(1): 1-12.

[38] Wu D, Feng Y, Wang R, et al. Pigment microparticles and microplastics found in human thrombi based on Raman spectral evidence [J]. Journal of Advanced Research, 2023, 49: 141-150.

[39] Zhu L, Kang Y, Ma M, et al. Tissue accumulation of microplastics and potential health risks in human [J]. Science of the Total Environment, 2024, 915: 170004.

[40] Zhang N, Li Y B, He H R, et al. You are what you eat: Microplastics in the feces of young men living in Beijing [J]. Science of the Total Environment, 2021, 767: 144345.

[41] Ragusa A, Svelato A, Santacroce C, et al. Plasticenta: Microplastics in human placenta [Z/OL]. (2020-07-15) [2024-09-30]. https://www.biorxiv.org/content/10.1101/2020.07.15.198325v1.

[42] Zheng X, Feng Q, Guo L. Quantitative analysis of microplastics and nanoplastics released from disposable PVC infusion tubes [J]. Journal of Hazardous Materials, 2024, 465: 133246.

[43] Cui T, Liu K, Zhu L, et al. Is intravenous infusion an unrecognized route for internal microplastic human exposure? A general assessment [J]. Journal of Hazardous Materials, 2024, 480: 135769.

[44] Eerkes-Medrano D, Thompson R C, Aldridge D C. Microplastics in freshwater systems: a review of the emerging threats, identification of knowledge gaps and prioritisation of research needs [J]. Water Research, 2015, 19, 75: 63-82.

[45] Senathirajah K, Attwood S, Bhagwat G, et al. Estimation of the mass of microplastics ingested: a pivotal first step towards human health risk assessment [J]. Journal of Hazardous Materials, 2021, 404: 124004.

[46] Besseling E, Wang B, Lürling M, et al. Nanoplastic affects growth of *S. obliquus* and reproduction of *D. magna* [J]. Environmental Science & Technology, 2014, 48(20): 12336-12343.

[47] Cui T, Shi W, Wang H, et al. Standardizing microplastics used for establishing recovery efficiency when assessing microplastics in environmental samples [J]. Science of the Total Environment, 2022, 827: 154323.

[48] Mogha N K, Shin D. Nanoplastic detection with surface enhanced Raman spectroscopy: present and future [J]. TrAC Trends in Analytical Chemistry, 2023, 158: 116885.

[49] Xu G, Cheng H, Jones R, et al. Surface-enhanced Raman spectroscopy facilitates the detection of

microplastics＜1μm in the environment [J]. Environmental Science & Technology, 2020, 54(24): 15594-15603.

[50] Xie L, Gong K, Liu Y, et al. Strategies and challenges of identifying nanoplastics in environment by surface-enhanced Raman spectroscopy [J]. Environmental Science & Technology, 2023, 57(1): 25-43.

[51] Butt H J, Cappella B, Kappl M. Force measurements with the atomic force microscope: technique, interpretation and applications [J]. Surface Science Reports, 2005, 59(1): 1-152.

[52] Webb H K, Truong V K, Hasan J, et al. Physico-mechanical characterisation of cells using atomic force microscopy: current research and methodologies [J]. Journal of Microbiological Methods, 2011, 86(2): 131-139.

[53] Vitali C, Peters R, Janssen H G, et al. Microplastics and nanoplastics in food, water, and beverages, part II. Methods [J]. TrAC Trends in Analytical Chemistry, 2022, 157: 116819.

附录　相关术语中英文对照表

中文名称	英文全称	英文缩写
聚氨酯	polyurethane	PU
聚丙烯	polypropylene	PP
聚乙烯	polyethylene	PE
聚对苯二甲酸乙二醇酯	polyethylene terephthalate	PET
聚碳酸酯	polycarbonate	PC
聚酰胺	polyamide	PA
聚苯乙烯	polystyrene	PS
聚氯乙烯	polyvinyl chloride	PVC
聚乙烯醇缩丁醛	polyvinyl butyral	PVB
聚对苯二甲酸丁二醇酯	polybutylene terephthalate	PBT
聚丁二酸丁二醇酯	poly (butylene succinate)	PBS
氯化聚乙烯	chlorinated polyethylene	CPE
傅里叶变换红外光谱	Fourier-transform infrared spectroscopy	FTIR
拉曼光谱	Raman spectrum	—
热裂解气相色谱-质谱	pyrolysis-gas chromatography-mass spectrometry	Py-GC-MS
激光直接红外化学成像系统	laser direct infrared chemical imaging system	LDIR
热脱附气相色谱-质谱	thermal desorption-gas chromatography-mass spectrometry	TD-GC-MS

注："—"表示无缩写